U0261476

（德）伊利格 （德）彼得·施瓦茨曼 编著
Illig Peter Schwarzmann

德国伊利格机械设备有限公司 译
Illig Maschinenbau GmbH & Co.KG

热成型实用指南
Thermoformen in der Praxis
（原著第三版）

 化学工业出版社
·北京·

HANSER

本书主要介绍了热成型工艺所使用的塑料原料、工艺步骤以及制造工具和模具的基本类型和基本原理，并用实例加以说明。包括热成型基本原理和术语、热塑性材料、热成型中的加热技术、加热彩色和预印刷材料、热成型工艺、特殊工艺、透明件和预印制片料热成型、冷却成型、脱模、堆垛、精加工、冲裁、修饰、制品变形、热成型模具及其温度控制、能源消耗、热成型故障。

本书不仅适合作为高校相关专业的教材，而且还可以为具有实际现场经验的工程技术人员深入处理具体问题提供基础知识。

Thermoformen in der Praxis,third edition/by Illig Maschinenbau GmbH & Co.KG and Peter Schwarzmann
ISBN 978-3-446-44403-4

Copyright© 2016 by Carl Hanser Verlag Munchen. All rights reserved.

Authorized translation from the German language edition published by Carl Hanser Verlag GmbH & Co.KG.

本书中文简体字版由 Carl Hanser Verlag GmbH & Co.KG 授权化学工业出版社独家出版发行。

北京市版权局著作权合同登记号：01-2018-8295

图书在版编目（CIP）数据

热成型实用指南/（德）伊利格，（德）彼得·施瓦茨曼编著；德国伊利格机械设备有限公司译. —北京：化学工业出版社，2019.4
ISBN 978-7-122-33992-8

Ⅰ.①热…　Ⅱ.①伊…②彼…③德…　Ⅲ.①热成型-指南　Ⅳ.① TQ320.66-62

中国版本图书馆 CIP 数据核字（2019）第 038020 号

责任编辑：高　宁　赵卫娟　仇志刚　　　　装帧设计：刘丽华
责任校对：宋　夏

出版发行：化学工业出版社（北京市东城区青年湖南街 13 号　邮政编码 100011）
印　　装：三河市航远印刷有限公司
787mm×1092mm　1/16　印张22　字数509千字　2019 年 5 月北京第 1 版第 1 次印刷

购书咨询：010-64518888　　售后服务：010-64518899
网　　址：http://www.cip.com.cn
凡购买本书，如有缺损质量问题，本社销售中心负责调换。

定　　价：188.00 元　　　　　　　　　　　　　版权所有　违者必究

前言

第三版前言

鉴于本书在英语、法语、俄语和汉语的原有译文基础上新增了西班牙语译文，而且热成型技术不断向前发展，同时人们对于模具技术信息的需求也越来越高，这些原因促成了本书第三版的面世——该版本对主要内容进行了编撰和扩展。而这一版本，也是作者 Peter Schwarzmann 坚持初衷，灌注心血之所得。

Illig Maschinenbau GmbH&Co. KG

2015 年 6 月于 Heilbronn

第二版前言

继第一版大获成功之后，该版本也翻译成了英语、法语、俄语和中文，热成型领域不断涌现出的多种新技术和诸多新应用，促成了第二版的面世——该版本对主要内容进行了编撰和扩展。而这一版本，也是作者 Peter Schwarzmann 坚持初衷，灌注心血之所得。

Illig Maschinenbau GmbH&Co. KG

2008 年 10 月，于 Heilbronn

第一版前言

几十年前认为不可能的热成型加工工艺，现在已经在工程上大量应用。除了传统的陈列品、冰箱、汽车部件由片材真空成型以外，热成型在包装的气压成型领域也占有很大的市场份额。不断改进的热塑性塑料，加上先进的机械设备，不仅增加了产量，也提高了模塑的质量与精度。原来的热成型多为手工操作，但要成为制造工艺，还有相关材料的科学数据以及测量和反馈控制技术。工艺参数的重现性使热成型工艺可用于先进工业领域。除了在杂志上发表过大量文章之外，在 Illig Maschinenbau GmbH&Co. KG 公司的培训课上，热成型基本原理也讲授了几十年。但到目前为止，一直缺乏一本综合介绍其原理和工艺的书，这本书既可以作为入门书，也可以对高级工程师、技术人员的大量具体问题进行深度解答。撰写《热成型实用指南》，满足了这方面的需要。本书详细介绍了热成型的热塑性塑料、加工工艺、比较重要的机械和模具，还以实例详解了成型和模具制造的原理。本书成书与 Illig 公司的 50 年历史密切相关，融入了公司大量的创意和经验。本人在此对 Peter Schwarzmann 先生特致谢意。感谢长期工作在 Illig 公司的研发中心主任 Günther Kiefer 先生及 Günther Harsch 教授对原稿进行严格校对，并提出大量的改进与加强意见。出版商与作者希望《热成型实用指南》既易于初学者入门，又有助于具备一定经验的技术人员解决问题。

Adolf Illig

1997 年 1 月，于 Heilbronn

目录

3　热塑性片料 ·· 24

4 热成型中的加热技术 ··········· 90

5 板材成型机加热装置 ··········· 109

22　热成型模具调温 ·························· 281

23　热成型能耗 ························· 299

24　热成型中的故障 ··················· 315

1

绪论

热成型是指在高温条件下，将热塑性材料成型为模塑制品的过程。

热成型也称为热加工，俗称拉深。

图 1.1 所示是热成型类型之一——真空成型的基本过程原理图。

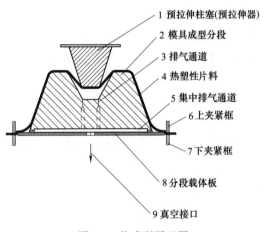

1 预拉伸柱塞(预拉伸器)
2 模具成型分段
3 排气通道
4 热塑性片料
5 集中排气通道
6 上夹紧框
7 下夹紧框
8 分段载体板
9 真空接口

图 1.1　热成型原理图

以下是加工过程的步骤：

■ 加热片料，直至其达到弹塑性状态的可再成型温度；

■ 借助热成型模具进行模塑成型；

■ 在成型压力下进行冷却，直至制品达到形状稳定的温度；

■ 将形状稳定的制品脱模。

成型制品的壁厚取决于片料制造出的面与初始面的拉伸比。成型制品的壁厚分布情况主要取决于成型模具和成型工艺。

塑型精度，即模具结构的成型精度，主要受成型过程中片料的耐温性以及片料和模具面之间有效压力的影响。

制品冷却一般受两个因素的影响：一是制品与成型模具的接触，另一个是制品与大气或高压空气的接触。

成型后大多数情况下还需要进行切割、熔接、粘接、热封、涂层、金属喷镀、植绒等后续处理。

热成型常称作热加工或拉深，也称为真空成型或气压成型，因成型过程使用真空或（和）压缩气来定型。

热成型的优缺点

在评价一种加工生产工艺是否成功时，要了解选择使用这种加工工艺后是否成本降低的同时质量保持不变，或者，质量变得更好的同时成型形状保持不变。在一些应用领域中，注射成型或吹塑成型与热成型相竞争。但在包装技术领域，热成型是没有竞争对手的——除非使用硬纸板或纸张作为包装材料。

热成型的主要优势如下。

■可以使用高熔体黏度的片料生产超薄壁的制品（例如包装材料等），而如果采用注塑工艺生产相同制品，则需要使用熔体黏度极低的树脂，甚至根本无法制作。

■热成型工艺可生产药片包装、纽扣电池包装等微型包装材料，也可生产花园水塘等 3～6m 长的大型制品。此外，由于制品规格和片料厚度不受工艺限制，因此还能低成本生产面积较大的制品。

■成型片料的厚度可介于 0.05～15mm 之间，对于发泡材料，厚度则可达 60mm。

■多层成型片料制造的制品具有下列特性：抗弯、抗裂、表面光泽度高、触感柔软、抗滑落、可密封、抗紫外线、具有阻隔性、能在表层下方添加纤维层等。如果某些层黏附性较差，可使用中间层作为粘接层。

■热成型工艺也可以加工泡沫材料、纤维增强型材料、包覆有纺织物的热塑性塑料和预印刷材料。

■受热成型加工的拉伸影响，制品有更好的取向效果，可以改善其力学特性。

■热成型模具仅需要单侧接触制品进行成型，而注塑模具必须通过双侧接触才能形成制品壁厚，因此前者性价比更高。

■批量生产时，模具成本低是热成型工艺的优势之一。另一优势是，热成型机器能以高产量生产壁厚较薄的制品。

■热成型机器采用模块化设计，能够按照生产需求进行搭配。

■生产过程产生的剩料和边料能进行收集并粉碎，回收到片料制造的工序，可重复利用。

热成型的缺点如下。

进行热成型时，使用的片材需将塑料粒料和粉料等原料挤出加工，制造成片料或片卷再放入热成型机加工，与注塑成型相比，热成型的片料成本会额外增加。

在热成型工艺中，片料只有一侧与热成型模具接触，因此制品只会在一侧精准地对应成型模具的几何形状、轮廓，拉伸成型。

未来发展

在塑料加工领域，热成型是最具发展潜力的一种加工方法，它采用模塑成型，适合塑料包装各领域。

■热成型是一种需要熟练操作和丰富经验的加工方法，目前也逐渐发展成一种程序高度控制的加工工艺。

■传感技术与调控技术的配套使用，将促使热成型过程更自动化。

■长久以来，热成型工艺里从生产中产生的废料、粉碎料再与新料混合在一起重复使用，此技术早已发展到成熟、先进的水平。

■生物塑料价格逐渐降低，为了在薄壁包装等产品中使用这些材料，热成型工艺是理想之选。

■热成型工艺能使用多层结构的片料，生产适合广泛应用的制品。

■在人力成本高或不断增长的国家和地区，自动化、后期加工一体化和产能提高是未来的三大发展趋势。

2

_____
热成型基本原理和术语

2.1 工艺过程

热成型过程由下列几个步骤组成：

① 将片料**加热**到成型温度；

② 通过预拉伸，对加热后的片料进行**预成型**；

③ 制品**塑型**；

④ **冷却**制品；

⑤ 制品**脱模**。

加热

参见第 4 章中的"加热热塑性片料"。

预成型

预成型有多种方式，例如：

■ 通过预吹塑进行预拉伸，也就是说使用压缩空气形成一个气泡；

■ 通过预抽气进行预拉伸，也就是说通过真空形成一个气泡；

■ 借助预拉伸柱塞进行机械预拉伸，预拉伸柱塞也叫上柱塞或预拉伸器；

■ 借助模具本身进行机械预拉伸；

■ 上述几种预拉伸方式组合使用。

塑型

塑型示例如下：

■ 使用真空塑型（真空成型机）；

■ 使用压缩空气塑型（压缩空气成型机或使用闭锁模具的真空成型机）；

■ 使用压缩空气和真空塑型（带附加真空连接的压缩空气成型机或者使用闭锁模具

的真空成型机）；

■通过压花进行塑型。使用压花可以对模具轮廓进行双侧仿制。主要用于泡沫片料，鲜少用于压边和修边。

冷却

按照机器类型而定，制品的冷却方式有如下几种。

■通过与成型模具接触进行冷却（大多数是单侧接触）。

■通过不同类型的空气进行冷却：

·从周围环境中抽吸空气（正常情况）；

·将低温空气导向机器里的鼓风机。

向气流中吹入水喷雾；水雾在气流中蒸发，借此冷却空气。空气流动速度为10m/s左右且使鼓风机离制品约1.5m，可使空气降温10℃左右。

提示：如果空气流动速度过高，制品会变潮湿，因为时间过短，水喷雾未能蒸发。

■如果不使用成型模具成型，则在空气中自然冷却。

脱模

如果热塑性塑料的冷却温度低于其软化温度，塑料已经具有足够的硬度，可以脱模。

2.2 阳模成型和阴模成型

（1）阳模成型［图2.1（a）］

■模具外部轮廓塑造形状（简化版定义）。

■片料中的回弹力和塑型力向同一方向起作用。

（2）阴模成型［图2.1（b）］

■模具内部轮廓塑造形状（简化版定义）。

■片料中的回弹力和塑型力向反方向起作用。

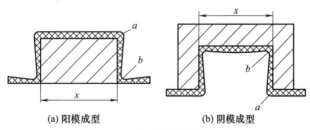

(a) 阳模成型　　　　(b) 阴模成型

图 2.1　阳模成型和阴模成型

（x= 成型模具仿制尺寸）

表2.1和图2.2展示了阳模制品和阴模制品的对比。

表2.1　阳模和阴模制品对比

特征	阳模制品	阴模制品
制品的成型精度	在内侧	在外侧
尺寸标注（绘图时）	在内侧	在外侧

续表

特征	阳模制品	阴模制品
厚边缘区域	拉伸导致边缘变薄	边缘实际上不拉伸，壁厚与初始厚度相同
最厚部位①	在底部	在边缘
最薄部位①	在边缘（向侧壁过渡）	在底部（向侧壁过渡）
形成褶皱的危险	在与边缘形成的角处	不形成褶皱

① 如果拉伸比相对较小，不先预成型就直接塑型。

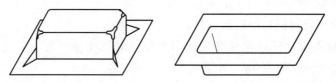

(a) 阳模制品，边缘有褶皱，从底部向侧 　(b) 阴模制品，没有褶皱，四周边缘厚度相同
壁的过渡区域的转角上有冷却痕迹

图 2.2 阳模和阴模制品对比

2.3 真空成型和气压成型

根据热成型所使用的成型压力，将热成型划分为真空成型和气压成型。

在真空成型工艺中，使用真空泵产生真空压力，将加热的片料预成型，并吸在成型模具的表面，大气压与真空压力（此时负压）之间所形成的压差会造成一种压力，最大约1bar（1bar=100000Pa，下同）。

气压成型时，已加热的片料受到压缩空气的冲压而接触模具表面，为此需要一个密封的压缩空气腔，让压缩空气作为成型气涌入其中。

根据最大成型压力的需求（成型空气的气压）将成型机划分成不同等级：不超过2.5bar，6～8bar，特种机器最高可达200bar左右。

2.3.1 真空成型与气压成型的差异

表 2.2 为真空成型与气压成型的对比。

表 2.2 真空成型与气压成型对比

特　征	真空成型	气压成型	备　注
片料成型温度	较高	较低	塑型精度相同时，温差约为20℃
垂料	较高	较低	取决于片料的耐温性
片料和预拉伸柱塞之间的摩擦	较高	较低	片料温度高时，摩擦加大
片料和成型模具之间的摩擦	较高	较低	片料温度高时，摩擦加大
所需成型力	较低	较高	取决于片料的耐温性。注意特殊情况：APET（无定形聚对苯二甲酸乙二醇酯）、CPET（结晶聚对苯二甲酸乙二醇酯）、特定温度下的最小成型力

续表

特　　　征	真空成型	气压成型	备　　　注
塑型精度	较低	较高	成型温度相同时
壁厚分布	较差	较为良好	整体情况
冷却痕迹	较多	较少	摩擦／静摩擦生成
制品的耐温性	较低	较高	成型温度越高，已加热片料中的残余应力就越小，耐温性也就越强
冷却时间	较长	较短	取决于成型温度
模次时间	较长	较短	取决于冷却时间
成型模具中的排气孔	单个横截面积较大	单个横截面积较小	孔示例： ■用于 HIPS（高抗冲聚苯乙烯）：0.8/0.5mm， ■用于 PP（聚丙烯）：0.6/0.3mm。 槽口示例： ■用于 HIPS：0.5/0.3mm， ■用于 PP：0.3/0.2mm
模具成本	较低	较高	差异：气压成型的压力箱，排气孔和排气槽的尺寸和数量，成型模具的整体稳定性
模具重量	较低	较高	取决于压缩气缸
机器闭合力	较低	较高	如果成型模具没有闭锁装置
塑型能耗	较低	较高	"正常制造"的模具的整体情况。采用有针对性的解决方案，可以大幅度降低气压成型的能耗
少量加工的生产成本	较低	较高	整体趋势发展情况
批量加工的生产成本	较高	较低	整体趋势发展情况

如果真空成型和气压成型都可达到质量要求，而且有相应的机器可供选择，则根据生产成本决定采用真空成型还是气压成型。

2.3.2　气压成型应用

包装制品
■一般情况下适用于需大量生产的杯子、盖子、托盘和包装设备等商品。
■适用于那些真空成型无法满足的，清晰度、壁厚分布或塑型精度方面高要求的片料：
• PP——抗熔度低（垂料）；
• OPS（取向聚苯乙烯）——成型温度范围低；
• APET——成型温度提高时，透明度和可塑性降低。
■适用于预印刷片材，因为成型温度较低时印刷图像的扭曲程度较小。

技术性高的制品
■必须具备超高塑型精度（超小半径的角位）的制品，以及真空无法满足其精确塑型要求的片料，比如聚碳酸酯（PC）、浇铸成型的亚克力玻璃等。
■适用于有超高表面质量要求的制品。

■ 采用真空成型时塑型力不足的情况下。

结论

气压成型的应用范围更广。

气压成型所需模具成本较高，但是每模次成型时间较短，这是它一贯的优势。

一般情况下，气压成型的能耗比真空成型高。通过适当的模具技术可将能耗降到最低程度，这样既可提高成型空气的气压，同时也可降低片料的成型温度。考量增加的模具成本是否与减少的压缩空气消耗相匹配时，必须计算能耗。

少量加工时真空成型成本较低，因为模具更简单——前提是满足制品的质量要求。

大批量加工时，大多情况下气压成型的制品生产成本比真空成型更低。要得出确切的结论，必须对比两种成型方式的制品生产成本。

2.4　成型压力、塑型压力和塑型精度

真空成型机内的成型压力相当于片料一侧大气压和真空泵在片料另外一侧所形成负压的压差。零海拔地区的大气压约为 1bar（100000Pa），海拔高度每升高 1000m，大气压下降大约 0.1bar，因此，新真空泵的成型压力约为 1bar（零海拔）。真空成型时，1m² 成型面承受约 100000N 成型力。这大约相当于十辆小型车的总重。

成型压力将片料冲压到成型模具壁，塑型压力在塑型过程中由成型压力和片料内的回弹应力形成，见图 2.3。

成型模具中针对图 2.3 中带（＋）标识的部位：

成型的塑型压力 ＝ 成型压力 ＋ 片料中的回弹应力

针对图 2.3 中带（－）标识的部位：

成型的塑型压力 ＝ 成型压力 － 片料中的回弹应力

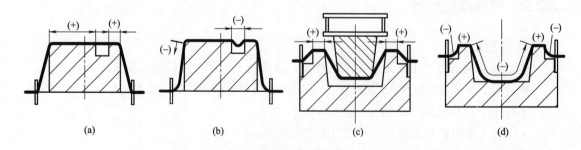

图 2.3　塑型压力

（a）和（b）为阳模成型模具；（c）和（d）为阴模成型模具

在模具上的（＋）面上，成型时片料中的回弹力和塑型力作用于相同方向；

在模具上的（－）面上，成型时片料中的回弹力和塑型力作用于相反方向

制品特定区域所达到的塑型精度，主要取决于塑料类型、成型温度和形成的塑型压力。

2.5 预吹塑、预抽气、压力平衡、喷气

预吹塑
预吹塑（图 2.4）是指通过正压力使片料形成一个泡罩，借此对片料进行预拉伸。大多数机器的预吹塑压力不超过 0.03bar。

预抽气
预抽气（图 2.5）是指通过真空形成一个泡罩，借此对片料进行预成型。

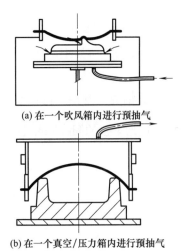

(a) 在一个吹风箱内进行预抽气

(b) 在一个真空/压力箱内进行预抽气

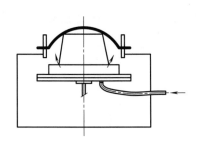

图 2.4　通过预吹塑进行预成型
（并非所有热成型机都具有这项功能）

图 2.5　通过预抽气进行预成型
（并非所有热成型机都具有这项功能）

压力平衡
成型过程结束后，冷却也完成，在开始使用脱模空气脱模之前，必须切断成型压力（真空或压缩空气），从而使压力与大气压相平衡，这是脱模程序的前提条件。从体积或面积较大的成型模具中脱模出制品时，必须在脱模间隙中吹入空气（脱模空气），以确保模具移动时制品不会被在模腔中间形成的真空而压到变形。脱模空气量必须与脱模速度相匹配。

2.6 冷却痕迹

所谓冷却痕迹，是指制品上意外出现的部分凸起部位，见图 2.6。与壁厚分布不均匀不同，冷却痕迹会影响制品的美观和对称性。冷却痕迹都是不受欢迎的缺陷。

预成型时参数不正确会形成冷却痕迹，例如：

■ 已加热的片料初次接触成型模具时；

■ 接触预拉伸柱塞时；

图2.6 冷却痕迹

■ 某些情况下，通过预吹塑时，强压缩的空气气流不均匀地集中在某部位。特殊情况下阴模件成型时，强压缩的排气气流不均匀地集中在某部位。

2.6.1 阳模制品上的冷却痕迹

在相对较为平整的阳模制品上，冷却痕迹最常出现的位置是模具上边缘，参见图2.7。

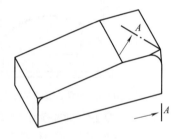
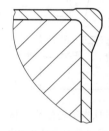

(a) 阳模制品　　　　　　(b) 阳模角区域中的 *A—A* 剖面
图2.7 阳模制品上的冷却痕迹常见位置

进行大幅度拉伸时，在预成型过程中冷却痕迹会被牵拉往侧壁。

阳模制品上的冷却痕迹示例
图2.8 ～图2.14为阳模制品上的冷却痕迹示例。

图2.8　丙烯腈 - 丁二烯 - 苯乙烯共聚物（ABS）
制成的盖，阳模成型，有冷却痕迹

图2.9　采用抗冲击性聚苯乙烯制成的显
示屏截面，阳模成型，有冷却痕迹

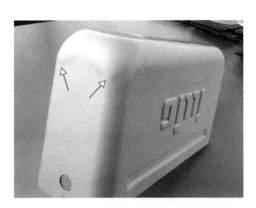

图 2.10 采用抗冲击聚苯乙烯制成的制品，阳模成型，有冷却痕迹

图 2.11 采用抗冲击聚苯乙烯制成的制品，阳模成型，高度拉伸，有向下拉的冷却痕迹

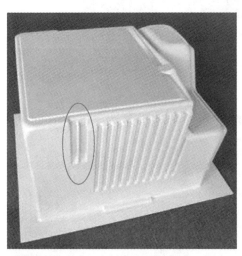

图 2.12 采用抗冲击聚苯乙烯制成的冰箱内胆，阳模成型。冷却痕迹细节参见图 2.13 和图 2.14

图 2.13 图 2.12 的细节，从温度相对较低的成型模具边缘滑过时，塑料冷却导致形成冷却痕迹

图 2.14　图 2.12 中冰箱内胆上的冷却痕迹（侧视图）

图 2.14 中的冷却痕迹走向，与塑料初次和模具上边缘接触的位置相匹配。

2.6.2　阴模制品上的冷却痕迹

与阳模成型制品上的冷却痕迹不同，在阴模成型时，片料某部位与模具部件接触后不会继续下滑到侧壁而形成冷却痕迹。

阴模成型制品侧壁中的所有冷却痕迹都是因与预拉伸柱塞的接触而形成。

阴模制品上的冷却痕迹示例

图 2.15 ～图 2.17 为阴模制品上的冷却痕迹示例。

图 2.15　由聚苯乙烯阴模成型制成的制品，边缘区域有冷却痕迹

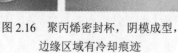
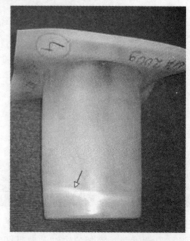

图 2.16　聚丙烯密封杯，阴模成型，
边缘区域有冷却痕迹

图 2.17　高密度聚乙烯阴模成型制品，
预拉伸柱塞导致形成冷却痕迹

2.6.3 冷却痕迹形成原因

在预成型阶段的拉伸过程当中，片料意外遭受强度冷却，导致冷却痕迹的形成。

接触以下部件而受到冷却：

■ 与成型模具部件接触；

■ 与预拉伸柱塞接触；

■ 个别情况下，加热后的片料在预成型过程中遇到一股不均匀、高度压缩的空气气流。

加热后的片料与模具接触时，热传导引起冷却，快速的冷却导致形成冷却痕迹。受到影响的几个重要参数如下：

■ 成型模具部件和热塑性片料接触点的温差，以及预拉伸柱塞和热塑性片料接触点的温差；

■ 接触时间。

此外，压缩空气气流进行冷却时，需注意如下重要参数：

■ 空气温度；

■ 空气流动速度。

2.6.4 减少冷却痕迹的方法

降低温差

降低成型分段和热塑性塑料接触点的温差，以及预拉伸柱塞和热塑性塑料接触点的温差，从而减少受面积限制的冷却，即减少冷却痕迹。主要措施如下。

■ 提高成型分段的温度；

■ 提高成型分段接触点的温度。

减少接触时间

下列操作可以缩减接触时间：

■ 快速移动工作台；

■ 使用气垫，延缓放置片料（取决于工艺和机器）；

■ 使用预拉伸柱塞进行阴模成型时，加大排气面积。

缩减接触面积和降低接触强度

如果可行，改变接触面的形状，以使在接触面外部结构保持不变的前提下，相应缩减接触面积。比如，斜角优于球形面。

保持持续拉伸

必须采取下列举措，避免黏滑现象：

■ 减少静摩擦（表面过于光滑和过于粗糙都会导致静摩擦增大）；

■ 阳模成型时避免边缘过于尖锐。拉伸时尖锐边缘会妨碍高温片料滑动。

选择其他成型工艺

预抽气并使片料在成型模具上滚动，是使用阳模成型工艺制作技术部件等的最佳解决方案之一，制品上不会出现冷却痕迹。

2.6.5 形成冷却痕迹造成的后果

冷却痕迹不只是影响制品的美观。

冷却痕迹处厚度较大，因此脱模时温度比旁边的薄壁要高。这会导致：

- 冷却时间长；
- 加工收缩率发生变化；
- 拉伸件畸形；
- 冷却痕迹处用料较多，这会影响其他部位的壁厚；
- 冷却痕迹在某些情况下还会影响制品的抗压强度，为了抵消这种不利影响，必须使用更多的材料。

2.6.6 折叠式包装盒的闭合点冷却痕迹采用典型壁厚分布

图 2.18 所示为带两个按钮式闭合点的折叠式包装盒，图 2.19 和图 2.20 分别为图 2.18 中产品的按钮阳模件和阴模件。

图 2.18 带两个按钮式闭合点的折叠式包装盒

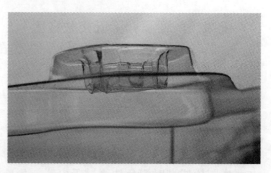

图 2.19 图 2.18 中折叠式包装盒的按钮阳模件　　图 2.20 图 2.18 中折叠式包装盒的按钮阴模件

2.6.7　关于冷却痕迹的结论

必须避免形成冷却痕迹的原因有很多，绝不只是因为冷却痕迹影响制品的外观。

冷却痕迹会：

■ 影响壁厚分布；

■ 影响冷却时间；

■ 导致制品畸形。

知晓冷却痕迹的形成原因之后，多数情况下能够最大程度进行避免，有时能够完全消除。

补救措施包括调整：

■ 调整机器装备（工作台的移动时间）；

■ 调整模具构造；

■ 调整模具温度控制；

■ 调整选择的成型工艺。

切勿忘记加工过的片料的影响。例如与抗冲击性聚苯乙烯相比，丙烯腈 - 丁二烯 - 苯乙烯共聚物（ABS）更易形成冷却痕迹。

特殊情况下，折叠式包装盒的闭合按钮在阳模成型和阴模成型时使用典型的壁厚分布参数。在这里，实际应用中往往无法避免的冷却痕迹不会对外观产生任何影响。而且在闭合包装盒时还可发挥积极作用，按一下就能关闭盒子。这充分体现了壁厚分布再现性的重要性——在这种应用中，也包括冷却痕迹的再现性。

2.6.8　痕迹

与冷却痕迹不同，痕迹形成在排气孔周围——如果成型分段的表面过于光滑，排气孔会在片料完整成型之前就闭合，这就导致制品和成型分段之间有空气留存。排气孔周边的痕迹多为圆形。

图 2.21 显示了阳模模具表面过于光滑时，排气孔周围形成的痕迹。泡罩等透明零部件成型时阳模成型分段出现故障。图 2.22 所示为阳模制品的裂隙和断裂。

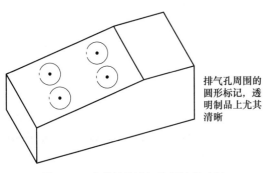

排气孔周围的圆形标记，透明制品上尤其清晰

图 2.21　透明制品排气孔周边的痕迹

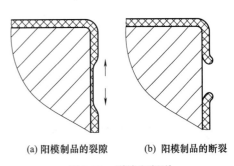

(a) 阳模制品的裂隙　　(b) 阳模制品的断裂

图 2.22　裂隙和断裂

2.7 热成型时形成褶皱

所谓褶皱，是指在成型过程中，加热后的片料内部出现意外的接触面皱纹。阴模制品和阳模制品都有可能形成褶皱。褶皱示例见图 2.23。

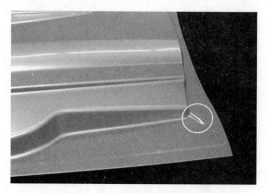

图 2.23 阳模制品转角处出现褶皱

2.7.1 阳模成型过程中的褶皱形成过程

褶皱形成过程如图 2.24 所示。

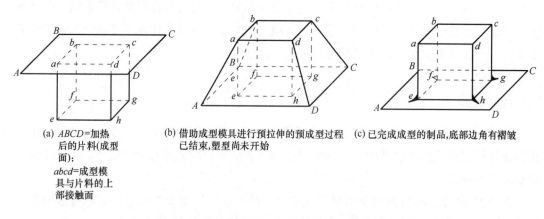

(a) *ABCD*=加热后的片料(成型面)；
abcd=成型模具与片料的上部接触面

(b) 借助成型模具进行预拉伸的预成型过程已结束,塑型尚未开始

(c) 已完成成型的制品,底部边角有褶皱

图 2.24 阳模成型过程中的褶皱形成过程

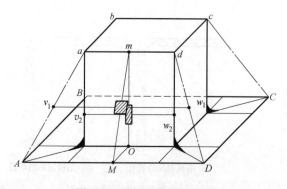

图 2.25 图解阳模褶皱形成

阳模成型过程中的褶皱形成说明

图 2.25 对褶皱形成进行了说明。

① 开始真空塑型或气压塑型之前，将高温片料像帐篷一样，在阳模上表面 *abcd* 和夹持边 *ABCD* 之间拉紧。

② 在塑型过程中，帐篷前壁 *AadD* 的中线 *Mm* 拉伸成 *MO*+*Om*。显示在中间的部分进行向上拉伸。

③ 水平中线 v_1w_1 在塑型过程中压缩

成长度较短的 v_2w_2。

结论：

■ 塑料在塑型过程中沿一个方向拉伸，其他方向压缩（形成褶皱的原因不是拉伸，而是压缩）；

■ 加热后的塑料只要在塑型过程中"能够压缩"，就不会形成褶皱；

■ 能否压缩，则取决于加工后片料的黏弹性，即受塑料类型、塑料温度、压缩比和压缩速度的影响。

一旦超过压缩能力范围，就会形成褶皱。

阳模底角区域的压缩比最高，因此在有角的阳模上，最有可能形成褶皱的区域是底角区域。

防止阳模成型过程中形成褶皱

防止形成褶皱有下列几种方法。

① 更改机器设置。

• 抽气（"预真空"）时短时间缩小排气截面可以降低压缩速度。

• 通过修正材料温度来改变压缩特性：如果塑型时材料冷却过快，则适当调高材料的加热温度。

• 如果塑型时材料成型过快，则适当调低材料的加热温度。

② 通过缩小角的拉拔范围来避免形成褶皱。通过夹紧框中的隔板缩小拉拔范围，进而缩小压缩比。原理参见图 2.26。A 缩至 A_1，B 缩至 B_1，C 缩至 C_1，D 缩至 D_1。

③ 使用预拉伸柱塞避免形成褶皱。

遵循"小褶皱按压，大褶皱必须拉拔"的原则。小褶皱可以使用预拉伸柱塞压平。如果试图使用柱塞压平较大的褶皱，褶皱会被柱塞堆叠在一起。未生成褶皱之前，柱塞必须处于指定位置。

④ 通过改变边角料区的成型结构避免形成褶皱。

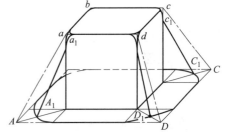

图 2.26　阳模成型时避免形成褶皱

• 提升成型模具高度，这样可以使褶皱形成在边角料区（只有分离相应的区域，方可实现）。

• 拉伸褶皱：这会人为在褶皱的左右两侧各形成一个隆起（例如半圆球等）。同时导致褶皱下方凹陷。

⑤ 通过改变阳模上部区域的半径来避免形成褶皱。

增大阳模上部区域的半径，可以在开始塑型之前，缩小"帐篷"的初始面（图 2.26）。a 缩至 a_1，b 缩至 b_1，c 缩至 c_1，d 缩至 d_1。操作时注意：改动成型模具相当于变更设计，务必要征求买方的许可。

⑥ 改变形状，使褶皱看起来像一般的加强筋一样。在下部区域多制作一些面，这样可将褶皱"消耗殆尽"。

2.7.2　阴模成型过程中的褶皱形成过程

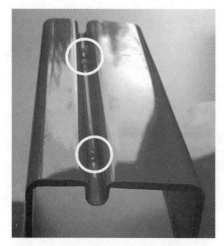

图 2.27　成型品的一个阴模成型槽中形成褶皱

阴模成型过程中的褶皱形成说明

使用成型分段进行预吹塑和 / 或拉伸完成预成型之后，尚未制作出槽口。槽口是在塑型阶段形成的（图 2.27），如下所述。

由于片料厚度、塑型温度和内部应力分布并非完全均匀，这就导致在片料逐渐拉伸形成槽口的过程中，某些部位的片料会率先到达槽口底部，而这时另外一些部位还与底部有一定的距离。

也就是说，片料呈波浪状拉伸成槽口，因此沿槽口纵深测得的长度值比槽口本身的长度要长。

这也就意味着，在片料完全成型之前，槽口底部较晚成型的部位会出现塑料堆叠的情况。

如果发生塑料堆叠时片料不能隆起，就必定会形成褶皱。

防止阴模成型过程中形成褶皱

为了避免阴模成型过程中形成褶皱，拉伸时必须保持时间一致性。要实现这个目的，只能借助预拉伸柱塞作为机械辅助措施。

2.7.3　表面形成褶皱

如果高温片料表面比用于片料成型的成型模具表面大，就会形成表面褶皱。如果材料垂料大且成型分段高度小，就会出现这种情况。

避免形成表面褶皱的解决方案

■ 将平整的成型分段放置在较高处，这样新形成的成型表面——成型分段 + 升高部分，就会比由于垂料而形成的片料表面大。

■ 如果边缘部分是边角料区，升高的部分可以进行额外的拉伸。

2.8　模具套件

一台设备中，制作某个新产品所需的全部零部件，称之为模具套件。除成型模具之外的所有零部件，称为堆叠格式排列部件。

配备固定格式框架的板材成型机

配备固定格式框架、送料站和独立加热站的板材成型机，其模具套件包含下列部件：

■ 成型模具；

- 模架；
- 预拉伸柱塞；
- 成型站夹紧框；
- 加热站夹紧框；
- 送料站吸盘（吸气板）。

配备可调式夹紧框和可调式模架的板材成型机

配备可调式夹紧框、可调式模架、固定格式框架、送料站和独立加热站的板材成型机，其模具套件包含下列部件：

- 成型模具；
- 预拉伸柱塞；
- 送料站吸盘（吸气板）。

配备冲裁站和堆叠站的全自动辊式成型机

配备冲裁站和堆叠站的全自动辊式成型机，其模具套件包含下列部件：

- 成型模具；
- 模架；
- 夹紧框；
- 预拉伸柱塞；
- 带有冲裁支承板的带钢裁切刃；
- 堆垛件。

2.9　成型面、拉伸面和夹持边

所谓成型面，是指用于进行热成型的片料的高温面部分，与是否拉伸该部分无关。而所谓拉伸面，是指使用选择的成型工艺进行拉伸的成型面部分，参见图2.28。

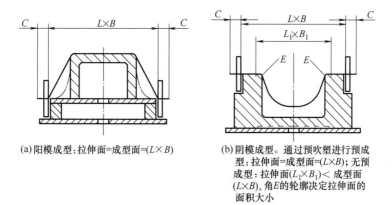

(a)阳模成型：拉伸面=成型面=($L×B$)

(b)阴模成型。通过预吹塑进行预成型：拉伸面=成型面=($L×B$)；无预成型：拉伸面($L_1×B_1$)＜成型面($L×B$)。角E的轮廓决定拉伸面的面积大小

图2.28　成型面、拉伸面、夹持边（C）

不是所有热成型机器都配有夹紧框（用于在成型过程中夹紧片料）。

在板材成型机中，辐射器不加热夹紧框夹住的夹持边。操作时注意如下事项。

■ 如果脱模后直接分离制品的夹持边，切记不可加热夹持边，而应在脱模后尽快将其分离。

■ 与之相反，如果夹持边保留在制品上（无修整成型），则脱模时夹持边必须与成型部件温度一致。由于夹持边不能使用辐射器加热装置加热，因此必须通过接触高温夹紧框一起加热。

这样不但能加热下夹紧框，也能加热上夹紧框。

如果夹持边在成型站的接触加热时间过短，则夹持边内核可能达不到足够高的温度进行脱模。解决方法是在开始接触时提高夹紧框接触面的温度，然后在即将结束接触时降温。为此需要使用特殊的夹紧框。

2.10　向下夹持器和向上夹持器

向下夹持器

如果一个成型面上放置有多种阳模成型模具（图 2.29），则优选使用向下夹持器将整个成型面分隔成多个单独的小成型面，这样可以在预成型时，通过预吹塑为各小成型面单独形成一个泡罩。这有利于改善壁厚分布。

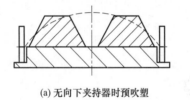

(a) 无向下夹持器时预吹塑　　　　(b) 向下夹持器在上夹紧框中时预吹塑

图 2.29　阳模成型双模具

向上夹持器

向上夹持器（图 2.30）将要脱模的拉伸件固定在边缘区域四周，这无疑有助于脱模。需要在成型站（板材成型机）中加热时，向上夹持器可为聚丙烯等垂度较大的片料提供支撑。

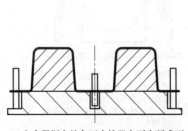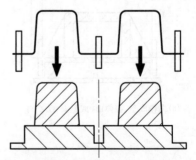

(a) 上夹紧框中的向下夹持器主要为预成型　　(b) 向上和向下夹持器在脱模时起到辅助作用，
　　提供支持，比如形成两个泡罩　　　　　　　脱模时这两个部件会撑住四周

图 2.30　阳模成型双模具，向下夹持器在上夹紧框中，向上夹持器在下夹紧框中

2.11 成型比和拉伸比

所谓成型比，是指成型面的高度（H）和宽度（B或D）之间的比例关系，见图2.31。成型比不能准确反映出拉伸情况。

<table>
<tr><td>(a) H/B</td><td>(b) H/B</td><td>(c) H/D</td></tr>
</table>

图 2.31   成型比

所谓拉伸比，是指拉伸后所形成部件的总面积与拉伸前初始面积之间的比例关系。计算生成面积和初始面积时，均不考虑夹持边。

$$拉伸比 = \frac{F_2}{F_1} \qquad (2.1)$$

式中 F_1—— 成型面；

F_2—— 制品的面积。

2.12 脱模斜度

侧壁和脱模方向之间的角度称为脱模斜度，如图 2.32 所示。

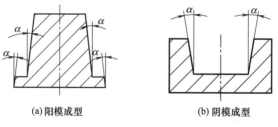

(a) 阳模成型   (b) 阴模成型

图 2.32   脱模斜度 α

制品的最厚部位冷却到软化温度以下后，就会脱模。等待脱模的时间越长，制品的冷却程度越高。由于长度发生变化，阳模制品会收缩到成型模具上。单模成型时，阴模制品收缩后会远离模具壁。

为了安全脱模，制品必须具有足够的刚度。但是制品不可过度冷却，尤其在阳模成型时。此外脱模时间始终是模次时间的一部分，而且这个时间必须尽量短。还有，脱模时必须监测流入模具壁和制品之间的空气，这一点很重要。此外，在脱模过程中，制品不可发生变形。要满足上述这些要求，就必须具有足够的脱模斜度。务必选择能够实现的最大脱模斜度。脱模斜度越大，脱模就越快——这样也可以缩短模次时间。较大的脱模斜度可以降低脱模时制品发生变形的风险。阳模成型模具和阴模成型多模具应该争取达到下列脱模斜度：

- $\alpha = 3° \sim 5°$；
- $\alpha < 0.5°$，针对收缩率 $< 0.5\%$ 且缓慢脱模的情况。

在下列条件下，可在脱模斜度 α 为 0° 时将阳模制品脱模。

- 脱模温度仅低于软化温度一点点，即必须在可以实现的最高温度将制品脱模。
- 脱模过程必须可以在机器上进行两步调节：
  - 第一步：使用压缩空气使制品松动；
  - 第二步：缓慢脱模，注意脱模空气和脱模速度必须可以精细配量，这一点很重要。

2.13　排气截面

成型时为了将加热后的片料按压在成型模具表面，在真空成型工序中会通过成型模具的排气截面，抽吸片料与成型模具之间的空气。进行气压成型时，通过排气截面压出空气。

排气截面可能是孔，也可能是槽或者缝隙式喷嘴。此外，也可使用多孔材料制作成型模具。

排气截面的设计参考值，请参考第 3 章"热塑性片料"的表 3.2"热成型机表格"。

模具表面的排气截面通过一个排气通道系统贯通在一起。

关于排气装置的设计，请参阅第 21 章"热成型模具"中 21.9.4 节"模具排气与排气截面"。

2.14　壁厚计算

如果成型前的下料重量与制品相同，则制品壁厚和片料初始壁厚的比例，以及片料初始面和制品拉伸后形成的面的比例，这两者相同。

虽然热成型时可以再现壁厚，但是无法保证制品的所有部位厚度相同，因此可以接受最小壁厚和最大壁厚与平均壁厚有 ±30% 的偏差。

$$S_2 = \frac{F_1}{F_2} S_1 \tag{2.2}$$

式中　F_1——片料面积，不含夹持边；
　　　F_2——热制品的表面积；

S_1——片料厚度；

S_2——热制品的理论平均壁厚。

最薄处 $=0.7s_2$；最厚处 $=1.3s_2$。

壁厚计算示例

图 2.33 所示为壁厚计算示例。

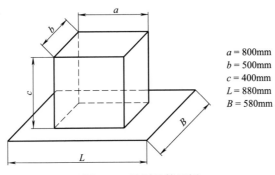

$a = 800\text{mm}$
$b = 500\text{mm}$
$c = 400\text{mm}$
$L = 880\text{mm}$
$B = 580\text{mm}$

图 2.33　壁厚计算示例

$$F_1 = L \times B = 510400\text{mm}^2$$
$$F_2 = L \times B + 2bc + 2ac = 1550400\text{mm}^2 \qquad (2.3)$$
$$\frac{F_1}{F_2} = 0.329, \quad \frac{F_2}{F_1} = 3.038$$

针对初始壁厚 $=5\text{mm}$ 的情况：

■ 制品理论平均壁厚 $=5 \times 0.329\text{mm}=1.645\text{mm}$；

■ 实践中可能实现的壁厚分布 $=1.645\text{mm}\pm30\%=1.15 \sim 2.14\text{mm}$。

热塑性片料

3.1　热塑性塑料的构造和结构

　　热塑性塑料由链长最长约 1 微米的高分子（聚合物）构成。这些高分子可能是线型结构（比如 HDPE），也可能是支链型结构（比如 LDPE）。当高分子完全无序排列（棉球状）时，称为无定形热塑性塑料［图 3.1（a）］。线型聚乙烯等结构均匀的高分子可以部分有序排列（结晶）；但是聚合物基本上只能部分结晶。于是得到半结晶热塑性塑料［图 3.1（b）］。

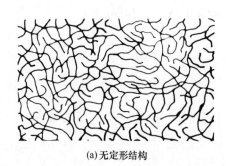
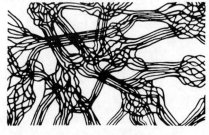

(a)无定形结构　　　　　　　　　　　　　　(b)半结晶结构

图 3.1　热塑性塑料的结构

　　由于结构方面的原因，决定了聚苯乙烯（普通 PS）、聚氯乙烯（PVC）、聚碳酸酯（PC）、聚甲基丙烯酸甲酯（PMMA）等无定形热塑性塑料只要没有染色、改性和填充，就呈现出透明状态。根据结晶程度，半结晶热塑性塑料受结晶折射的影响，呈现半透明至不透明状态。依据材料类型和成型工艺，晶体在加热时熔化，片料在一定温度范围内呈现透明状态。冷却后重新形成晶体，塑料恢复不透明状态。PP（聚丙烯）等半结晶热塑性塑料低于晶体熔化温度范围成型，称之为"SPPF"工艺（solid phase pressure forming，固相压力成型）。

结晶性热塑性塑料，是指那些作为片料时呈现出无定形状态，只有加热时才会结晶的热塑性塑料。使用 CPET 时，会在高温成型模具中利用结晶来提高制品的耐温性。

对于所有热塑性塑料：

■ 使用温度受一定限制。低于特定的温度范围会像玻璃一样易碎，高于特定的温度范围（软化温度）则有损其强度。

■ 如果温度足够高，它们可以在力的作用下成型。温度越高，成型力就越小。

■ 在拉伸过程中，热塑性塑料呈现出黏弹特征。这意味着，拉伸速度越快，拉伸力就越大。加热时结晶的热塑性塑料是个例外，比如 CPET。

3.2 吸收片料中的湿气

热塑性片料制成的片材和板材具有吸湿性，会吸收周围环境中的湿气。基础塑料具有吸湿性，或者塑料中混合有滑石粉、炭黑或相关颜料等吸湿性添加剂时都会发生这种现象。潮湿的片料在热成型过程中被加热后，会在表面形成气泡（图 3.2）。

诸如 ABS、ASA、CA、CAB、挤出的 PMMA、PC、APET、PSU、PES、聚酰胺等都是具有吸湿性的塑料。具有吸湿性的片料一般在供货时会进行气密包装。只有准备用于加工时，才能打开包装。打开后，将其放

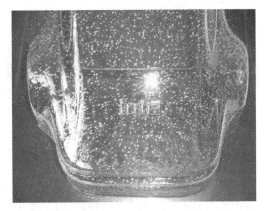

图 3.2　PMMA 透明制品中的湿气气泡

入干燥炉中用循环风吹干。如果制造商没有特殊要求，可采用热成型机表格（详见下文 3.16 章节中的表 3.2）中的相应预干燥温度。在操作过程中，板材必须垂直放置且保持一定间隔，这样热风才能在两侧循环流动。潮湿的片材卷需要若干天才能完成干燥。片料完成干燥处理之后，如果短时间内不用于加工，必须立刻用 PE 薄膜进行密封包装。

具有吸湿性的片料在加工时必须处于干燥状态，也就是说需要满足下列要求之一：

■ 刚刚从气密包装材料中取出；

■ 进行过干燥处理，刚刚从干燥炉或干燥室取出，即片料处于温热状态；

■ 进行过干燥和冷却处理，如果一段时间后才会使用，一般需在板材完成干燥处理后尚处于温热状态时就对其进行包装。

现在有越来越多的热成型企业将具有吸湿性的片料储存在装有空调系统的仓库中，在高温（超过 40℃）和低湿环境中储藏。经过干燥处理的板材会重新吸收湿气。比如，经过干燥处理后的聚碳酸酯（PC），短短半小时就会从空气中吸收大量水分，导致在热成型机中加热时材料中形成气泡。与之不同的是，ABS 可以在空气湿度正常的环境中曝露 2 到 3 天。

制造商应该按照自己的加工量来订购包装好的板材，避免出现订购过多，导致部分

板材长期裸露放置，最后不得不重新干燥的情况。在实际应用中，成卷的制品不进行干燥处理，因为经过多个模次的加热，多数情况下已经足以去除湿气。塑料的加热次数越少（比如气压成型），湿气形成小气泡的概率就越低。

3.3 加热操作

加热热塑性片料时的影响因素有：
- 与热吸收特性有关的加热时间；
- 加热时的膨胀和垂料；
- 片料在成型温度下的耐受度，在此熔体强度下可以取向；
- 成型温度范围；
- 不同片料厚度之间的温度梯度。

影响塑料片料加热时间的几个因素有：
- 塑料类型（PS、HIPS、PVC、PP 等）；
- 片料中的填充材料（25% 份额以下便于进；行热成型）；
- 热传导方式（接触、辐射、传导）；
- 热成型机的加热性能；
- 加热有效度。

两侧加热不但可以缩短加热时间，还能针对不同的片料厚度改善温度分布情况，进而对加热后片料与成型模具之间的摩擦系数产生重要影响。一般使用红外线辐射对厚度不超过 2.5mm 的片料进行单侧加热。片料厚度超过 2.5mm 需要进行双侧加热。

迄今所有已知的加热工艺（接触、辐射、传导），都会在片料不同厚度之间形成一条温度特征曲线。在一台机器或相同机器中，只能通过加热时间和加热强度影响温度特征曲线。除非损毁片料，否则无法测量片料内部温度。因此要想完美设置辐射器温度和加热时间等加热参数，拥有丰富的经验很重要。同样具有重要意义的，还有热成型机：机器操作人员可以根据软件中保存的经验值计算包含加热参数在内的机器基本设置。

如果片料不同厚度之间的温度梯度较小，成型效果就会比较优良，制品的力学性能也相对较好。这也是配备挤出机的全自动辊式成型机在线联线生产的一项优势。

如果成型温度接近损坏极限，会导致壁厚分布差以及制品力学性能不理想。

基本原则是：加热时间越长，不同厚度之间的温度梯度就越小。但也并非尽皆如此。比如，如果使用陶瓷辐射器加热 8mm 厚的 HDPE，要想实现最佳效果，需要在开始加热时，使辐射器上加热装置以 700℃加热，下加热装置以 500℃加热，之后在加热过程中降低辐射器温度。这种设置既能最大程度缩短加热时间，同时又能在不同板材厚度之间实现最小温度梯度。

大多数热成型将高抗冲聚苯乙烯（HIPS）指定为基准塑料。这就意味着，如果已知 HIPS 的加热时间，可以通过下列方法计算出其他塑料的加热时间：用 HIPS 的数值乘以

"加热时间的材料系数"（加热时间的材料系数参见 3.16 节表 3.2 热成型机表格）。

热成型过程可再现性方面的当前技术水平，是过程受控型机器。这种机器的主要特征是加热时通过外部影响进行补偿。也就是说，不同厚度片料之间的温度特征曲线所受到的全部影响，均由机器自动进行补偿。为了能够从始至终、一贯恒定再现保持片料不同厚度之间的温度特征曲线，需要注意下列几个影响因素：

- 片料进入机器时的初始温度；
- 生产车间的室内温度，以及机器不直接加热部件的温度（例如机架的温度等）；
- 片料在加热过程中的实时表面温度；
- 辐射器温度在加热过程中出现的偏差；
- 电网波动。

加热装置的辐射器时刻根据传感器采集到的数据改变温度，使片料不同厚度之间的温度特征曲线在每个模次中恒定保持一致。

3.4 膨胀和垂料

热塑性片料只在长期使用温度范围内出现纵向膨胀现象，而且纵向膨胀是可以计算出来的。受热所导致的线膨胀，按照下列公式，根据线膨胀系数 λ（参见表 3.2 热成型机表格）计算出来：

$$\Delta l = l_1 \times \lambda \times (T_2 - T_1) \tag{3.1}$$

式中　Δl ——线膨胀，mm；

　　l_1 ——温度 T1 下的长度或尺寸，mm；

　　λ ——线膨胀系数，K^{-1} 或 $℃^{-1}$；

　　T_1 ——初始温度，大多为室温；

　　T_2 ——加热结束时的温度。

示例：针对 ABS：l_1=800mm，λ=90×10^{-6}1/K；T_1=20℃，T_2=60℃，得出结果：线膨胀 Δl（注：原书误印为 $\Delta\lambda$）=800mm×90×10^{-6} 1/K×（60 −20）K=2.88mm。

针对该温度范围得出的垂料 f 可以轻松计算出来：

$$f = 0.62 \times \sqrt{b_2 \times b_2 - b_1 \times b_2} \tag{3.2}$$

式中　f ——垂料，mm；

　　b_1 ——夹紧框或链条输送装置的宽度，mm；

　　b_2 ——温度差 T_2-T_1 时膨胀后片材的宽度。

提示：

式（3.1）仅适用于出现线性膨胀的长期使用温度范围。超过软化温度之后，被挤出操作冻结的应力得到释放。

加热时应力释放后的片料特性

■ 熔体强度较低的片料（挤出时应力小），与大多数可热成型的 PP 或 PVC 类型一样，在达到成型温度之前不断膨胀，当空气支撑不住时，片料"挠曲"（并非所有机器都具备空气支撑功能）。

■ 片料自由挠曲之后，除了热膨胀之外，还会出现片料自重所导致的膨胀。这时存在片料接触下加热装置的危险，一旦两者发生接触，会对片料和加热装置造成损坏。而在制造片料时冻结应力，使片料在热成型机器中加热时不挠曲，这对于 PP 来说格外困难。

■ 如果使用支撑空气支撑片料，防止出现垂料，会形成波纹。如果形成的波纹过于明显，会导致波纹峰顶和谷底的温度不同，进而对制品的品质造成负面影响。

■ 在配备有空气支撑装置的板材成型机中，片料在加热过程中以微小的熔体强度轻微挠曲，这样可以尽量降低膨胀时形成波纹的概率。针对熔体强度低、垂料程度高的片料，不能使用式（3.1）计算垂料！

■ OPS 等双向高度取向的片料或者 LDPE 薄膜，在夹紧框中重新张紧，"像鼓膜一样"。

■ 使用接触热板加热时，膨胀会导致片料表面形成附着条痕。

3.5 成型温度范围

成型温度范围取决于下列两项

■ 最低温：在这个温度，片料刚刚能够清晰塑型。

■ 最高温：在这个温度，片料尚未出现热损坏。

损坏症状

■ 表面烧痕，明显变色（比如白色 ABS 变成黄色）；

■ 光泽度过高（比如 HDPE）；

■ 片料哑光面的颗粒平滑；

■ 吸湿性材料剩余湿度过大，导致形成小气泡；

■ 剩余单体含量过大或者高温下长时间停留导致解聚时，片料形成小气泡；

■ 表面开裂（比如 OPS）；

■ 多层结构的片料出现分层。

成型温度范围大的片料示例（HIPS）

■ 气压成型时的成型温度：120～150℃。

■ 真空成型时的成型温度：165～210℃。

成型温度范围小的片料示例（OPS 片材）

■ 气压成型时的成型温度：110～120℃。

■ 真空成型下无法清晰塑型。

成型温度范围参见本章的"热成型机表格"（表 3.2）。

3.6 热成型时的摩擦特性

片料在热成型过程中在热成型模具或预拉伸柱塞之间发生滑动时，塑料的摩擦特性就会发挥作用。比如说，在阴模成型过程中使用柱塞进行预拉伸时，或者阳模成型过程中使用成型模具进行自动预拉伸时，就会发生这种情况。

如果摩擦力特别大，塑料就会在初次接触时附着在接触到的模件上。这种情况大多会形成痕迹或冷却痕迹。片料部分冷却后再次进行拉伸，会对壁厚分布造成负面影响。层合时能够明显看出大摩擦力的影响。操作时在需要层合的支撑件上喷洒黏合剂，通过黏胶来防止片材在支撑件上滑动。

如果预拉伸柱塞和片料之间的摩擦力过小，底部区域的壁厚就会过薄。典型的例子是某种特定片料的预拉伸柱塞选择了错误的材料——使用 PTFE 预拉伸柱塞为 HIPS 材质的杯子成型时，杯子底部不可能达到足够的厚度。

如果成型模具和片料之间的摩擦力过小，比如使用预拉伸柱塞时，柱塞在预成型时就无法满足壁厚分布方面的要求。阴模成型时制品底部的壁会过薄。为了增大摩擦力，使用预拉伸柱塞进行预成型时，可以为柱塞选择其他更合适的材料。一般情况下，升高片料的温度和成型模具的温度可以增大摩擦力。

模具方面影响摩擦力大小的因素
- 热成型模具表面使用的材料；
- 接触面的模具温度；
- 成型模具的表面粗糙度。

片料方面影响摩擦力大小的因素
- 与模具发生接触一侧的塑料类型（多层片料的单个层）；
- 表面处理（比如防粘涂层）；
- 接触时的片料温度。

与粗喷砂或高度抛光的表面相比，片料在轻度喷砂或人工轻度粗糙处理过的模具表面更容易滑动。阳模模具的角允许进行高度抛光，因为加热后的塑料在预拉伸工序中经过模具角时滑动速度相对较快。

具有超大摩擦力的片料（黏结倾向，"锁合"）主要是带密封层的多层片材。密封层的软化温度必定低于底层的软化温度。由于必须将底层加热到成型温度，因此密封层会"过热"，这会导致其与模具或预拉伸柱塞之间形成较大的摩擦力。

比如说，如果必须使用预拉伸柱塞对 HIPS/PE 双层片材进行预拉伸，其中 PE 侧与预拉伸柱塞接触，就会出问题。采用真空成型工艺时问题尤为严重，因为 HIPS 真空成型时，片料温度不能低于 160℃。而在这个温度下 PE 处于非常黏稠的状态。

在实际应用中，片料必须在尽量"低温"的状态下成型。与另外一侧相比，"黏稠"

侧的加热温度应该适当降低——片料越厚，越容易实现。如果"黏稠"侧与成型模具接触，则使用尽量低的温度对其进行加热。如果"黏稠"侧与预拉伸柱塞接触，则使用 PTFE 材质的柱塞或者表面为 PTFE 材质的柱塞。

对于各层成型温度接近的多层结构材料来说，摩擦完全无关紧要。比如说，ABS/PMMA 双层片料就没有摩擦问题，因为 ABS 和 PMMA 的成型温度相差不大。

针对 PET 等具有黏结倾向的片料，必须使用防粘涂层。由片材制成且无防粘涂层，而又堆垛在一起的 PET 制品，无法拆垛，因为它们"黏合"在一起。具有和不具有防粘涂层的片材，其滑动摩擦特性截然不同。如已针对某种片材确定了预拉伸柱塞的轮廓结构，下次供货时就必须注意使用相同的防粘涂层。如果必须使用其他涂层，则有很高的概率需要更改机器设置。最糟糕的情况，是需要更改预拉伸柱塞的结构。

3.7　塑型精度

塑型精度是指热成型模具在制品上的塑造精度。判断依据是得到的凹槽半径以及制品与成型模具之间接触侧的表面结构（皮革粒面、木纹）。

影响塑型精度的几个因素
- 片料类型；
- 片料厚度；
- 片料不同厚度之间的成型温度特征曲线；
- 塑型压力（气压成型或真空成型）；
- 热成型模具的温度；
- 热成型模具的排气情况；
- 拉伸比。

真空成型也能实现较高塑型精度的塑料主要有 HIPS、PP、PE、ABS 和 PPO 等。与之不同的是，PC 和浇铸成型的 PMMA 只有使用较高的塑型压力才能清晰塑型。

成型温度越高，塑型精度就越高。只有在加热过程中开始结晶的塑料是例外，比如 APET 和 CPET。塑型压力越高，就越容易实现优良的塑型精度。加工很多塑料时，都可以通过提高成型温度来补偿机器本身较小的成型压力（比如真空成型，或者最大成型空气气压限定为 2.5bar 的全自动辊式成型机）。深度拉伸且片料温度高时，很难实现均匀的壁厚分布。

热成型模具的温度越高，塑型精度也就越高。进行气压成型时，可以通过增大成型压力来补偿模具低温。与排气不良的成型模具相比，排气优良的成型模具能够实现更高的塑型精度。如果空气封闭在平整的结构化模具表面上，制品上的构造深度会更小，同时表面光泽度会更高。

整体拉伸强度越大，就越难实现优良的塑型精度。待成型的塑料在热成型过程中仍然具有一定的剩余弹性，这时塑料不是完全可塑的，而是与橡胶类似。整体拉伸强度越大，需要的成型力也就越大，只有这样才能仿制出细节清晰的模具表面结构。

3.8　热成型加工收缩

术语释义

所谓加工收缩（mold shrinkage 或 molding shrinkage），是指制品相对于热成型模具的尺寸变化。收缩始于脱模，发生在制品冷却阶段。与自由收缩不同，加工收缩会改变材料的体积，而发生自由收缩时，材料体积保持恒定不变。

下列三者存有差异：

- 加工收缩率（VS）；
- 后收缩率（NS）；
- 总收缩率（GS）。

加工收缩率（VS）计算方法参见式（3.3）：

$$VS/\% = \frac{（模具尺寸-制品尺寸）}{模具尺寸} \times 100 \tag{3.3}$$

根据 DIN16901 标准，在 23℃ 环境中放置 16h 后确定制品尺寸和模具尺寸。在实际应用中，放置约 24h 后测量尺寸。

发生在加工收缩之后的收缩，称为后收缩。

总收缩率（GS）是加工收缩率（VS）和后收缩率（NS）的总和。

总收缩率（GS）= 加工收缩率（VS）+ 后收缩率（NS）

关于测定后收缩的时间点，没有具体规定。可以随意确定时间，也可根据协议测定。

加工收缩

在达到足够的刚度、可以脱模之前，热成型部件一直放置在成型模具上。选择脱模温度时，必须保证制品最厚的部位已经达到足够的刚度或已充分冷却，足以避免制品变形。最厚部位中心区域的脱模温度大致相当于最高长期使用温度，在实际应用中无法测量。

只有表面温度能够测量，制品不同壁厚之间的温度梯度决定了表面温度较低。冷却强度越大，冷却时间就越短。壁厚为几毫米的厚壁部件，温度梯度可能横跨多个摄氏度。

开始脱模之前，制品与成型模具相接触一侧的尺寸与成型模具的尺寸相同。

收缩始于脱模，也就是从成型模具松开时。

由于收缩过程发生在长期使用温度范围，因此收缩主要是一种受温度影响的纵向变化。

计算加工收缩率

加工收缩率可以通过近似值，作为受温度影响的纵向变化计算出来。

纵向变化（一般）：

$$\Delta l = l \times \alpha \times (T_1 - T_2) \tag{3.4}$$

式中　Δl ——纵向变化，mm；

　　　l ——纵向变化初始尺寸，mm；

　　　α ——计算长度变化的材料的线膨胀系数，℃$^{-1}$；

T_1——长度开始变化时的温度，℃；

T_2——长度结束变化时的温度，℃。

加工收缩率（VS）相当于使用百分数来描述纵向变化，即：

$$VS = 100 \times \frac{\Delta l}{l} \tag{3.5}$$

VS 体现的是受温度影响的模具尺寸对加工收缩的影响（切勿与塑料的脱模温度相混淆！）。

长度变化的初始尺寸 l 相当于生产中的模具尺寸。

全自动辊式成型机中的成型模具处于冷却状态，其生产温度非常接近室温。这就意味着，这类模具的初始尺寸可能与模具的制造尺寸相同。

板材成型机中的成型模具大多经过加热处理，它们的生产温度——至少在加工标准塑料时——大多比所加工塑料的长期使用温度低 10℃ 左右；也可能远高于 100℃，主要取决于加工的塑料（比如，PC 的模具温度是 125～130℃，高性能塑料使用的模具最高温度可达 200℃ 左右）。精确计算塑料的加工收缩率时，必须将初始尺寸 l 以及模具在生产温度下（即膨胀状态下）的尺寸考虑在内。但是这个影响微不足道，因此加热后的模具也可以使用模具在 23℃ 下的制造尺寸。

整体长度变化需要考虑成型模具受温度影响的线膨胀：

$$\Delta l_{塑料} = l_{模具在生产温度下} \times \alpha_{塑料} \times (T_{塑料脱模} - 23℃) \tag{3.6}$$

$$\Delta l_{塑料} = l_{模具在23℃下} \times [1 + \alpha_{铝} \times (T_{生产} - 23℃)] \times \alpha_{塑料} \times (T_{塑料脱模} - 23℃) \tag{3.7}$$

生产中影响模具温度的因素：

$$1 + \alpha_{铝} \times (T_{生产} - 23℃) \tag{3.8}$$

以 200℃ 生产温度下的铝制模具为例：

$$1 + \alpha_{铝} \times (T_{生产} - 23℃) = 1 + 23 \times 10^{-6} \times (200 - 23) = 1.004$$

计算出的 200℃ 高温模具的加工收缩率，只比低温生产模具的加工收缩率大 1.004 倍。这说明，模具温度对加工收缩率的影响微乎其微！

示例

计算高抗冲聚苯乙烯 HIPS 的加工收缩率 VS

- HIPS 的 $\alpha \approx 70 \times 10^{-6}℃^{-1}$；
- 脱模温度 =HIPS 最高长期使用温度 $\approx 90℃$；
- 室温 =23℃；
- VS=$100 \times 70 \times 10^{-6}℃^{-1} \times (90-23)℃ = 0.47\%$；
- HIPS 的加工收缩率 VS：$0.4\% \sim 0.5\%$。

计算出的数值相当于实际应用中的值。

计算 PP 的加工收缩率 VS

- PP 的 $\alpha \approx 200 \times 10^{-6}℃^{-1}$（平均值 $150 \times 10^{-6} \sim 250 \times 10^{-6}℃^{-1}$）；
- 脱模温度 =PP 最高长期使用温度 =115℃；

- 室温 =23℃；
- VS=100×200×10^{-6}℃$^{-1}$×（115-23）℃ =1.84%。

PP 的加工收缩率 VS：1.8% ～ 2.1%。

计算出的数值相当于实际应用中的值。

关于计算加工收缩率得出的结论：

计算加工收缩率 VS 时只能得出一个近似值，因为线膨胀系数和温度差必须输入平均值。

此外，加热时片料内未完全卸除的应力也会发挥作用。

在实际应用中不计算加工收缩率 VS——收缩率在测试中计算得出。

尽管如此，计算公式还是体现了对加工收缩率 VS 有重要影响的参数。

为了精确确定加工收缩率，需要使用试产模具，在与生产类似的条件下制作制品。

对成型模具进行精确布置时，必须知道所有三个方向的加工收缩率：纵向、横向和深度。

加工收缩率的影响因素

线膨胀系数 α 的影响

- 下文表 3.2 中给出的线膨胀系数 α 的数值都是平均值。α 的值取决于原材料、母料和填充度。
- HIPS 等无定形塑料的 α 值在长期使用温度范围内近似恒定，长度变化与温度近似呈现线性。
- 半结晶塑料的 α 值不是恒定的。比如 PP 的 α 值会在 150×10^{-6}（20℃左右时）至 250×10^{-6}（最高长期使用温度）的范围内波动。

脱模温度的影响

- 以气压成型的 PP 杯为例：片材的成型温度范围为 154 ～ 158℃，脱模后（打开成型模具时）立即测得的表面温度，厚部位约为 115℃，壁厚较薄处约为 55℃，如图 3.3 所示。

单从温度分布图上，就能看出加工收缩率的差异。

- 根据经验，圆形 PP 杯较厚的边缘部分，加工收缩率必须在 1.85% ～ 2.1% 范围内，侧壁须在 1% 左右。

塑料类型的影响

- 在实际应用中，无定形塑料不会出现后收缩现象。
- 部分半结晶塑料后收缩剧烈。根据放置时间和储存温度，后收缩最大可达到加工收缩的 50%。
- 半结晶塑料的后收缩时间约为 1 周。根据储存温度，这个时间段也可能会大大延长。

片料制造的影响

片料（片材和板材）内部应力对加工收缩影响不大。实际应用中的最大公差是 ±10%，具体数值取决于生产线（在线或离线生产）中挤出工序和联线生产的不同参数。

技巧和提示

■ 尺寸公差数值不应低于加工收缩率的 ±10%。这是从实践中得出的经验值。

· 示例：

1000mm 长的 HDPE 制品，加工收缩 =1000mm×2%=20mm；

模具尺寸 =1000mm+20mm=1020mm；

最大公差：加工收缩 ×（±10%）=20mm× ±10%= ±2mm；

1000mm 尺寸的公差值（HDPE）＞ ±2mm。

■ 如果在一台机器中，完成成型后会进入单独的冲裁站进行冲裁，就必须考虑短时间收缩。

· 示例：

在 ILLIG-RDKP 上成型 PP：冲裁站模具接受 1.1% 的短时间收缩，这样冲裁成型部件相当于实现 1.85% 的加工收缩率。

■ 驶入模具时，如果必须保证两个制品相互吻合，则只有出现加工收缩后才能进行吻合测试，也就是说大约 1 天后。

■ 如果技术类部件的配对公差范围极小（比如卡夹在一起），而且配对的部件采用不同的材料制成，这时务必注意尽量使用加工收缩率相同的材料。

■ 如果不同制品之间相互嵌入（比如粘入），而且后续加工的时间流程已固定，则务必遵守流程。

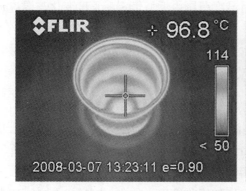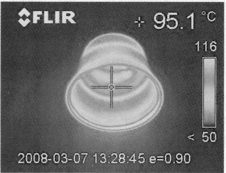

图 3.3　PP 密封杯刚刚脱模后的红外图像

在图 3.3 中可以看到，边缘和底部温度最高处是 114℃ 和 116℃，侧壁温度最低处是 50℃。

计算加工收缩率时的注意事项如下。

① 测量尺寸用于计算加工收缩率时，必须保证未测量任何变形位置。比如，如果使用圆形的成型模具制作饮水杯，但是制品发生变形成为椭圆形，并在椭圆状态下测量了尺寸，就必须将测得的数值换算成"圆形"，或者干脆在开始测量之前，将杯子按压成圆形。

② 确定加工收缩率时必须指定所有影响参数并记录归档（模具、机器、设置、成型温度和脱模温度）。

③ 最大问题之一是记录测试过的片料类型，因为很多时候没有足够的数据可供使用。

保存材料样本并对供应的片料进行自由收缩测试始终有必要。

3.9 片料自由收缩

术语释义

所谓自由收缩（free shrinkage），是指热塑性片料在加热超过软化温度时发生尺寸变化，但对过程不形成机械性阻碍。软化温度大致高于长期使用温度10℃。

在实际应用中，经常把加工收缩称为收缩。如果不清楚所指的是自由收缩还是加工收缩，就会引起误解。

自由收缩

使用挤出操作进行生产加工时，会冻结片料（片材和板材）内的应力，即将高分子固定在一定的位置，最终形成片料的长度、宽度和厚度。

片料温度发生变化时，或者制品处在长期使用温度范围内时，其长度、宽度和厚度尺寸由于热膨胀会发生变化。

片料温度发生变化，超过软化温度时，尺寸变化不再符合热膨胀规则。

由于应力得到释放，制作片料时完成取向的高分子开始频繁移动起来。

体积保持恒定时，尺寸变化受温度高低和所释放应力大小的影响。

挤出装置中发生大幅度自由收缩的实际应用示例如下：

一块尺寸为400mm×400mm×3mm的HDPE板材，在热风循环炉中加热到180℃，停留大约3h后，尺寸变为425mm×140mm×8mm。从400mm变成140mm，这样的大幅度尺寸变化发生在挤出装置中。由于挤出装置中释放出较大的应力，而且材料体积保持不变，因此宽度从400mm变成425mm，厚度从3mm变成8mm。

自由收缩时体积保持不变，这导致制品自动沿一个方向收缩，同时沿另外一个或几个方向膨胀。热塑性片料发生自由收缩时的特性，是挤出过程中参数设置的唯一依据。

根据经验来看，不同供应商提供的片料，甚至不同批次的片料，自由收缩值都不尽相同。自由收缩对简单的制品没有太大影响，因为实际上自由收缩对加工收缩的影响微乎其微。

不同的自由收缩导致不同的片料垂料特性、不同的褶皱形成倾向以及制品在储存时发生不同的变形。

只有生产复杂制品（比如褶皱形成、制品变形和循环时间方面具有一定难度）时，自由收缩才具有重要意义。在这其中，绝对值不重要。重要的是不同供货批次中自由收缩的再现性。

测定自由收缩的操作方法

操作方法以德国制冷行业协会标准AKG34/August1976为依据。

■ 从片料上切下若干个大约100mm×100mm（或者200mm×200mm，或者随意）的下料件，精确测量，在下料件上记下尺寸，用箭头标出切割方向（卷式片材标记挤出方向，板材标记纵向方向）。最理想的方式是从两个边和片料中心区域都切割下料件。

■ 热风循环炉加热：炉中的温度应该与片料的成型温度大致相同。

■ 将下料件放入预热过的烘箱中，放在撒有滑石粉的垫板上。

■ 热风循环炉中的放置时间：至少 30min，每毫米片料厚度加 10min。（比如 0.5mm 厚度 30min，10mm 厚度约为 30min+10×10min=130min）

■ 到时间后，从热风循环炉中取出下料件，使其冷却到室温，然后进行测量，尽量将所有参数、炉子温度、炉内放置时间、测量前的冷却时间、测量时的环境温度等都记录在测试样本上。

$$自由收缩率1\% = \frac{（测试前尺寸 - 测试后尺寸）}{测试前尺寸} \times 100 \qquad (3.9)$$

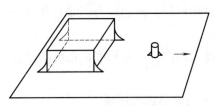

图 3.4　在取向方向形成褶皱

技巧和提示

■ 自由收缩测试描述了片料和制品中高分子的取向情况。如果片料在挤出方向的取向非常高，会抑制褶皱的形成（图 3.4）。

■ 挤出方向及其垂直方向的自由收缩数值不同，这非常正常，不是错误！

■ 自由收缩率高的片料不会自动评估为差，相反，自由收缩率低的片料也不一定就好。

■ 在热风循环炉中进行测试时，优质的挤出片料不得出现严重变形导致片料卷起。一旦出现卷起现象，就说明片料上部和下部承受不同的应力。为了进行自由收缩测试，需要如下操作：

在木板上夹紧一个 PTFE 片材（特氟龙片材），撒上滑石粉，铺上测试下料件并再次撒上滑石粉。将上述整体用一个 PTFE 片材轻轻盖上，并在测试下料件外部使用图钉将其固定在木板上。这个"包裹"可以有效防止下料件在加热时卷起。

■ 加工事先印刷过的片材时，人们趋向于尽量使用无应力的片材（自由收缩小）。根据实际应用中的经验，这不一定会得到好的结果；反倒会因为在热成型机中加热时出现的高垂料而导致加工难度变大。

■ 如果部件成型难度大，而热成型机适合某种特定片料的特性（垂料、拉伸、塑型精度、褶皱形成、表面等）且效果良好，那么以后订购片料时应该对片材的自由收缩率予以说明。

■ 保存片料样本和记录自由收缩测试结果，可在日后出现问题时检查新供货片材的质量。自由收缩率数值相同，说明片料的挤出参数相同。如果数值差别极大，就明确说明挤出设置不同，片料质量也存在差异。

■ 只有少数热成型企业会在进货时检查自由收缩率。

■ 自由收缩率在实际应用中不会影响加工收缩率。自由收缩所产生的影响，是加热片料时不会"烤出"所有应力。热成型时还会有更多应力进入片料。在成型模具中或成型模具上冷却时，制品中的所有应力都会冻结。它们会留在制品当中。

■某些片料，比如 HDPE，在订货时必须指定"热成型质量"。这样生产片料时会满足自由收缩率较高的要求，从而获得加热阶段垂料低的优势。

图 3.5 所示为 0.35mmPP 的自由收缩率测试结果，收缩测试参数是 165℃下 5 分钟。

■0.35mmPP 片材在一个 ILLIG RDM 58/3 机器上进行盖子热成型。片材在热成型机上表现良好，垂料极低。

■使用 Fina PPH 4050 S 粒料制成。

图 3.5　0.35mmPP 的自由收缩率测试结果

■在 BREYER 公司出品的挤出机上使用垂直压光机制成。

■自由收缩前的测试下料件为 100mm×100mm。

■在 165℃下放置 5min 进行收缩测试。

自由收缩后的尺寸：43mm×119mm；

计算得出自由收缩率：57%×（−19%）。

3.10　挤出成型片料中的应力影响

热成型工序中加工的大多数片料是挤出成型的片料：

■厚度不超过 3mm 的成卷片材，基本上比发泡片材厚；

■使用挤出机直接制作片材，直接在挤出机的联线生产中用热成型机器加工片材——这称为在线联线生产；

■堆垛板材，厚度为 1.5～15mm。

采用挤出工艺制作片料时，挤出的所有片料内均冻结有应力。依据片料制作条件（挤出机的类型和设置、宽缝隙喷嘴、辊子等），应力大小有所不同。

挤出成型的片材在挤出方向（卷绕方向）的应力较大。只有 OPS 等双向拉伸形成的片材，制作时才能保持两个方向的应力大小近似。

冻结的应力会对热成型过程产生显著影响，与片料的厚度公差等同样重要。

在加热到最高长期使用温度的过程当中，所有热塑性塑料都会在长度、宽度和厚度方面发生膨胀，也就是热膨胀。只要超过最高长期使用温度（片料成型要求），制作片料时冻结的应力就会释放出来。根据所冻结应力的大小，成型温度、片料厚度和片料面具有下列特性。

① 片料继续膨胀，直至达到成型温度并发生挠曲。垂料大小取决于热膨胀、释放挤出工序中所形成的内部应力而导致的收缩、自重导致的负载、夹持导致的压延和加热时的空气支撑等。压延和空气支撑属于机器的专有属性。

加热时不断变化的垂料导致片料与加热面之间的距离不断改变，这会加大均匀加热的难度。

全自动辊式成型机解决方案：在加热站进行预热时，预先存储整体膨胀的一部分；此外通过在运输装置中压延片料来减小垂料。

板材成型机的解决方案是在加热时进行空气支撑。这可通过连接吹风箱实现——操作时，将片料与密封的吹风箱逆向夹紧。这样做的主要目的是补偿自重所造成的影响。如果四周被夹紧的片料热膨胀剧烈，会在夹紧层形成波纹。一旦形成波纹，波纹峰顶和谷底的温度就会不同，进而影响制品的壁厚分布情况。因此从工艺技术角度来说，在进行空气支撑时最好接受特定的垂料，这样可以避免大幅度形成波纹。

② 片料收缩，像鼓膜一样夹紧或者没有垂料。薄片料基本上会是这种情况——厚度小于1mm，可以带应力制作，例如OPS、HDPE、LDPE。

大多数情况下，片料中挤压方向及其垂直方向两个方向的内部应力不同。自由收缩测试可以验证这个结论。

片料（片材或板材）不会在热成型机中自由收缩，因为刚放在机器中就会至少在两个位置进行固定；全自动辊式成型机固定在链条中，板材成型机大多固定在夹紧框中。

内部应力对片料的可运输性的影响

使用齿链进行运输时，链齿会插穿片材的整个厚度。只要片材的抗冲击性和抗裂度足够，就不会有任何问题。反之，就必须扩大夹持边，或在插入之前加热夹持边，使其不会断裂。

内部应力对片料下料件规格的影响

针对内部应力较大的板材或下料件，加热时必须施加足够大的夹紧力，确保其不会从夹紧框脱出。

如果机器配备单独的加热站和成型站用于加工板材或下料件，则只能将板材或下料件加工到其收缩到未固定的边为止。最糟糕的情况是必须沿进料长度扩大下料件，这无疑会增加材料成本。这时能够清楚看出，内部应力会影响整体的材料消耗情况。

内部应力对褶皱形成的影响

挤出方向及其垂直方向的内部应力差值越大，片料成型温度越低，挤出方向形成褶皱的风险就越大，参见图3.6（a）和图3.6（b）。另外，图3.7所示为阳模成型和小幅度拉伸时，挤出方向形成褶皱。

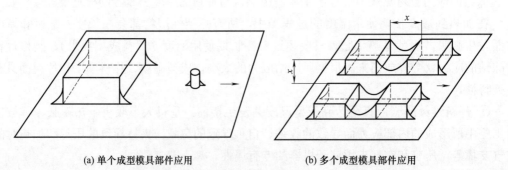

(a) 单个成型模具部件应用　　　　　　　(b) 多个成型模具部件应用

图3.6　褶皱形成

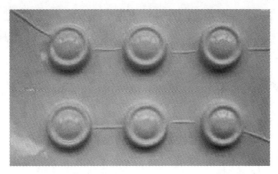

图 3.7　阳模成型和小幅度拉伸时，挤出方向形成褶皱

内部应力对塑型精度的影响

热塑性塑料中的内部应力只有在熔化状态下才会大规模卸除，在热成型过程中不会发生这种情况，因为片料在成型前必须保持其作为片材或板材的形状。

成型温度越低，片料中卸除的内部应力就越少。成型时拉伸强度越大，制品中形成的应力就越大。

在下列情况下，热成型过程中能达到极高的塑型精度：

■ 开始拉伸之前，尽量减少应力；

■ 尽量提高成型温度；

■ 成型过程中尽量降低拉伸强度；

■ 尽量增大成型压力，用以消除片料中的应力并使用高温片料仿制成型模具的轮廓结构。

能够顺利精确塑型的塑料示例：HIPS、ABS、PP、PPO。

必须在较大的塑型压力下才能实现高塑型精度的塑料示例：PC、浇铸成型的 PMMA。

在成型温度方面，只有在加热过程中开始结晶的塑料是例外，比如 APET 和 CPET。过高的成型温度会对塑型精度产生负面影响。

内部应力对加工收缩的影响

加工收缩始于脱模后。这一现象在冻结应力后出现，确切地说是从脱模前的冷却阶段开始出现。因此，开始热成型前片料中的内部应力对加工收缩的影响微乎其微。

结论

挤出过程对于制作出的片料具有非常重要的影响。

使用同样的初始原材料、原料聚合物和母料，借助不同的设置，可以生产出热成型特性不同的片材。

内部应力可以借助自由收缩测试进行检验。

取向对强度的影响

在热成型过程中，除了片料内发生取向，拉伸也会引发高分子取向。取向会增强取向方向的强度。与拉伸方向的取向相比，与取向方向垂直的方向，其强度会成比例降低。

图 3.8 是一个热成型制成的 HIPS（SB）杯子，可以轻松沿纵向撕下一条。这些条自

身在纵向的强度非常高，因为它在这个方向产生高度取向。热成型时取向强度过高会大幅度降低与拉伸垂直的方向的成型强度，并导致在拉伸的垂直方向出现开裂现象。

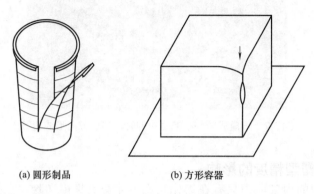

(a) 圆形制品   (b) 方形容器

图 3.8　沿取向方向撕裂

3.11　静电荷

　　除了经过炭黑填充、电镀处理、金属喷镀或者配备防静电装置的导电性片料之外，热塑性塑料在下列情况下会带上静电：

- 展开片材卷；
- 拆开板材垛；
- 剥除板材的防护膜；
- 加热；
- 冷却。

带上静电之后，塑料锯末和铣削碎屑会在静电作用下吸附到片料上，之后在成型过程中被压入表面，这会导致高品质制品成为废品。

　　下列措施可以补救，或者说至少起到改善作用：

- 在单独的房间执行后期切削加工作业。
- 通过吹气喷嘴向片料表面吹送电离空气（加热前吹送，这样可以避免影响到加热后片料的加热图像）。
- 使用具有导电性且接地的刷子脱出片料。

　　为了避免那些由未经防静电处理的片料制作出的制品吸附尘土，可以使用含有洗涤剂的水清洗制品。不过这项措施具有一定时效性。

3.12　热成型时热塑性塑料的黏弹属性

　　热塑性塑料具有黏弹性，这意味着：

- 拉伸已加热到特定温度的片料所需要的力，与拉伸速度成正比；

- 以指定速度拉伸片料所需的力，与片料温度成反比；
- 上述关系并非呈线性变化；
- 属性与片料类型和生产过程有关。

下面通过实例阐述影响黏弹属性的一些因素。如果预拉伸柱塞的移动速度过快，当驱动力不足时，柱塞可能在移动过程中几乎插在片料中。这会导致壁厚分布不佳，同时伴有清晰可见的痕迹（插入处形成隆起）。如果降低预拉伸柱塞的速度，比如根据片料的属性进行调整，柱塞移动会更匀速，壁厚分布也会改善。

为可能出现的最大拉伸设定了极限。与拉伸橡胶布类似：如果所有高分子网眼均已拉直，则多数情况下再进行一次拉伸结束操作。由于具备黏弹属性，热塑性塑料允许推移末端，因为高分子链之间的连接不如弹性塑料紧密。

在实际应用中，经常需要在进行深度拉伸的同时实现较高的塑型精度。但是并非每次都能实现，比如下面的例子。

- 阳模成型制作冰箱内胆并伴有深度拉伸时，可以采用真空成型工艺为边缘区域成型，前提是边缘的半径不小于初始材料厚度。在这种情况下，塑型精度应与附加拉伸设置相同。
- 出于同样的原因，边缘区域设计有按钮、需要深度拉伸的包装很难采用真空成型工艺实现精确塑型。而气压成型就能很好地达成目标。

HIPS、ABS、PVC、PP 和 PPO 片料具有良好的拉伸性。

由浇铸成型的 PMMA 或 PC 制成的片料，其拉伸性或塑型精度具有一定的限制。通过在未成型片料上放置网格，可以测定热成型过程中的拉伸情况（图 3.9）。

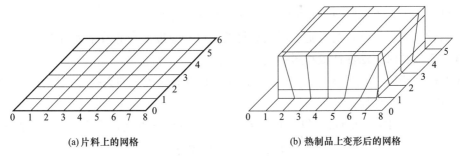

(a) 片料上的网格 　　　　　(b) 热制品上变形后的网格

图 3.9　测定拉伸情况

拉伸极限基本原则：
- 部件高度与部件直径（或部件高度与部件宽度）之间的成型比为 1:1 的部件极易成型；
- 成型比超过 1.5:1 处于临界状态；
- 成型比超过 2:1 则只能使用某些片料。

3.13　冷却特性

加热时间结束后，片料开始冷却。在配备单独加热站的机器中，片料在被运输到成型站的过程中开始冷却。但要开始热成型过程，片料必须达到所需的成型温度。热容量小的薄片料必须尽量缩短从结束加热到开始成型这个时间段。厚片料（一般热容量较高）可以延迟启动成型过程。优点是可以缩小片料表面和片料中心的温差。缺点是模次时间较长，很少被认可。

通过预拉伸、预吹塑或预抽气的方式进行预成型时，加热后的片料通过热辐射和热传导进行冷却，部分也通过接触预拉伸柱塞实现冷却。

采用真空成型、气压成型和压花成型时，通过接触成型模具实现冷却，对侧向空气中散发热量。空气流动速度越高，空气冷却强度就越大。

薄片材只需十分之几秒就能成型，厚板材则可能持续几分钟才能成型，在成型过程中，片料必须保持足够高的温度才能更好地完成塑型。

详细信息参见第 14 章"冷却制品"。

3.14　片料公差

厚度公差影响下列各项参数：

■ 加热时间或成型温度；

■ 拉伸件的壁厚分布；

■ 运输链的走向（如果片材卷展开后不能保持笔直，而是呈现弯曲状态）；

■ 板材的可拆垛性（如果边的厚度超过中心部分，堆垛会呈现出凹陷状态，最上边的板材可能发生大幅度弯曲，致使吸入装置吸不住板材）。

下料件公差过大（片材卷宽度以及板材的长度和宽度）会导致下列后果。

■ 加工板材时无法保证板材居中定心。

■ 宽度过小时（板材或片材），指定的成型面会形成较小的夹持边。这会导致无法使用齿链或夹子运输片料。

HIPS 片料（DIN 16 955）和 ABS 片料（DIN 16 956）的允许厚度公差参见表 3.1。

表 3.1　片料厚度公差

片料厚度 /mm	1	2	3	4	5	6	10
厚度公差 /%	±8	±5.5	±4.7	±4.2	±4	±3.8	±3.5
厚度公差 /mm	±0.08	±0.11	±0.14	±0.17	±0.2	±0.23	±0.35

浇铸成型的片料一般公差比较大。

根据当前技术水平，厚度介于 0.3 ～ 1.2mm 的片材 / 片材卷厚度公差为 ±0.005mm，厚度范围在 3 ～ 6mm 的板材厚度公差为 ±0.5%。

3.15　热塑性片料制作工艺

制作热塑性片料（板材和片材）的主要步骤如下：

- 制造聚合物；
- 针对聚合物开展准备工作，将其加工成可以挤出的成型块（粒料、粉料）；
- 将成型块加工成片材或板材。

所谓准备工作（也称为"混合"），包括添加颜料、填料、润滑剂、加工助剂、增塑剂、抗老化剂、光稳定剂、阻燃剂、抗静电剂等，用于将聚合物制成可以加工的塑料。

与其他塑料或回收料进行熔合（混合、共混）也是准备工作的一种。

通过挤出工艺制作片材和板材

在挤出工艺中，0.1 ~ 50mm 厚的片材一般宽度不超过 2000mm；设备支持最大 5000mm 的挤出宽度。

挤出机将成型块加热成粒料、粉料、团粒或碾碎料等，然后进行混合，必要时排气，之后在承压状态下使用宽缝隙喷嘴挤出。根据塑料以及片材和板材厚度，牵出高温挤出物并进行修正，或者采用辊冷却工艺，将挤出物挤出到冷却辊上并出料。挤出物通过一个冷却段，然后裁边并卷起。板材则按规格进行切割。单层片料和多层片料都可以制作。

示例：挤出错误导致热成型出错。

- 厚度公差导致壁厚分布不均匀。片料制造商给出的厚度公差为 ±5%，厚度低于 2mm 的片料稍大一些，厚度超过 5mm 的片料小一些。如果大批量制作片料，应采用较小的公差。高级挤出设备配备厚度自动控制装置，针对 0.25 ~ 1mm 厚的片材可以实现 ±0.005mm 的厚度公差。
- 挤出机内的熔液温差过大，会影响片料的品质。
- 如果挤出机内的熔液温度过低或者压光辊温度过低，在热成型机内加热片料时，平整表面会变得粗糙并且出现橘皮。
- 出料速度过快会出现深度取向，这会在纵向形成褶皱。
- 片料内微乎其微的自有应力，会在加热时导致很高的垂料。
- 压光辊前面的隆起过大会形成斑痕，这意味着片材上会形成规则的横向条纹。
- 如果喷嘴脏污，加热片料时会出现轻微隆起的线条。

在压延机上制作片材

压延机主要用于制作 PVC 片材，透明片材最大厚度 0.8mm，经过覆盖着色、哑光处理或纹理处理的片材最大厚度为 1.2mm。PP 和 ABS 片材也能进行压延处理。现代压延机压延产品的厚度公差可达 ±0.005mm。

压延机只能制作单层片材。比较厚的片材通过"贴合"制成。压延机可用于制作哑光面片材或压花片材。采用挤压法制作片材，成本比使用压延机制作片材低。

浇铸热塑性片材和板材

浇铸是一种很少使用的制造工艺。有机玻璃（PMMA）和乙酸（也称醋酸）纤维片材等采用浇铸法制成。浇铸成型的 PMMA 在热成型时所显现出的特性与挤出成型的 PMMA 不同。

浇铸成型的片料的规格公差可达 ±20%，这对于热成型机来说是个大麻烦，因为这会对热成型过程的再现性形成巨大障碍。

多层片料的特殊制作工艺

■ 采用共挤出工艺制作，即在宽缝隙喷嘴中层合或从宽缝隙喷嘴出料后直接层合。密封层和外部覆盖层大多使用共挤出法制成。

■ 通过层合法制作，即将不同的层复合在一起：

• 借助热量，比如通过火焰处理法；

• 借助黏合剂，大多使用聚氨酯黏合剂。

拉伸挤出的片材

挤出后直接进行双向拉伸，可以制造取向聚苯乙烯（OPS）。

热塑性片料修饰工艺

■ 塑造表面结构。

挤出过程结束后直接对表面进行哑光或纹理处理，使用压花辊将表面结构压印在尚温热的片材中。如果压印表面结构时温度过低，在热成型机中加热时就会恢复原状，即表面的颗粒状消失，重新变回平滑的状态。

■ 印刷和刷保护漆。

印刷片材时，除了使用油墨进行印制，还需要刷热封漆和保护漆。油墨需要使用与塑料相匹配的专用拉深墨，从而保证其附着效果。

■ 植绒。

植绒是一种修饰工艺，主要是将 PA 纤维固定在片材表面。操作时需要使用专用的植绒黏合剂。在热成型过程中进行拉伸，会导致表面绒毛脱落，因此热成型时尽量不要让片材植绒面接触模具。

■ 金属喷镀。

在高真空环境中进行金属喷镀，可以将铝蒸镀到片材的一侧表面。聚苯乙烯（PS）、聚对苯二甲酸乙二醇酯（PET）、聚氯乙烯（PVC）、聚丙烯（PP）等都可进行金属喷镀处理。蒸发喷镀层不牢固，蒸发喷镀的铝颗粒之间的间距会在拉伸时变大。拉伸强度越大，片材就"越透明"。

经过金属喷镀处理的片材，使用红外线辐射器从金属喷镀侧加热效果差，因为铝会强烈反射红外线。经过金属喷镀处理的片材，一般都能顺利进行热成型。

■ 电镀。

经过电镀处理的板材具有一层牢固的电镀层，称为密封板，这层牢固的铝层决定了其在热成型时只能进行一定程度的拉伸。不论是金属喷镀还是电镀，使用辐射器对镀膜侧进行加热时都会反射热辐射，因此只能从未进行金属喷镀的一侧加热。如果完成热成型后对制品进行电镀，就必须使用可以电镀的特殊片料。

3.16 热成型机表格

表 3.2 中包含热成型机的所有重要数据，涉及诸多常见片料。

表 3.2　热成型机表格（非强制性数据）

数据 单位 热塑性塑料	缩写词 —	密度 g/cm³	拉伸强度 N/mm²	弹性模量 N/mm²	透明度 +是 −否	线热膨胀系数 10⁻⁶℃	比热容 kJ/（kg·K）	长期使用温度 最小 ℃	长期使用温度 最大 ℃
普通聚苯乙烯	GPPS	1.05	55	3350	+	75	1.3	−10	70
增韧聚苯乙烯	HIPS	1.05	32	2150	−(+)	70	1.3	−40	70
苯乙烯-丁二烯-苯乙烯	SBS	1.03	31	1800	+	90	1.3	−20	70
取向聚苯乙烯	OPS	1.05	57	3200	+	70	1.3	−60	79
丙烯腈-丁二烯-苯乙烯	ABS	1.05	50	2500	+	90	1.3	−45	85
丙烯腈-苯乙烯-丙烯酸酯	ASA	1.07	36	2050	−	95	1.3	−40	75
苯乙烯-丙烯腈	SAN	1.08	73	370	+	80	1.3	−20	80
硬质聚氯乙烯	PVC-U	1.39	58	2900	+	75	0.9	−5(−25)	65
环烯烃类共聚物	COC	1.02	66	3200	+	65			170
高密度聚乙烯	HDPE	0.95	28	1100	−	200	2.1~2.7	−50	95
聚丙烯	PP	0.91	30	1200	−(+)	150	2.0	0(−30)	110
挤出聚甲基丙烯酸甲酯	PMMA, ext	1.18	80	3300	+	70	1.47	−40	70
浇铸聚甲基丙烯酸甲酯	PMMA, geg	1.18	80	3300	+	70	1.47	−40	80
聚甲醛	POM	1.41	66	3000	+	100	1.5	−40	100
聚碳酸酯	PC	1.2	61	2300	+	65	1.17	−100	130
聚酯碳酸酯	PAR	1.2	66	2300	+	72	1.1	−40	145
聚苯醚	PPE（PPO）	1.08	55	2450	−	70	1.4	−30	80
聚酰胺6，15%玻璃纤维增强	PA6 GF15Z	1.22	114	5900		61	1.5		140
聚酰胺12	PA12	1.02	60	1600	−	150	1.6	−70	80
聚对苯二甲酸乙二醇酯（无定形）	PET-G	1.27	49	1720	+	51	1.1		63
聚对苯二甲酸乙二醇酯（无定形）	APET	1.34	30	2200	+	80	1.05	−40	70
聚对苯二甲酸乙二醇酯（结晶）	CPET	1.37	47	2600		70	1.1	−20	220
聚砜	PSU	1.24	80	2650	+	56	1.3	−70	150
聚醚砜	PES	1.37	80	3000		55	1.1		180
聚苯硫醚	PPS	1.62	125	12000	−	29			240
丙烯腈-甲基丙烯酸-丁二烯	A/MA/B	1.15	56	3450	+	66	2.0	−200	70
醋酸纤维素	CA	1.28	37	1800	+	110	1.6	−40	80
二醋酸纤维素	CdA	1.27	40	1000	+			−20	60
醋酸丁酸纤维素	CAB	1.18	26	1600	+	120	1.6	−40	60
聚偏氟乙烯	PVDF	1.78	43	1500	−	120	0.96	−40	120

续表

数据 单位	缩写词	密度	拉伸强度	弹性模量	透明度	线热膨胀系数	比热容	长期使用温度	
								最小	最大
热塑性塑料	—	g/cm³	N/mm²	N/mm²	+是 −否	10⁻⁶℃	kJ/（kg·K）	℃	℃
聚醚酰亚胺	PEI	1.27	105	2800	−	56			170
PET 弹性体	TPE-E	1.17	28	55	−			−50	105
热塑性淀粉（共混物）	TPS-Blends	1.1 ～ 1.39							70 ～ 80
聚乳酸（polylacticacid）	PLA	1.21 ～ 1.43	10 ～ 60	3500	+		1.3	−20	60 ～ 70
木质素	lignin	1.3 ～ 1.4	25 ～ 61	1500 ～ 6670	+				85 ～ 120

缩写词	软化温度	结晶熔融范围	板材预干燥 1.5 ～ 2h/mm	成型温度		材料加热时间系数	材料冷却时间系数	排气			
				气压成型	真空成型			真空成型		气压成型	
								孔	槽	孔	槽
—	℃	℃	℃	℃	℃	—	—	mm	mm	mm	mm
GPPS	80	—	—	120 ～ 150	165 ～ 190	1.3	0.97	0.8	0.5	0.6	0.3
HIPS	80	—	—	120 ～ 160	150 ～ 200	1	1	0.8	0.5	0.6	0.3
SBS	90	—	—	115 ～ 125	140 ～ 140	1	1	0.8	0.4	0.6	0.3
OPS	99	—	—	115	115	1	0.7	0.8	0.6	0.6	0.4
ABS	100	—	75	130 ～ 160	160 ～ 220	1.3	1.3	0.8	0.5	0.6	0.3
ASA	90	—	85	120 ～ 160	160 ～ 190	1.3	1.3	0.8	0.5	0.6	0.3
SAN	95	—	—	135 ～ 170	165 ～ 190	1.6	1.12	0.8	0.5	0.6	0.3
PVC-U	90	—	—	120 ～ 140	155 ～ 200	1.7	2.55	0.8	0.5	0.6	0.3
COC	②	—						0.6	0.3	0.3	0.2
HDPE	105	125+15	—	140 ～ 170	170 ～ 200	2.5	2.5	0.6	0.3	0.4	0.2
PP	140	158+10	—	150 ～ 165	160 ～ 200	2.1	2.1	0.6	0.3	0.3	0.2
PMMA，挤出	95	—	70	140 ～ 160	160 ～ 190	1.5	1.5	0.8	0.6	0.8	0.5
PMMA，浇铸	100	—	—	140 ～ 170	170 ～ 200	1.6	1.6	1.0	0.8	0.8	0.5
POM	120	165+10	—	145 ～ 170	170 ～ 180	3.7	1.85	0.6	0.4	0.4	0.2
PC	150	—	100	150 ～ 180	180 ～ 220	1.5	0.9	0.8	0.5	0.6	0.3
PAR	170	—	110	180 ～ 210	210 ～ 235	2.6	2.21	0.8	0.5	0.6	0.3
PPE（PPO）	120	—	—	180 ～ 230	200 ～ 250	1.8	1.44	0.8	0.5	0.6	0.3
PA6-GF15Z		222	110	230 ～ 240	240 ～ 250			0.8	0.5	0.6	0.3
PA12	150	175+10	80	160 ～ 180	170 ～ 180	2.5	2	0.8	0.5	0.6	0.3
GPET	82	—	—	100 ～ 120	110 ～ 190	1.25	0.88	0.8	0.4	0.6	0.3
APET	86	—	65	100 ～ 120	110 ～ 120	1.25	0.88	0.8	0.4	0.6	0.3
CPET	86	225+3	—	130 ～ 145	—	—	—	—	—	0.6	0.4
PSU	178	—	120	210 ～ 230	220 ～ 250	2.9	2.32	0.8	0.5	0.6	0.3

续表

缩写词	软化温度	结晶熔融范围	板材预干燥 1.5~2h/mm	成型温度		材料加热时间系数	材料冷却时间系数	排气			
				气压成型	真空成型			真空成型		气压成型	
								孔	槽	孔	槽
—	℃	℃	℃	℃	℃	—	—	mm	mm	mm	mm
PES	220	—	180	230~270	265~290	—	—	0.8	0.6	0.6	0.3
PPS	260	280+8	—	260~270	260~275	3.5	0.87	0.6	0.3	0.4	0.2
A/MA/B	88	—	—	135~150	160~220	1.3	1.69	0.8	0.4	0.6	0.3
CA	98	—	65	145~170	165~180	1.5	1.5	0.8	0.5	0.6	0.3
CdA	70	—	60	115~130	120~140	—	—	0.8	0.4	0.6	0.3
CAB	120	—	90	140~200	170~200	1.5	1.5	0.8	0.5	0.4	0.2
PVDF	150	170+8	—	170~200	170~240	3	3	0.8	0.6	0.6	0.3
PEI	215	—	150[①]	230~290	240~330	2.7	0.62	0.8	0.5	0.6	0.3
TPE-E	108	—	—	—	135~143	1.5	1.5	0.6	0.5	/	/
TPS				120~140	140~165	1	1	1	0.4	0.6	0.3
PLA	58	—	—	80~100	90~110	0.9	0.8	0.8	0.4	0.6	0.3
木质素				150~170	170~190	1	1.3	0.8	0.4	0.6	0.3

① 干燥时间 4h/mm。
② 取决于具体类型，70~160℃。

热成型表格（非强制性数据）

机器型号 \ 指标 \ 塑料原料	理想成型模具温度 /℃					预拉伸柱塞的材质 1. 木质 2. 毛毡 3. POM 4. PA（PA 6GGK） 5 复合泡沫塑料 6.PU- 滑石粉填充 7. 酚醛塑料 8. HytacB1X 9 .PTFE					加工收缩 /%
	UA SB	RV（b） RD	RDKP RDK	RDM	HSA FS	UA SB	RV（b） RD	RDKP RDK	RDM	HSA FS	
GPPS	80	/	15	15	/	1、2、6、7	/	2、5	2、5	/	0.5
HIPS	70	25	20	15	—/15	1、2、6、7	1、2、5、6	2、5	2、5	2、5	0.5
SBS	50	25	20	15	40/20	1、2、3、6、7	1、3、5	3、5	3、5	3、5	0.5
OPS	65	/	65	40	/	2、5	/	2、5	2、5	/	0.5
ABS	85	35	20	15	—/15	1、2、4、6、7	1、2、4、5	2、5	2、5	2、5	0.6~0.7
ASA	85	—	20	15	—	1、2、4、6、7	—	2、5	2、5	—	0.3~0.7

续表

机器型号 / 塑料原料	理想成型模具温度/℃					预拉伸柱塞的材质 1. 木质 2. 毛毡 3. POM 4. PA（PA 6GGK） 5 复合泡沫塑料 6.PU- 滑石粉填充 7. 酚醛塑料 8. HytacB1X 9 .PTFE					加工收缩/%
	UA SB	RV（b）RD	RDKP RDK	RDM	HSA FS	UA SB	RV（b）RD	RDKP RDK	RDM	HSA FS	
SAN	85	—	—	—	—	1、2、4、6、7	—	—	—	—	0.4～0.7
PVC-U	25	25	20	15	35/15	1、2、6、7	1、2、5、7	2、5	2、5	2、5	0.4～0.5
COC	—				35/15					3、4、5	
HDPE	100	50	35	20	—	1、4、6、7	1、4、5、7	4、5	4、5	—	1.2～5.0
PP	90	(25)	25	15	—/15	1、3、4、6、7	3、4、5、7	3、4、5	3、4、5	3、4、5	1.5～1.9
PMMA, ex	85	—	25	—	—	1、2、4、6、7	—	5	—	—	0.5～0.8
PMMA, geg	90	/	/	/	/	1、2、4、6、7	/	/	/	/	0.5～0.8
POM	100	—	—	—	—	1、2、4、6、7	—	—	—	—	1.5～2.5
PC	130	/	125	—	—	1、2、6、7	/	5	—	—	0.9～1.1
PAR	130	—	—	—	—	1、2、6、7	—	—	—	—	0.8
PPE（PPO）	120	—	—	—	—	1、2、4、6、7	—	—	——	—	0.5～0.7
PA6 GF15Z	90	/	/	/	/	1、2、4、6、7	/	/	/	/	0.2/1.6
PA12	70	—	—	—	—	1、2、4、6、7	—	—	—	—	1.2～1.8
GPET	60	35	20	15	35/20	1、2、3、6、7	1、2、3、5	3、5	3、5	3、5	0.4～0.5
APET	60	35	20	15	35/20	1、2、3、6、7	1、2、3、5	3、5	3、5	3、5	0.4～0.5

续表

指标 机器型号 塑料原料	理想成型模具温度 /℃					预拉伸柱塞的材质 1. 木质 2. 毛毡 3. POM 4. PA（PA 6GGK） 5 复合泡沫塑料 6.PU- 滑石粉填充 7. 酚醛塑料 8. HytacB1X 9 .PTFE					加工收缩 /%
	UA SB	RV（b） RD	RDKP RDK	RDM	HSA FS	UA SB	RV（b） RD	RDKP RDK	RDM	HSA FS	
CPET	/	/	170/60	/	/	/	/	9	/	/	0.5～2.0
PSU	145	—	—	—	—	1、2、4、6、7	—	—	—	—	0.5～0.7
PES	150	—	—	—	—	1、2、4、6、7	—	—	—	—	0.6
PPS	140	—	—	—	—	1、2、4、6、7	—	—	—	—	0.7
A/MA/B	65	35	20	15	35/15	1、2、4、6、7	1、25	2、5	2、5	2、5	0.2～0.5
CA	70	—	—	—	—	1、2、4、6、7	—	—	—	—	0.4～0.8
CdA	60	—	20	—	—	1、2、5	—	5	—	—	0.2～0.3
CAB	80	—	—	—	—	1、2、4、6、7	—	—	—	—	0.4～0.8
PVDF	130	—	—	—	—	1、2、4、7	—	—	—	—	0.9～3.2
PEI	150	—	—	—	—	1、2、4、7	—	—	—	—	0.6～0.8
TPE-E	90	—	—	—	—	1、2、5、7	—	—	—	—	1.25
TPS	50	25	20	15	40/20	1、2、3、6、7	1、3、5	3、5	3、5	3、5	
PLA	—	—	—	—	20/15	—	3、5、8	3、5、8	5、8	3、5	0.2～0.5
木质素	70	25	20	15	—/15	1、2、6、7	1、2、5、6	2、5	2、5	2、5	

3.17 用于热成型的热塑性塑料

3.17.1 聚苯乙烯（PS）

注意
PS 经常被误用为高抗冲聚苯乙烯的缩写词，实际上高抗冲聚苯乙烯的正确缩写是：HIPS（德语），HIPS（英语），SB（法语）。

一般属性
PS 是一种刚性超强且非常脆的材料，表面光泽度高，透明度优异。纯的普通聚苯乙烯不能使用辊子加工，因为展开的时候会断裂。

化学稳定性
耐水、碱溶液、稀释后的有机酸、醇类（浓度高的醇类除外）。

不耐有机溶剂，比如汽油、酮（丙酮）、苯、氯化烃类、石油醚、脂类。PS 不耐受紫外线。

特殊片料
PS/SB 多层片材。

应用示例
照明技术、显示屏、包装。

使用板材成型机进行热成型的条件
■ 机器装备：标准型。

■ 制品必须尽量保持高温，在刚刚低于软化温度时脱模。如果脱模前拉伸件冷却时间过长，脱模时制品可能会出现破裂。

■ 成型温度、模具理想温度、预拉伸柱塞材质参见表 3.2。

使用全自动辊式成型机进行热成型的条件
纯的普通聚苯乙烯在低温状态下使用辊子加工会出问题，因为展开时非常容易断裂。最常用的加工方式是在装备有挤出机的直接联线生产中进行加工（"在线加工"）。

如果直接用辊子加工 PS，必须注意下列事项：

■ 大直径展开；

■ 使用预加热装置或边缘带加热装置。

使用溶剂型黏合剂粘接在甲苯、二氯甲烷、醋酸丁酯基底上。

使用加热元件工艺、热脉冲工艺和超声波工艺进行焊接。

3.17.2 高抗冲聚苯乙烯（HIPS）

HIPS 是热成型基准塑料。原因主要是价格低、成型温度范围大、拉伸性良好、塑型性良好且加工收缩率低。

注意
HIPS 常被误认为是聚苯乙烯（PS）的缩写。

一般属性
由于具有丁二烯成分（大约 3%），因此 HIPS 呈现不透明状态。
由于热成型性能非常好，因此 HIPS 被视为热成型机的"基准塑料"。

化学稳定性
与普通聚苯乙烯类似。由于具有丁二烯成分，因此 HIPS 比 PS 更容易老化，应该避免紫外线照射。

板材成型机中应用的专用材料
可对 HIPS 进行植绒、金属喷镀和导电处理，此外它还支持其他改性方式。

全自动辊式成型机中应用的专用材料
可对 HIPS 进行植绒、金属喷镀和导电处理，此外它还支持其他改性方式。
在包装领域，由于对气体和水蒸气的阻隔性差，因此需要制成多层片材：HIPS/PE、HIPS/PE/HIPS、HIPS/EVOH1/HIPS、HIPS/EVOH/PE、HIPS/GPET、GPET/HIPS/HDPE/HIPS/GPET。

应用示例
冰箱内胆、冰箱门饰板、一次性餐具（杯子、盘子）、各种类型的包装。

热成型条件
- 机器装备：标准型。
- 成型温度、模具理想温度、预拉伸柱塞材质参见表 3.2。
- 热成型基准材料。

使用溶剂型黏合剂粘接在甲苯、二氯甲烷和醋酸丁酯基底上，最多 20%PS。
使用加热元件工艺、热脉冲工艺和超声波工艺进行焊接。

3.17.3　苯乙烯 - 丁二烯 - 苯乙烯嵌段共聚物（SBS）

一般属性
纯的 SBS 是一种透明、抗冲击且性价比极高的塑料。加工性能与 HIPS 相差无几。进行热成型时，大多是将 SBS 与普通聚苯乙烯按照（60：40）～（40：60）的比例混合使用。

化学稳定性
不耐受脂类、油类和溶剂。注意可能出现溶胀和张力开裂。

专用材料
多层片材（SBS+PS）/PS、（SBS+PS）/PETG。

应用示例

杯子、箱子、泡罩形包装；不适用于对气味敏感的内装物。适合需要用伽马射线消毒的医疗用品。

热成型条件

- 机器装备：标准型。
- SBS 倾向于黏合。
- 成型温度、模具理想温度、预拉伸柱塞材质参见表 3.2。

使用甲苯或与 PS 类似的黏合剂黏合。

使用加热元件工艺、热脉冲工艺和超声波工艺进行焊接。

3.17.4 取向聚苯乙烯（OPS）

一般属性

OPS 根据取向度分为三类：

- 低压 OPS= 拉伸强度低的 OPS；
- 中压 OPS= 拉伸强度中等的 OPS；
- 高压 OPS= 拉伸强度高的 OPS。

拉伸强度越高，加热时的回弹力就越大，热成型过程中的后续拉伸就越少。出于这个原因，只有低压 OPS 和中压 OPS 适于进行热成型。高压 OPS 在热成型过程中几乎不能拉伸。制作工艺决定了拉伸成型的片材与挤出成型或压延成型的片材相比，具有更高的厚度公差。OPS 片材具有极佳的厚度公差——±5%。

化学稳定性

耐果汁、蔬菜汁、奶油、蜂蜜、咖啡、食盐、人造奶油、果酱、蛋黄酱、山葵、奶制品、芥末、醋、香肠脂、柠檬酸、糖溶液。

不耐桉树油，一定条件下耐胡椒。

专用材料

多层片材作为涂覆有封合涂层的盖层，用于在 PS 上进行封合；可进行金属喷镀。

应用示例

主要用作食品包装，例如沙拉、蔬菜、三明治、肉等。

热成型条件（几乎仅限于全自动辊式成型机）

机器装备：

- 边缘带加热装置有利于操作；
- 良好的加热装备（最好能够纵排控制）；
- 链条支撑条；
- 气压成型；
- 能加温到 60℃ 的热成型模具；

■ 成型温度、模具理想温度、预拉伸柱塞材质参见表 3.2;

■ OPS 热损失极快,因此要使用最快的速度和最小的模台冲程,即需要较大的模次数。加热后的片材会在片材运输过程中张紧。

小窍门:如何确定最佳成型温度

不断升高辐射器温度,直至片材在运输过程中张紧并开始流动(片材中的回弹力导致温度较高和/或厚度较小的部位变薄,观察片材表面的光反射情况可以清楚看到)。之后降低辐射器的温度。

后处理:可以冲裁和切割,可以使用落料冲裁模进行加工。尽量将带钢裁切刃加热到最高温。

3.17.5 丙烯腈 - 丁二烯 - 苯乙烯共聚物(ABS)

一般属性

优良的抗冲击性和耐温性是 ABS 制品的特色。ABS 材料本身具有抗静电特性,不需要添加任何抗静电剂。ABS 容易老化,因此不适合户外应用。

化学稳定性

耐大多数无机化学品、水蒸气、有机酸以及大多数油类和脂类。

不耐酮、醛、酯、丙酮、醚、苯、甲苯、三氯乙烯和二甲苯。

专用材料

ABS/PMMA、ABS/ASA、ABS/PVC、ABS/PC、ABS/PMMA 多层片料。

共混片料,例如(ABS+PC)、(ABS+PVC)。

应用示例

多用于技术类部件,例如容器、壳体、饰板、手提箱外壳。卫生洁具,大多与PMMA 一起挤出成型。含脂食物的包装品。

使用板材成型机进行热成型的条件

■ 机器装备:标准型。

■ 潮湿的 ABS 片料必须在热成型之前进行干燥处理,否则表面会形成小气泡。

■ 经过干燥处理的 ABS 可以在打开包装后露天放置大约 8h,这不会影响加工。

■ ABS 倾向于形成冷却痕迹;"高温"模具、良好的预吹塑和模台高速度有利于加工。

■ ABS 可以回收利用。其加热和冷却时间基本上与新产品相同。只是拉伸性和蒸发性不如新产品。

■ 过度加热会变黄(白色板材尤其明显)。

■ 成型温度、模具理想温度、预拉伸柱塞材质参见表 3.2。

使用全自动辊式成型机进行热成型的条件

■ ABS 具有吸湿性。成卷材料必须密封包装好。使用热风循环炉干燥成卷材料不实用，基本上不会这么处理。如果加热时，厚卷材表面形成湿气气泡，就必须减少模次数并降低辐射器的温度。因为干燥强度越大，需要的加热时间就越长。

使用甲基乙基酮黏合，要实现强度黏合则使用双组分黏合剂。

3.17.6　丙烯腈 - 苯乙烯 - 丙烯酸酯共聚物（ASA）

一般属性
ASA 与 ABS 属性相似，但是具有出色的耐光性和耐候性，因此非常适合户外应用。

化学稳定性
耐矿物油、脂类、含盐水溶液、稀释后的酸液和碱液。

不耐有机溶剂和浓缩酸液。

专用材料
ASA/ABS 多层片料。

应用示例
主要用于户外应用；标牌、广告牌、手提箱、园艺工具的饰板和外壳；家电外壳。

热成型条件
- 机器装备：标准型。
- 潮湿的 ASA 片料必须在热成型之前进行干燥处理，否则表面会形成小气泡。
- 成型温度、模具理想温度、预拉伸柱塞材质参见表 3.2。

使用甲基乙基酮、二氯乙烯、环己酮、双组分黏合剂黏合。

3.17.7　苯乙烯 - 丙烯腈共聚物（SAN）

一般属性
表面硬度高，弹性模量在苯乙烯聚合物中最高，抗冲击度比普通聚苯乙烯高，但是比 HIPS 低。

化学稳定性
SAN 比普通聚苯乙烯的稳定性强，耐汽油、油类、脂类、调味品；丙烯腈含量越高，耐受性就越强。

不稳定性：与普通聚苯乙烯类似；避免紫外线照射。

应用示例
对透明度有要求的技术类部件；浴室配件、显示屏、广告中的制品。

热成型条件
- 机器装备：标准型。
- 潮湿的 SAN 片料必须在热成型之前进行干燥处理，否则表面会形成小气泡。

■ 成型温度、模具理想温度、预拉伸柱塞材质参见表 3.2。
使用溶剂型黏合剂、甲苯或二氯甲烷黏合。

3.17.8　聚氯乙烯（PVC-U）

一般属性

PVC 具有很高的机械强度、刚度和硬度，但未进行抗冲击改性的类型抗冲击性差，而且对缺口的敏感度高。PVC 在所有塑料中具有最为优良的防扩散性（阻隔性良好）。PVC 只有 50% 由石油构成，另外 50% 是氯；与其他塑料相比，PVC 的环保系数较差，但应注意其在回收利用方面的特殊条件。

化学稳定性

耐酸液、碱液、洗涤剂、酒精、油类、脂类、汽油。
不耐苯、氯化烃、酮、酯。

应用示例

照片冲印室容器。食品工业包装（德国大多用 PET 替代），建筑业制品。

使用板材成型机进行热成型的条件

■ 机器装备：标准型。
■ 注意片料需要充分"热透"；未充分热透的板材会在热成型时开裂。在这种情况下，必须降低加热装置的温度并延长加热时间。
■ 过度加热会变黄（白色板材尤其明显）。
■ 成型温度、模具理想温度、预拉伸柱塞材质参见表 3.2。

使用全自动辊式成型机进行热成型的条件

■ 机器装备：标准型。
■ 由于加热时会出现成比例的高程度垂料，因此需要使用链条支撑装置。这尤其适用于成型温度高的情况，比如在真空成型时。

3.17.9　高密度聚乙烯（HDPE）

一般属性

力学和化学性能受结晶度（与密度测量方法相同）的影响。加工收缩率约为 2%，相对较高。因此制品可能出现尺寸或变形问题。进行后处理时务必注意恒定的等待时间，因为后收缩引起的尺寸改变值得注意。

化学稳定性

耐酸液、碱液、汽油、油类、酒精、盐溶液、水，几乎耐受不超过 60℃ 的所有有机溶剂。
不耐强氧化剂，尤其在受热时；如未采取相应的稳定措施，阳光直射会导致其脆化。

专用材料

PS/PE、PS/EVOH/PE、PE/EVOH/PE、PS/PE/PS 多层板材。

应用示例

食品容器、饰板、护罩、垃圾筐、玩具箱、家居收纳容器、复合薄膜。

使用板材成型机进行热成型的条件

■ 机器装备：标准型。

■ HDPE 的质量非常适合进行热成型，至少厚度为 3 ～ 4mm 的片料在热成型机中加热时不会剧烈挠曲，BE 支撑框架可以顺利加热厚度为 4 ～ 5mm 的材料。厚度超过 6mm 左右的板材，由于垂料问题，一般无法在支撑框架中顺利加热。

■ 为了避免发生变形，注意制品两侧必须对称冷却。如果无法使用鼓风机进行深度冷却，就必须将成型模具高温加热，直至达到稍微低于长期使用温度上限的程度为止。配备中央空气冷却系统的机器，能够轻松制出不变形的产品。因为有较大的空间对制品进行对称冷却。这类机器的冷却空气温度较低，甚至能起到给模具降温的效果，这无疑有利于改善模次时间。

■ 成型温度、模具理想温度、预拉伸柱塞材质参见表 3.2。

非极性结构导致 PE 很难黏合，必须付出昂贵的成本对表面进行预处理。

使用全自动辊式成型机进行热成型的条件

■ 机器装备：标准型。

■ 优良的片材会在运输途中自动张紧（不发生挠曲）。

■ 为了尽量抑制脱模后变形，成型模具必须尽量保持较高温度，同时尽量延长冷却时间。有时成型模具的轮廓结构会与变形方向逆向发生改变，但是这种情况很少发生。

3.17.10 聚丙烯（PP）

PP 是一种在热成型工艺中应用非常广泛的片料。与基准材料 HIPS 的热成型相比，PP 热成型需要更多信息。本小节中的详细描述，旨在帮助读者了解 PP 的特性。

一般属性

PP 比 PE 的力学性能更为优良，但是缺口冲击强度比 PE 低。热膨胀系数极高；除填充类材料之外，PP 变形倾向严重。

更多详细信息如下。

■ 均聚聚丙烯是"原生态"聚丙烯，由单一的丙烯单体聚合而成。

■ PP 属于半结晶材料，因此透明度较差，呈乳白色。

■ 等规度越高，结晶度、熔化温度、拉伸强度、刚度和硬度就越高。

■ 密度范围：0.9 ～ 0.92g/cm³。

■ 长期使用温度范围：0 ～ 110℃。

■ 晶体熔点：158 ～ 165℃。

■ 超过长期使用温度之后，强度大幅度降低，超过晶体熔化范围后，强度数值极小。

- 均聚聚丙烯抗冲击性差。
- 热膨胀系数高，约为 $150×10^{-6}℃^{-1}$。
- 可高效阻隔水蒸气。
- 化学稳定性优良。
- 电绝缘性良好。
- 高焓，即加热和冷却时能耗大。
- 使用剪切工具切割时，所需切割缝隙相对较小（单层片材 < 0.01mm，多层片材 < 0.007mm）。
- 加工收缩率高（最高可达 2.1% 左右，取决于脱模温度）。
- 抗紫外线性差。

化学稳定性，黏合

耐：酒精、弱有机酸、弱有机碱、有机盐溶液、不超过 100℃ 的洗涤碱液。

不耐：强氧化剂、卤烃；在汽油和苯中膨胀。

黏合：与 PE 一样不易黏合，必要时进行预处理。

PP 改性

通过下列方式改变 PP 的特性：

- 不同的聚合作用；
- 共聚作用；
- 聚合物共混；
- 加入添加剂；
- 通过混合填充材料进行强化。

不同的聚合作用

聚合作用的不同类型会影响下列两个参数：

- 分子量，影响熔体强度；
- 分子量分布，影响熔体流动速率。

高分子 PP 和宽的分子量分布可以实现较高的熔体强度，这会在加热时减小垂料。

聚丙烯共聚物

共聚物是与其他聚合物化合所得到的混合体。

PP 可与多种塑料发生共聚反应，比如：

- PE（聚乙烯）；
- EPR（乙丙橡胶）；
- EPDM（三元乙丙橡胶）。

结果：更高的抗冲击度、更高的耐冷度（从均聚物的 0℃ 到共聚物的 –20℃ 左右）。

热成型影响：与均聚物没有明显差别。

无规共聚物（也称为"统计共聚物"）

无规共聚物用于生产透明片材。

无规共聚物是共聚物的一种特殊形式（使用特殊的催化剂制成，可以实现 CH_3 基因的特殊排列）。此外可以使用成核剂，以此减小晶体的大小并实现聚合物熔体提前凝结的目的。

减小晶体大小可以改善透明度和力学性能。

片材表面也会更平滑——这会影响透明度。

聚合物熔体提前凝结也可缩短周期时间。

聚丙烯共混

共混是纯粹的物理混合（机械性混合），制造过程不涉及聚合物之间的化合反应。

机械性混合大多比化学性混合成本低。

示例：

■ PP-PE 共混；

■ PP-EPR 共混；

■ PP-EPR-PE 共混；

■ PP- 其他。

结果：改善抗冲击性，改善涂覆性，提高刚度和耐热度，改善耐刮擦性。

对热成型的影响：与 PE 共混制成的混合物具有相对较低的垂料，机器无需装备链条支撑装置就可加工这种片材。

填充 PP

（1）填充料

■ 滑石粉（水合硅酸镁 $Mg_3[Si_4O_{10}(OH)_2]$）

■ 白垩（白土粉，碳酸钙 $CaCO_3$）

■ 菱镁矿（碳酸镁 $MgCO_3$）

（2）填充

■ 填充料体积比例不超过 25% 的片料易于进行热成型。

■ 一般最多可以填充 40%。这样片料无需拉伸就能成型。

■ 填充料粒度：$0.8 \sim 40\mu m$。

结果：改善强度。

对热成型的影响：缩短加热时间，减少膨胀和垂料，缩短冷却时间，缩短模次时间，降低加工收缩率。没有缺点！

增强 PP

增强聚丙烯是一种经过填充的聚丙烯，是在聚丙烯中填充能够提高强度的填充料而制成的一种材料。

PP 增强材料：

■ 短玻璃纤维，最大纤维长度 4.5mm；

■ 也可使用其他纤维。

技术类部件也可使用长纤维或连续纤维增强聚丙烯制造。

此外还有些多层片料使用 PP 制成中间纤维层（"Curv"），这样整个片料就是由 PP 这一种材料制造而成。

结果：在保持抗冲击度的同时改善强度。

对热成型的影响：缩短加热时间（完整聚丙烯除外），减少膨胀和垂料，缩短冷却时间，缩短模次时间，降低加工收缩率。

借助添加剂给 PP 改性

借助添加剂可以影响大多数片材性质，如：

■ 透明度；
■ 刚度；
■ 抗紫外线性；
■ 阻燃性；
■ 抗静电和阻塞特性；
■ 长期使用温度范围（−20℃以上）；
■ 熔体强度（影响垂料）；
■ 成型温度（最多可缩短 20% 冷却时间）；
■ 加工收缩。

PP 热成型片料（单层片材和板材）

大多数片材和板材采用挤出成型工艺制成（图 3.10）。也有部分片材是压延成型，应用不普遍，主要用于独立的 PVC 压延机。

挤出成型影响下列参数：

■ 表面质量；
■ 受冷却影响的结晶度和晶体对称性；

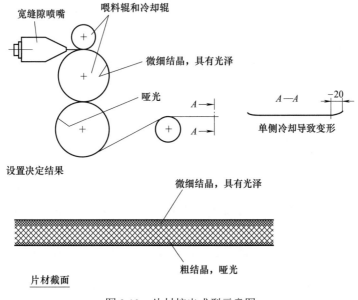

图 3.10　片材挤出成型示意图

- 片材中的应力；
- 厚度公差以及与此有关联的卷筒展开情况和运输链上的运行情况；
- 板材垛的总公差。

PP 多层片材

使用多层片材是热成型中的一大优势。

由多个层构成的片材具有下列优势：每个层的优势叠加在一起，最终形成整体性能。性能组合示例：

- 人们使用 EVOH（较少用 PVDC）层作为优良的隔氧层：PP-HV-EVOH-HV-PP；

HV= 增附剂；

EVOH= 乙烯 - 乙烯醇共聚物，作为阻隔层。

- 为了改善抗穿刺性，可为片材增添 PA 层（PA= 聚酰胺）。
- 为了在提高片材性价比的同时不损害片材外观，可以使用 1 层或 2 层再生材料制成的内置层。

示例：含 EVOH 阻隔层和 PPrec 再生材料层的 7 层片材 PP-PPrec-HV-EVOH-HV-PPrec-PP。

热塑性聚烯烃（TPO）

所谓热塑性聚烯烃，是指：

- 聚烯烃化学反应（聚合）或者聚烯烃物理混合，例如聚乙烯、聚丙烯、聚丁烯。
- 这些片材大多采用多层结构，上层进行哑光处理，下层经常使用 PE 或 PP 发泡层。
- 总体来说，TPO 可以采用诸多不同设置，特性覆盖从高柔韧性到刚性的宽广范围。

结果：材料的柔韧性和抗冲击性提高。

TPO 片材主要用于汽车行业内装零部件的层合。TPO 板材可用于制作具有较高抗冲击性的技术类部件——可在低温环境中使用。

对热成型的影响：与 PP 特性类似，即具有高垂料，冷却时间长。

PP 发泡片材

PP 发泡材料的密度范围从大约 0.03g/cm³（30kg/m³）到大约 0.7g/cm³。发泡材料分为非网状和化学网状两类。PP 发泡材料易于进行热成型。

其他 PP 片料

PP 织物、PP 绳索、PP 地毯、PP 地砖等可在一定尺寸范围内进行热成型。

PP 多层片料

PP/EVOH/PP、PP/PVDC/PP、PP/PP 填充、PP/EVA、PS/PVDC/PE/PP、PP/PP 填充 /EVOH/PP 填充 /PP、PP/EVOH/PA、PA/PP 多层片材；弹性改性 PP（PP+EPDM）制成的片料；以 PP 织物作为内衬的 PP 板材。

应用示例

手提箱外壳、壳体、可消毒的医疗器械。经过弹性改性的 PP 经常用于汽车制造行业。此外很多包装都是 PP 片材制作而成。采用相应制造工艺生产出的 PP 制品最高可以接受

125℃高温消毒。

PP 热成型

PP 热成型中最重要的影响参数如下。

■ 预热时的温度水平决定了片材在运输链中的垂料以及高于软化温度的停留时间。

■ 高于软化温度的停留时间决定了制品的质量（壁厚分布和塑型精度）。

■ 加热时的垂料决定了壁厚分布情况，以及成型面多元占用时不同制品之间的公差。

■ 成型温度主要决定了垂料、塑型精度、循环时间和制品的最高长期使用温度。

■ 预成型（预拉伸器的材料、几何形状、表面和移动走向）工序中的预拉伸主要决定了壁厚分布情况。

■ 成型压力、真空成型或气压成型决定了所需的成型温度、塑型精度、冷却时间、循环时间和能源需求。

■ 脱模温度决定了循环时间、加工收缩率和制品变形情况。

PP 加热，与 HIPS 对比

对比的基准材料是高抗冲聚苯乙烯（HIPS）。

通过表 3.3 中的数据说明聚丙烯的热能需求量为何可以达到聚苯乙烯的两倍。

表 3.3 PP 和 HIPS 对比

约略值	HIPS	PP
气压成型时的成型温度 /℃	120 ~ 150	150 ~ 158（最高 165）
真空成型时的成型温度 /℃	150 ~ 200	165 ~ 200
焓值[①]（气压成型成型温度下）/(kJ/kg)	175 ~ 225	300 ~ 330
焓值[①]（真空成型成型温度下）/(kJ/kg)	225 ~ 310	370 ~ 515
气压成型时相同片材厚度下的比焓	300/225 ~ 330/175=1.33 ~ 1.89	
真空成型时相同板材厚度下的比焓	370/310 ~ 515/225=1.19 ~ 2.29	
真空成型和气压成型时的加热时间比例经验值	大约 1.85	

① 焓值参见焓图表，第 22 章（图 22.3）。

全自动辊式成型机中处理热膨胀

与 HIPS 的热膨胀系数 70×10^{-6}℃$^{-1}$ 相比，PP 的热膨胀系数大得多，见表 3.4。

表 3.4 PP 热膨胀

温度 /℃	PP 热膨胀系数 /℃$^{-1}$
20 ~ 60	大约 100×10^{-6}
60 ~ 00	大约 150×10^{-6}
10 ~ 140	大约 200×10^{-6}

温度越高，热膨胀系数越大

大约从 140℃以后，熔体强度不成比例下降。从这个温度开始，片材自重所发挥的影响力变大。超过结晶熔融范围之后，熔体强度较低的片材垂料变大，导致一些 PP 片材"不易处理"。这也是为什么人们开发出诸多具有高熔体强度的 PP 类型（high melt strength PP，高熔体强度聚丙烯）来抵消这个缺点。

处理高热膨胀需注意以下几点。

① 尽量延长片材的加热时间，使其能够自由膨胀，这一点很重要。穿入齿形链之前，先将片材放置在辊预加热装置 VHW 中进行加热，使其在所有方向都能自由膨胀。选择预加热装置的加热功率和加热时长时，注意使片材能在预期的生产速度下，至少加热到110℃，即 PP 的最高长期使用温度。通过辊预加热装置达到 110℃之后，可以使片材在齿链中，在红外线加热装置的作用下，尽量延长温度超过长期使用温度的时间。超过软化温度的时间越长，热成型效果就越好。采用接触加热方式时，最高加热温度受片材黏合倾向度和片材高温膨胀度的影响。接触加热时，至少必须定期清理加热接触面上由于热膨胀而形成的沉积物。PP 片材在接触加热装置上的黏合特性取决于片材的防粘措施。市面上常见的片材，温度极限值是 140℃左右。如果成型温度较高，需要使用成型机的红外线加热装置进行后加热。

② 片材在齿链中停留，通过压延装置在宽度方向延展，垂料降低。

③ 必要时，在加热装置区域使用向下夹持器。

④ 在成型站中，借助夹紧框在片材张紧层上方进行拉伸，以此实现加热后材料的预膨胀（RD、RDK、UA 型号机器）。

只使用接触加热一种方式加热到成型温度

如果只使用接触加热这一种方式将 PP 片材加热到成型温度，片材就必须采取防粘措施，以免粘在接触加热面上。操作时，在第一个循环（3～4 个）中对片材进行全方位加热，在最后一个循环（大多 3 个节拍）中使用格式加热装置加热（采取极佳防粘措施的片材最高可以用接触加热装置加热到 170℃）。

在板材成型机中使用红外线加热装置加热

解决方案如下：

① 加热时进行空气支撑；

② 成型面多穴设计时，使用向上夹持器；

③ 在成型站中，借助夹紧框在片材张紧层上方进行拉伸，以此实现加热后材料的预膨胀；

④ 成型前"耗尽"垂料（例如通过小幅度拉伸来提高成型段的结构）。

只通过接触这一种方式加热，这种方案只适用于相对较小的面，板材成型机由于成型面较大，因此无法应用。

PP 成型温度范围

成型温度范围参见表 3.5。

表 3.5　PP 成型温度范围　　　　　　　　单位：℃

工艺 / 范围	成型温度
软化温度（最高长期使用温度）	≈ 110
气压成型	150 ～ 158
结晶熔融范围	158 ～ 165
可消毒式包装的成型温度	最低 162
真空成型	165 ～ 200

气压成型的成型温度范围

所有常见 PP 包装的气压成型发生在 150 ～ 158℃范围内。在这个温度范围内，晶体尚未熔化，还处于固态。因此人们称之为"solid phase pressure forming（固相压力成型）"，简称"SPPF 工艺"。

成型温度范围低的优势如下：

■ 片料垂料尚易于处理；

■ 所需热能少；

■ 冷却时间短；

■ 模次时间短。

该温度范围的劣势：

■ 晶体以软化的无形块形式移动，抑制成型。制品重新加热到 110℃以上时会变形。这就意味着，不能用于制造可消毒的罐头包装。

真空成型的成型温度范围

为了在真空成型时达到足够的塑型精度，晶体必须要熔化。因此要达到 165℃以上的温度范围，这时晶体处于熔融相。人们称之为"melting phase vakuum forming（熔融相真空成型）"。

该温度范围的优势：

■ 真空工艺可以实现高塑型精度。

该温度范围的劣势：

■ 热膨胀系数高，并非所有机器都能驾驭。这就是为什么装备真空成型装置的全自动辊式成型机不配备空气支撑装置来抑制垂料，也不装备链条支撑装置，因为不用来加工 PP 或者很少加工 PP。

对厚度超过 8mm 的板材进行深度加热时，内核至少需要达到 165℃，才能进行真空成型。表面温度最高达到 220℃左右！

可消毒式包装的成型温度范围

为了使包装能够经受住 121℃高温消毒，至少大部分晶体必须熔化。这就要求温度处于 162 ～ 165℃范围内，或者略高一点。

该温度范围的优势：

■ 进行冷却时，新成型的包装结构中形成晶体，这可保证包装在 121℃下的稳定性，虽然在这个温度范围内，片材的无定形部分已经在温度超过 110℃后软化。

该温度范围的劣势：

■ 不是所有片材的垂料都能在升温后还处于可接受范围内；

■ 必须使用高熔体强度的片材。

PP 预拉伸

与聚苯乙烯相比，聚丙烯的静摩擦力较大。

制作适用于 PP 的预拉伸器时，需要注意下列事项：

■ 选择合适的预拉伸器材料；

■ 注意预拉伸器的轮廓结构。

预拉伸器材料参见表 3.2。

预拉伸器底部半径应该比 HIPS 预拉伸器大 2 ～ 3 倍。

全自动辊式成型机中 PP 预拉伸器的材料可选如下几种。

■ 复合泡沫塑料（Syntac 350，Hytac B1X，Hytac XTL）是制作预拉伸柱塞的通用材料。复合泡沫塑料具有多种密度和成分。大多数复合泡沫塑料用树脂填充，并添加空心玻璃球——部分添加特氟龙，制成密度介于 $0.65 \sim 0.95 \mathrm{g/cm^2}$ 的圆棒或板材。基于价格方面的考量，这种材料主要用于全自动辊式成型机。用于含密封层（朝向预拉伸器）的多层片材时，应该使用具有特氟龙涂层的预拉伸器或者含 PTFE 成分的材料。

热导率低决定了片材形成冷却痕迹的概率低，这是复合泡沫塑料的巨大优势。缺点则是抗冲击度低。部分材料类型在机械负载时容易破裂。

■ POM（聚甲醛）用于预拉伸透明片材，因为它抛光效果非常好。它的耐热温度为 $120 \sim 125℃$，这不利于实现长的使用寿命。POM 预拉伸器的表面会逐渐变白、开裂和变粗糙。

■ 聚酰胺（填充油和滑石粉）用于那些对强度有要求的大型预拉伸器。

模具；排气孔

推荐的排气孔和排气槽参见第 21 章"热成型模具"。

PP 冷却

表 3.6 为 PP 和 HIPS 冷却时的数据对比。

表 3.6　PP 和 HIPS 对比

项　　目	HIPS	PP
脱模温度 /℃	最大约 70	最大约 110
脱模温度下的焓值 /（kJ/kg）	100	175
气压成型焓值差 /（kJ/kg）	75 ～125	55 ～125
真空成型焓值差 /（kJ/kg）	125 ～210	195 ～340
气压成型时相同片材厚度下的比焓	225/225 ～ 155/75=1.0 ～ 2.1	
真空成型时相同片材厚度下的比焓	195/210 ～ 340/125=0.93 ～ 2.7	
真空成型和气压成型时的冷却时间比例经验值	大约 1.85	
加工收缩	0.4 ～ 0.5	1.85 ～ 2.0

注：焓值参见焓图表，第 22 章（图 22.3）。

根据表 3.6 可知：

■ PP 的平均冷却时间比 HIPS 长。也就是说，PP 成型时的模次平均时间比 HIPS 长。

有意思的是，PP 的最短冷却时间与 HIPS 的最长冷却时间相同。因此当前技术水平是："全自动辊式成型机的 PP 模次数几乎与 HIPS 相同"——虽然并非百分百还原事实，但是可作一比——如表 3.6 数据所示。

■ PP 的加工收缩率达到 1.85% ～ 2.0%，远高于 HIPS。如果要求制品尺寸相同，就不能在聚苯乙烯成型模具上加工 PP。

■ 加工 PP 时，成型模具上的排气截面应该较小，因为 PP 比 HIPS 容易形成痕迹。

■ 即便 HIPS 模具的尺寸和排气截面不影响 PP 成型，在使用 PS 模具加工 PP 时，鉴于热传输较高，也必须在冷却阶段检查冷却装置的设计是否足以供 PP 使用。

如果是使用板材成型机制出的厚片料，必须注意应该深度冷却空气，以此保证贯穿壁厚对称冷却，避免出现变形。

如果产线配备全自动辊式成型机，脱模后直接粉碎冲裁格网，则必须注意冲裁格网的冷却情况，避免堵塞粉碎机。

生产 PP 透明包装

生产 PP 透明包装时，要遵守一般透明包装热成型规则。

■ 必须使用透明片材来生产透明包装。可以增添某些共聚物和添加剂来最大程度降低结晶度并限制晶体增长。

■ 模具内的接触面必须抛光。

■ 预拉伸器的接触面必须抛光。

■ 必须尽量降低成型温度。

■ 必须尽量升高成型空气的气压（气压成型）。

■ 模具温度必须尽量低，这样可以缩短冷却时间，避免晶体增长。

在线热成型

PP 可以在线加工，即在配备挤出机的生产线内通过联线生产方式进行加工。在这种生产方式下，通过热成型机的中间回路输送挤出机出料机后面的片材。在中间回路中稍稍冷却后，使用热成型机的红外线加热装置将片材加热到热成型温度。

使用这种配置时，一般不需要进行预加热。

务必注意：进入成型机红外线加热装置之前，不可强度冷却片材。请将经过辊预加热装置加热的片材当作参考对象（大约 125℃，至少 110℃）。

在线设备的优势：

■ 无需搬运片材，无需片材仓库；

■ 无需预加热；

■ 能耗低；

■ 片材加热效果好；

■ 片材温度超过软化温度的时段长。

在线设备的劣势：

- 机器操作人员必须掌控整条生产线；
- 设备启动比一般离线热成型难度大；
- 如果产品中的一台机器——挤出机或者热成型机——发生故障，必须将整条生产线停产。

机器装备考量要点：

加工 PP 是当今大多数热成型工艺的标配。

产品线装备考量要点（全自动辊式成型机）

- 使用辊预加热装置（VHW）对片材进行预加热。
- 辊预加热装置选择整条生产线的产能时，必须注意尽量达到片材最高温度（理想温度是 110℃以上）。
- 设置全自动辊式成型机的红外线加热装置时，必须注意达到成型温度，最大公差±7.5℃。
- 进入成型机红外线加热装置之前，测量片材的温度。
- 进入成型站之前，测量温度。
- 运输装置必须允许片材压延。
- 片材纵向拉伸值得期待（但不是所有情况下都能出现）。
- 冷却 PP 所用的冷却功率必须与产能相匹配（大约是 HIPS 冷却功率的两倍）。
- 由于要求 PP 剪切工具的切割公差要小，因此必须冷却模具的两部分，以此保证模具两部分的纵向拉伸差异不会导致模具切缝（最外侧成型巢上）小于零。

板材成型机不需要任何特殊选项就可以加工 PP。这里的优势是深度冷却空气——比如配备中央空气冷却系统，以此实现贯穿壁厚的对称冷却。

PP 冲裁切割

某些类型的 PP 倾向于形成绒毛类物质。如果多层片材的某一层过于柔软（比如密封层），而且切割时在切割区域当中从下一层脱落，就会出现切割不干净的情况——"形成胡须状物质"（即毛边）。

PP 翻边

PP 翻边机的加热和冷却段大约比 HIPS 长 1.85 倍。鉴于市场上 PP 种类繁多，因此在确定翻边情况前应该使用相应的片材进行测试。

PP 不能用来生产滑动式泡罩，因为尚不能同时满足刚性和透明度要求。

PP 封合 / 焊接

封合时需要使用密封层。PP 与所有聚烯烃一样，属于非极性结构，如果没有涂层，焊接效果会很差。有密封层时适用常规封合参数。以 PP0.4mm 有密封层为例：封合电极 250℃，封合时间 2s（额定值）。

与 PP 有关的说法和经验

- "自由收缩率低的片材比自由收缩率高的片材好！"这种说法与事实不符。
- "片材质量重在粒料的 MFI 值（熔融流动指数）（编辑注：我国标准应为 MFR，熔体流动速率）。"这种说法无法证实。

■ "装备长的红外线加热装置的机器比一般机器好"这种说法对于装备辊预加热装置 + 红外线加热装置的产品来说是错误的。正确说法：PP 片材应该在加热时长时间（尽量久）自由膨胀，这样就能在穿入齿链中之后只略微出现垂料。为此在使用钉齿链将片材穿入运输系统然后继续运输之前，必须长时间（尽量久）加热片材使其自由膨胀，这样就能在穿入后只略微出现垂料。自由膨胀发生在使用辊子或热风式预加热装置进行预加热时。加热过程的质量体现在 PP 在 110℃ 以上温度的停留时间。因此将片材快速升温到 110℃ 以上很重要，这样可以延长预加热装置和红外线加热装置加热到成型温度之前的剩余时间。

■ 有种说法是："透明制品不能在线成型，因为在高温区域的停留时间较长，这会增强结晶度，进而对透明度造成负面影响。"这种说法从理论上来说是正确的，但与实际操作中的操作方法相悖。

高品质粒料、具有改善透明度 / 挤出效果作用的添加剂，以及将片材冷却到 20℃ 左右，这三者可将结晶化降至最低程度，进而保证达到良好的透明度 / 使用辊预加热装置进行预加热 / 带红外线加热装置的全自动辊式成型机。

3.17.11 挤出成型的聚甲基丙烯酸甲酯（PMMA ex）

一般属性
挤出成型的 PMMA 刚性良好，但是脆。与丁二烯发生共聚反应，可以改善抗冲击度。PMMA 具有良好的耐刮擦性，表面光泽度高，自身无任何颜色，呈完全透明状。PMMA 耐光性、耐候性和抗老化性非常好。接口处可以抛光。

PMMA 片料可以采用挤出成型或浇铸成型工艺制作。采用这两种工艺制成的片料，通过简单的测试即可发现差异性：用火焰软化一个角。如果能从熔化的角处拔出一根纤维，说明是挤出成型材料；如果拉拔时撕裂材料，说明是浇铸成型的 PMMA。

化学稳定性
耐非极性溶剂、碱液和酸液、脂类、浓度不超过 30% 的酒精。
不耐浓度超过 30% 的酒精、含苯汽油、乙醇、硝基漆及其稀料、浓缩酸、某些塑化剂。

专用材料
PMMA/ABS 共挤出板材，填充有 PMMA 球的 PMMA 作为光漫射强的材料用于灯罩。

应用示例
浴缸、洗漱盆、淋浴房底盆、卫生设施；灯罩、横幅、交通标志、灯光广告和广告宣传、车辆玻璃、屋顶玻璃、天窗、H 形截面板、机器设备盖板；技术类部件。

使用板材成型机进行热成型的条件
■ 机器装备：标准型，建议成型站可以加热夹紧框。
■ 挤出成型的材料具有吸湿性，热成型前必须进行干燥处理。
■ 挤出成型的材料可以按照"一般方法"进行热成型。

■ 各类 PMMA（抗冲击的共聚物除外）都非常容易开裂。这就意味着，脱模后必须尽快切下夹持边。如果夹持边留在制品上（比如制作平顶房屋的球形天窗时），就必须在加热过程中，使用加热后的夹紧框加热夹持边，这样可以使包含夹持边在内的整个制品一道进行加工收缩。

■ 成型温度、模具理想温度、预拉伸柱塞材质参见热成型机表格（表 3.2）。

使用全自动辊式成型机进行热成型的条件

■ 成卷材料必须密封包装好。使用热风循环炉干燥成卷材料不实用，基本上不会这么处理。如果厚片材表面形成湿气气泡，则减少模次数并降低辐射器的温度，以此来延长加热时间，在加热过程中完成干燥。

■ 挤出成型的材料可以按照"一般方法"进行热成型。

■ 各类 PMMA（抗冲击的共聚物除外）都非常容易开裂。注意用于冲裁头的缺口。

使用 PMMA 专用黏合剂（比如 Acrifix）黏合；也可使用二氯甲烷、接触黏合剂和附着黏合剂，以及环氧树脂黏合剂。开始黏合之前，将制品温度控制在 60 ~ 90℃范围内，使其处于无应力状态。

3.17.12 浇铸成型的聚甲基丙烯酸甲酯（PMMA g）

一般属性

浇铸成型的 PMMA 强度大，抗刮擦，但是相对较脆。PMMA 表面光泽度高，自身无任何颜色，呈完全透明状。PMMA 耐光性、耐候性和抗老化性非常好。接口处可以抛光。浇铸成型的 PMMA 厚度公差明显高于挤出成型的 PMMA。由于具有高度网状结构，因此浇铸成型的材料抗刮擦强度更高。

化学稳定性

耐非极性溶剂、碱液和酸液、脂类、浓度不超过 30% 的酒精。

不耐浓度超过 30% 的酒精、含苯汽油、乙醇、硝基漆及其稀料、浓缩酸、某些塑化剂。

专用材料

大批量生产时，按照所需尺寸浇铸板材。

应用示例

浴缸、洗漱盆、淋浴房底盆、卫生间；灯罩、横幅、交通标志、灯光广告和广告宣传、车辆玻璃、屋顶玻璃、天窗、双层壁面板、机器设备盖板。

热成型条件（只使用板材成型机）

■ 机器装备：用于浇铸成型的 PMMA，拉伸深度小，标准型机器装备。如需较大的拉伸深度，成型工作台需要安装液压驱动。加工浇铸成型的 PMMA 时，推荐使用可在成型站加热的夹紧框。

- 浇铸成型的材料一般不进行干燥处理。
- 浇铸成型的 PMMA 所需的成型力，大约比挤出成型的 PMMA 大 10 倍。如需较大拉伸，需要在成型站中安装液压工作台驱动。
- 两种 PMMA 都非常容易开裂。这就意味着，脱模后必须尽快切下夹持边。如果夹持边留在制品上（比如制作平顶房屋的球形天窗时），就必须在加热过程中，使用加热后的夹紧框加热夹持边，这样可以使包含夹持边在内的整个制品一道进行加工收缩。
- 成型温度、模具理想温度、预拉伸柱塞材质参见热成型机表格（表 3.2）。

使用 PMMA 专用黏合剂（比如 Acrifix）黏合；也可使用二氯甲烷、接触黏合剂和附着黏合剂，以及环氧树脂黏合剂。开始黏合之前，将制品温度控制在 60～90℃范围内，使其处于无应力状态。

3.17.13 聚碳酸酯（PC）

一般属性
强度大、韧性强、抗冲击性强，即便在低温下也能保持；耐高温；电气性能和绝缘性能绝佳。透光性极佳。

仅当未冻结任何应力时，热成型后聚碳酸酯才能保留高抗冲击性。如果成型模具冷却材料过快，会造成制品容易开裂，进而导致其易碎。

化学稳定性
耐稀释后的矿物酸、汽油、脂类、油类、醇类（甲醇除外）。
不耐碱液、丙酮、60℃以上的水和水蒸气、苯。

专用材料
与 ABS、PBT 和 ASA 共混：（PC+ABS）、（PC+PBT）、（PC+ASA）。

应用示例
电气行业、机动车行业和家电行业制品、耐热型盖板。

使用板材成型机进行热成型的条件
- 机器装备：标准型。
推荐连接温度调节设备，将成型模具的温度控制在 140℃以下。
- 潮湿的 PC 片料必须在热成型之前进行干燥处理，否则表面会形成小气泡。
- 经过干燥处理后的 PC 在空气相对湿度高的环境中很快又会变潮湿。
- 聚碳酸酯需要较高的塑型力。如果对材料的塑型精度要求非常高，就会遇到问题。板材温度非常高时，强度就会大打折扣，同时垂料程度突然变大。如果对塑型的要求超级高，比如制造巧克力铸模时，这种情况下建议采用气压成型工艺（比如在真空成型机中锁闭模具）。
- 聚碳酸酯需要使用温度非常高的成型模具（125～130℃）成型。如果使用低温模具，制品中会留下较大的应力。

■ 完成热成型后，尽量在高温时将制品脱模，最好在 110 ～ 125℃ 范围内。如果使用阳模成型且制品壁斜度较小，这种情况下冷却时间过长会导致难以脱模甚至无法脱模。

■ 成型温度、模具理想温度、预拉伸柱塞材质参见热成型机表格（表 3.2）。

使用全自动辊式成型机进行热成型的条件

■ 机器装备：标准型。

■ 气压成型。

■ 如果制品必须具有抗冲击性，将成型模具的温度调整到 125℃ 左右。如果不要求制品具有抗冲击性（例如薄壁部件），也可使用温度较低的成型模具。

■ PC 具有吸湿性。成卷材料必须密封包装好。使用热风循环炉干燥成卷材料不实用，基本上不会这么处理。如果厚片材表面形成湿气气泡，则减少模次数并降低辐射器的温度，以此来延长加热时间，在加热过程中完成干燥。

使用双组分黏合剂进行黏合，必要时使用二氯甲烷；建议将温度控制在 90℃，避免由于张力而形成裂纹。

3.17.14 聚酰胺（PA）

一般属性

聚酰胺种类众多，比如 PA6、PA66、PA11、PA12 等。

PA12 和特殊类型 PA6 具有良好的热成型性。聚酰胺具有吸水性，这会改变它的特性（可逆），即它会在干燥环境中将湿气释放出来。聚酰胺刚性强，抗磨损度和抗疲劳度极高。由于具有吸水性，因此聚酰胺携带轻微静电荷。

化学稳定性

耐：汽油、油类、脂类、某些醇类、弱碱、酯、酮、乙醚。

不耐：矿物酸、强碱、乙二醇、氯仿。

专用材料

玻璃纤维增强型。

应用示例

机械制造行业、车辆制造行业和电气行业制品。

热成型条件

■ 机器装备：标准型。

■ PA12 具有极佳的热成型性。

■ 也有特殊类型的聚酰胺具有良好的热成型特性。

■ PA6 和 PA66 热成型效果不佳；片材和模具发生接触时，这两种材料容易在片材和模具之间夹杂空气，这会导致塑型精度和拉伸不均匀（特殊类型除外）。

■ 成型温度、模具理想温度、预拉伸柱塞材质参见热成型机表格（表 3.2）。

使用浓缩甲酸或者双组分黏合剂进行黏合。

3.17.15 聚对苯二甲酸乙二醇酯（PET）

PET 广为大众所知的，是 PET 纤维（聚酯纤维，俗称"涤纶"）、APET 制成的可乐瓶、CPET 制成的托盘（可在烤箱中加热到 200℃）、金属喷镀薄膜（大多数使用黄色透明、喷镀铝的 APET 制成）。

下列几种 PET 可以热成型：

■ APET，无定形聚对苯二甲酸乙二醇酯，含二羧酸的聚酯共聚物；

■ GPET，聚对苯二甲酸乙二醇酯，含二醇（乙二醇）的聚酯共聚物；

■ CPET，结晶聚对苯二甲酸乙二醇酯带 PP 晶核（大部分）的聚酯共聚物；

■ EPET，发泡 APET。

名称释义

■ APET，德语缩写为 PET-A：A 代表"amorphous"，无定形聚对苯二甲酸乙二醇酯。

■ GPET，也称 PETG，德语缩写为 PET-G：G 代表"glycol"，含乙二醇共聚物；它的特殊之处在于，这种材料不结晶！

■ CPET，德语缩写为 PET-C：C 代表"cristalising"，结晶性聚酯。

不同于 GPET（有针对性地避免结晶），CPET 通过添加成核剂来加速结晶。

成核剂：聚烯烃、滑石粉、钠、钙等。

■ 其他简称：RPET 等。

一些公司使用 RPET 制造可回收利用的片材粒料（R 代表"recycling"，可回收的）。

表 3.7 所示为 PET 片材的一般属性。

表 3.7 PET 片材的一般属性

PET 类型	APET	GPET	CPET
密度 /（g/cm³）	1.34	1.27	1.37
弹性模量[①] /（N/mm²）	2200	1720	2600
长期使用温度 /℃	$-40 \sim +70$	$-440 \sim +63$	$-440 \sim +220$
热膨胀系数 /℃$^{-1}$	大约 80×10^{-6}	大约 51×10^{-6}	大约 70×10^{-6}
结晶熔融范围 /℃			255+3
比热容 /[kJ/（kg·K）]	1.05	1.1	1.1
结构	无定形[②]	无定形	半结晶
片料	片材，4mm 以下板材	片材，板材	片材
热成型前干燥温度 /℃	65	-65[③]	—
真空成型温度 /℃	$110 \sim 130$	$110 \sim 190$	
气压成型温度 /℃	$100 \sim 120$	$100 \sim 120$	$130 \sim 155$（模具 170）
预拉伸器材质	POM，复合泡沫塑料	POM，复合泡沫塑料	POM，复合泡沫塑料

续表

PET 类型	APET	GPET	CPET
排气孔	与 HIPS 相同	与 HIPS 相同	与 HIPS 相同
加工收缩率 /%	0.4 ～ 0.5	0.4 ～ 0.5	0.5 ～ 2.0
制品特殊特性	透明度极佳 二氧化碳阻隔性极佳 电绝缘性极佳	透明度极佳	耐热最高可达 200℃

① 对比：高抗冲 PS 的弹性模量为 2150N/mm²。

② 在温度过高以及温度过高且停留时间过长这两种情况下，材料会结晶。

③ 只针对储藏时间长的板材，其他情况无需干燥。

PET 具备极佳的阻隔性，参见表 3.8。

表 3.8　对比 PET 与 PVC 阻隔性（渗透率）

材料	水蒸气	二氧化碳	空气	氧气
PVC	5.5	275	25	60
APET	5	160	13	28
GPET	28	750	130	190

水蒸气渗透率：根据 DIN 53122 标准，单位 g/（m² · 24h）。

气体渗透率：根据 ASTM 1434-63 标准，单位 cm³/（m² · 24h），20℃环境中，针对 0.040mm 厚的片材。

化学稳定性

耐：油类、脂类、推进燃料；盐溶液、碱液和酸液。

不耐：浓缩酸液和碱液，卤代烃。

使用双组分黏合剂黏合。挠性片材可用氯丁橡胶胶黏剂或聚醋酸乙烯酯乳液进行黏合。

热成型时各类 PET 的特性

APET 热成型

APET 片材交货时大部分是无定形的，透明度极高。加热时 APET 开始结晶。PET 能够达到的结晶度一般取决于下列因素。

■ 晶核数量。

在实际应用中 APET 没有晶核。

■ 加热时达到的温度。

APET 在 110 ～ 130℃温度范围内成型（170℃时达到最高结晶速度，但是温度超过软化温度后才开始结晶。APET 大约从 80℃开始结晶。）。

■ 片材在温热状态下的加热速度和停留时间。

APET 从超过其最高长期使用温度后开始结晶。但是视觉上不能立刻察觉到。从软化温度到成型温度的加热时间越长，达到的结晶度就越高。

如果加热时间短，结晶度就会很低，虽然已经结晶，但从视觉上无法确定结晶情况。

如果片材加热后冷却——比如停机导致，待开机后重新加热，这时可以看到结晶情况。这种情况下片材无法精确塑型，结晶导致其硬度增大，外观变成轻微的白色不透明状。

■ 温度超过 200℃ 且停留时间达到 30h，APET 的结晶度就会达到 60%。这时片材变成全白不透明状。

APET 板材只有几毫米厚时才能进行热成型。

由于加热时间取决于板材的厚度，因此板材外层在材料结晶温度下停留的时间会过长，导致板材变成白色不透明状且无法精确塑型。

GPET 热成型

价格高昂的 GPET 不结晶，不受加热温度和加热时间影响，一直保持无定形状态。

GPET 价格比 APET 高。这就是为什么其在多层片材应用中具有优势（GPET/APET/GPET=G/A/G 片材）。

GPET 是实现透明度的理想板材材料。

CPET 在全自动辊式成型机中热成型

CPET 热成型的目的在于制造晶体含量高的制品，使制品具有较高的耐温性。

结晶度越高，片材精确成型的难度就越大。

这就是为什么供应的片材虽然有晶核，但是尚未结晶或者结晶度很低。

因此在热成型过程中必须注意下列操作步骤：

（1）加热到成型温度

加热到片材可以精确塑型的温度（结晶度低于 15%）。

成型温度范围：

• 大拉延比 130 ～ 150℃；

• 小拉延比 140 ～ 155℃。

（2）成型和结晶

将模具加热到晶核能快速形成晶体的温度，然后在加热后的模具中塑型。

参数：

• 模具温度 170℃ ±10℃。

• 在加热后的模具中的停留时间为 2.5 ～ 4.5h，具体时间取决于壁厚。

是否达到了足够的结晶度（至少 30%），只能在加热炉中加热到 200℃ 进行测试；在至少 5min 的停留时间过后，制品的几何形状必须保持不变。所谓经过测试的形状稳定度，是指制品本身保持稳定，不会发生折叠或变形。

提示：

最终制成品还会有大约 70% 的无定形部分。由于无定形部分会在 80℃ 左右时发生软化，因此测试耐热性时，较小的结晶部分必须像支架一样为形状稳定性提供支持。

（3）冷却

从 170℃ 高温成型模具中脱模之后，进入冷却阶段。冷却方式有两种：

• 在室温下自由冷却。这种冷却方式存在制品出现轻微变形的风险，堆垛时可以清楚看出来，会对质量造成负面影响。

• 在冷却模具中冷却。为了避免冷却时发生变形，从高温模具中脱模后将制品放入经过冷却的其他模具中进行"成型"。

参数：冷却模具温度为 20 ~ 30℃，在冷却模具中的停留时间与在高温模具中的时间相同。

这就意味着，CPET 成型时大多需要使用两个模具。加热后的片材在第一个模具中通过接触高温模具而加热，脱模后推入第二个模具中进行冷却。使用模具进行冷却是为了冷却无定形部分，可与 APET 和 GPET 一样，在 20 ~ 40℃ 的模具中冷却。

进行这项操作时，注意机器的出料量只相当于成型面的一半，因为成型面中安装了两个模具。在实际应用中，会将用于 CPET 成型的成型面在进给方向最多延长 50%。

由于高温模具中成型的部件在运输到冷却模具的过程中会稍许冷却，因此冷却部分的成型段应该比加热模具部分的成型段稍微小一些（0.25% 左右）。

在板材成型机上对 CPET 进行热成型

CPET 可以在板材成型机上成型。为此需要使用一个加热到 170℃ 左右（或者更低一些，比如 140℃）的成型模具，并在成型模具中停留一定时间，使材料结晶。为了检查制品在设定的成型模具停留时间内，是否达到了较好的耐热性，必须在 200℃ 的热风炉中对制品进行变形测试。由于板材成型机的几何比例问题，只能在机器外部执行规定的制品冷却过程。为此需要配备一个辅助装置，使部件在装置的真空环境中冷却。

机器设置提示：制品在高温模具中的停留时间，必须按照机器屏幕操作面板中的"冷却时间"执行。冷却风扇必须保持关闭状态，因为人们不是每个模次都加热和冷却整个成型分段。

发泡 APET 热成型

发泡 APET 的制造密度为 0.7 ~ 1g/cm³。因此，发泡片材的密度比未发泡片材低大约 30%。

热成型特性与未发泡片材类似。

APET 和 GPET 的阻隔性

APET 和 GPET 具有很强的阻隔性。如果试图使未成型的片材相互摩擦，而且片材未采取防粘措施，就会立刻发生阻塞（摩擦系数 > 1）。如果堆垛时制品不能顺利码在一起，或者堆垛完之后无法拆垛，就是阻隔性在发挥作用。为了抑制阻隔性，需要为片材采取防粘措施（大多是防静电和防阻塞组合在一起）。由于摩擦（此处指防粘措施）对预拉伸器的几何形状有很大影响，因此订购片材时务必要订购采取了防粘措施的片材。如果补订片材，必须订购防粘措施相同的片材，只有这样才不用改变预拉伸器的几何形状。大批量订购时，片材卷的防粘措施可能不统一。这会导致不必要的开销，比如残次品、预拉伸柱塞变更、与供应商发生纠纷等。

PET 热封合

由于所有 APET 制品都处于半结晶状态（视觉上发现不了），因此材料在黏合 / 封合时的特性与所有结晶性材料一样，即黏合和封合特性差。纯 APET 制成的泡罩很难封合——需要使用高质量密封漆。APET 制成的泡罩在热封合若干天之后从泡罩板上脱落，这种情况并不少见。为了避免发生这种情况，使用具有 GPET/APET/GPET 层（G/A/G 片材）的多层片材制作泡罩。两个 GPET 层保持无定形状态，如果片材防粘力度不大，就可实现良好的热封合效果。

提示：

■ 如果成型后必须将制品堆垛起来，就需要为片材采取防粘措施。

■ 防粘措施会加大热封合的难度。

■ 也就是说，如果使用未采取防粘措施的片材进行热成型，成型后的制品就容易封合。

多层片材

多层片材是共挤出的产物。表 3.9 为 PET 与其他塑料组合示例。

表 3.9　PET 与其他塑料组合示例

含 APET 的层	材料组合示例
A/B/A	APET[①]/APET/APET[①] APET[①]/PET[②]/APET GPET[①]/APET/GPET[①] GPET[①]/APET/GPET[①]
A/HV/B	APET/HV/LDPE APET/HV/LLDPE APET/HV/PP
A/HV/D/HV/B	APET/HV/EVAL/HV/LLDPE APET/HV/PA/HV/LLDPE
A/HV/D/HV/A	APET/HV/EVAL/HV/APET APET/HV/PA/HV/APET
含 CPET 的层	材料组合示例
A/B	APET/CPET CPET/LLDPE
A/B/C	APET/CPET/APET/CPET
A/HV/D/HV/B	CPET/HV/PA/HV/APET CPET/HV/EVAL/HV/APET
A/HV/D/HV/A	CPET/HV/PA/HV/CPET CPET/HV/EVAL/HV/CPET

① 添加滑动剂和防粘剂。
② 含回收利用部分。

PET 冲裁 / 切割：

PET 最初是作为纤维材料研发出来的一种材料，因此具有高度抗裂性和抗切割性。

PET，尤其是 APET，是所有热塑性塑料中需要冲裁力最高的一个；几乎达到高抗冲聚苯乙烯的两倍。

机器装备：

APET 和 GPET 可以在标准型热成型机上加工。既不需要特殊的选配装备，也不需要预热装置。

由于成型温度低，冷却时间短，因此周期时间很短。

如果既要达到较高的塑型精度，又要进行强度拉伸，APET 就不能再"继续加热"——材料在高温下开始结晶，也就是说会变硬。

加工 GPET 时"千万不能出错"。

CPET 需要超级优良的加热装备。加工 CPET 时，加热片材时务必使整个成型面均匀达到成型温度。

使用高温模具和冷却模具这种模具方案，在热成型中只有 CPET 需要。

3.17.16　聚砜（PSU）

一般属性

强度大，刚性强，即便低温条件下也是如此。电气性能佳，200℃以下不发生任何改变。燃烧时冒烟极少。

化学稳定性

耐：稀释后的酸液和碱液、汽油、油类、脂类、醇类、热水和高温蒸汽；抗水解性能优异；抗高能辐射。

不耐：极性有机溶剂、酯、酮。

应用示例

对机械、热敏和电气要求高的零部件，以及对透明度有要求的部件，可用于电气行业、电子行业和照明行业等；可用于医疗器械和飞机零部件制造。

热成型条件

- 机器装备：标准型。
- 推荐连接温度调节设备，将成型温度控制在 140℃以下。
- 用于进行热成型的片料干燥度必须要高。
- 成型温度、模具理想温度、预拉伸柱塞材质参见表 3.2。
- 为了卸压，必要时可于后期在热风炉中将温度控制在 165℃。

使用溶剂型黏合剂或双组分黏合剂进行黏合。

3.17.17　EPE 和 EPP 发泡片材

原则上几乎所有热塑性塑料都有相对应的发泡材料。

人们在板材成型机上越来越多地使用各种 PE 或 PP 发泡片材。

PE 和 PP 发泡材料经常以容重为标准进行说明。比如容重 80，就说明 $1m^3$ 发泡材料重 80kg。

一般属性

EPE 和 EPP 主要在汽车制造业用作隔热材料，EPP 耐热性比 EPE 高。在应用中，网状发泡材料能够提供更高的耐热强度。网状结构主要通过辐射实现。

化学稳定性

参见 HDPE 和 PP。

应用示例

■ 使用板材成型机制造：

乘用车车门分离膜、乘用车底盘隔热部件、乘用车空气输送通道。

■ 使用全自动辊式成型机制造：

• EPS：鸡蛋包装、一次性汤碗（亚洲应用广泛）；

• EPP：乘用车车门分离膜、乘用车底盘隔热部件、乘用车空气输送通道。

使用板材成型机进行热成型的条件

■ 机器装备：标准型。

■ 由于加热时间很短，因此必须注意快速移动加热装置，避免加热装置移动过量。大部分制品需要在机器中进行粗冲裁。为此应在机器中安装一台强化版上模台。

■ 成型温度、模具理想温度、预拉伸柱塞材质参见表3.2。

使用全自动辊式成型机进行热成型的条件

■ 机器装备：大多需要加长版加热装置。

3.17.18　热成型中的生物塑料

生物塑料这个概念不受保护，未统一使用。

下面几种可以称为生物塑料。

① 制造塑料所用的原料基于可再生的原材料。

② 最终成品能生物降解，不论用什么样的原料。

③ 满足①和②两项。

④ 此外一些大企业自有一套定义，比如原料的一定份额基于生物材料。

"生物塑料"概念使用情况概览见表3.10。

表 3.10　生物塑料概览

塑料原料	石油		可再生的原材料		部分可再生的原材料
可降解性	否	是	否	是	否
生物塑料	否	是	是	是	是
示例	PE PP PS PET PVC	PVOH[①]	CA Bio-PE Bio-PP Bio-PA	TPS PLA PHA，PHB 木质素	Bio-PET

① PVOH 聚乙烯醇，在多层片材中用作二氧化碳阻隔层。

提示：

可降解性是指工业可降解性（经济合作与发展组织 OECD 标准）。

具有可降解性的材料，就不对可堆肥性和自堆肥性另作要求！

可堆肥性（可生物降解性）是指，塑料在 12 周时间内，能在符合 EN-13432 标准的工业堆肥装置中分解 90% 以上。这种工业堆肥装置不能与家庭用的自堆肥装置相提并论。（德国超市使用的"生物塑料袋"在自堆肥装置中分解不了。）

再生原材料是指基于植物和微生物的可再生原材料。

3.17.18.1　再生原材料制成的降解塑料

热塑性淀粉（TPS）

- TPS 是一种以淀粉聚合物为原材料基础的热塑性生物聚合物。
- TPS 家族中广为大众所知的，当属使用热塑性淀粉制成的包装填充物。
- TPS 占据生物塑料市场大约 80% 的市场份额（2014 年）。
- TPS 原材料：玉米、麦子、土豆、木薯根，最近还新增了各种植物类垃圾。
- 长期使用温度为 70 ～ 75℃。
- 纯 TPS 抗冲击性差。
- 热成型片材大多掺有塑化剂（此处是甘油和水），以此实现可接受的抗冲击性。

TPS 热成型特性：

- 抗冲击性差的片材需要持续进行大半径开卷。
- 穿入片材运输装置的齿链中之前，必须进行预热——使用辊预加热装置等。
- 如果使用水作为塑化剂，则成型温度（气压成型）必须保持在 100℃ 以下。温度过高会形成小气泡。
- 加工收缩率极小，必须针对待加工片材进行测算。

聚乳酸（polylactic acid，PLA）

- 制造 PLA 的原料是乳酸。
- 糖通过乳酸发酵降解从而产生乳酸。
- 乳酸也用于食品酸化和食品保存（比如用于制作酸奶和泡菜）。
- PLA 是迄今热成型使用数量最多的生物塑料。
- PLA 为大众所知的，是达能公司所用的乳制品包装。
- PLA 是一种人工合成的聚酯。PLA 的大部分力学性能与聚对苯二甲酸乙二醇酯（PET）类似。
- 与大部分生物塑料一样，PLA 也主要用作混合物，因为 PLA 最初非常脆。

（1）PLA 特性

- 密度为 $1.2 \sim 1.43 \text{g/cm}^3$。
- 透明度高。
- 加工收缩率低。
- 阻隔倾向大（片材表面需要添加防粘添加剂或聚硅氧烷层）。
- 与 PET 相比，PLA 的二氧化碳、氧气和湿气渗透率高得多。

■由于 PLA 迁移值低，因此常用作食品包装。（迁移：从塑化剂等低分子材料中迁移到片材表面并从这里进入包装物。）

■长期使用温度范围：-20 ～ 60℃左右（在 68℃以下进行混合）。

（2）PLA 热成型

■根据混合物和抗冲击性，需要持续进行大半径开卷。大多数 PLA 片材无需预加热就可加工。

■气压成型温度为 80 ～ 100℃。

■真空成型温度为 90 ～ 110℃。

■由于成型温度范围相对较小，因此必须注意要均匀加热。

■不需要特殊的机器装备。

■模具技术与聚苯乙烯加工相同。

■加工收缩率为 0.2% ～ 0.5%。

（3）PLA 特殊类型

■与无定形 PLA 不同，也有些 PLA 类型是可以结晶的，这些被称为"高温 PLA 类型"。根据具体规格（成核、混合、填充）和模具温度，这些 PLA 类型的长期使用温度范围为 90 ～ 120℃。

■使用最广泛的是均聚物 PLLA，它与少量 PDLA 一起成核。

■为了实现高耐热性，需要在 80 ～ 120℃的高温成型模具中进行结晶，与 CPET 类似。

聚羟基脂肪酸酯（PHA）（聚羟基脂肪酸，简称 PHF）

■PHA 是很多土壤生物（细菌）合成的一种聚酯，是一种天然的材料。

■工业上用糖或葡萄糖发酵，之后从细菌中提取出 PHA。3kg 糖可以得到大约 1kgPHA。

■PHA 是当今继 TPS、CA 和 PLA 之后的第四大生物塑料群。

■这个集群由 150 多种 PHA 组成。其中也包括 PHB（聚羟基丁酸酯），一种在葡萄糖和淀粉酵解时从菌细胞中分离出来的物质。

■PHA 为人们所熟知的，是作为医疗领域的可吸收材料（可吸收的血管植入物、外科缝线）。

■作为包装材料，PHA 非常适合用于包装食品。

■PHA 在整个生物塑料市场占 5% ～ 10% 的份额，因为它的特性，这个份额还在不断增加。

■专业人士认为，PHA（PHB）是所有生物塑料中市场增长率最高的材料。

（1）特性

■PHA 是半结晶物质。

■耐热性极高，可以达到 180℃左右。

■材料特性与 PP 类似。

■PHA 在高温下具有很强的阻隔倾向。

■ PHA 可以实现极佳的塑型精度。

（2）PHA 热成型

■ 成型温度范围极小。

■ 在高温状态下具有很强的黏合倾向，如不采取防粘措施，就无法通过接触加热方式进行加热。

■ PHA 倾向于形成不均匀的壁厚分布。

■ 为了实现高耐热性，必须"给结晶过程留出时间"。

■ 这就意味着，如果冷却过快，会导致生成的晶体量过少。制品会由于结晶度过低而保持柔软状态。因此制品必须在温度高于 60℃时脱模。

■ 制品壁薄说明成型模具温度不能过低。

■ 制品经过较长的时间（几天后）才能达到最终稳定性。

（3）机器装备注意事项

■ 与加热图像和成型过程再现性有关的"最高级别"机器装备：运输系统控温与检查装置、外部影响温度补偿系统、过程控制装置。

■ 使用涂覆有防附着涂层的辊子进行预加热。

■ 不像成品加热那样采用接触加热法。

■ 尽量保持整个轮廓，可以实现良好的堆垛效果。

（4）PHA 模具

■ 以 PP 模具为参照。

■ 必须针对待加工片材测算加工收缩率。

聚丁二酸丁二醇酯（PBS）

■ PBS 是一种可生物降解的脂肪族聚酯。

■ 根据类型的不同，材料特性与 LDPE 或 PP 类似。

■ PBS 是半结晶物质，密度与 PLA 类似。

■ 原料（琥珀酸和 1,4-丁二醇）来源可以是化石，也可以是葡萄糖。PBS 的生物降解性优于 PLA，因为它最终分解成二氧化碳和水。

■ PBS 与传统塑料一样以粒料状态存在，可以在同一台机器上继续加工成最终成品。

■ PBS 是一种新型生物塑料。当前（2015 年）最大产地在远东地区（日本、泰国）。

（1）应用

非常适合在热成型工艺中使用，也适合与其他生物材料组合制成多层片材。PBS 的应用领域有包装（薄膜、碗、箱子、化妆品包装等）、可堆肥式餐具和医疗用品等。此外 PBS 也可用作地膜，还可用在对降解性有要求的林业和渔业领域。使用后可将薄膜留在自然界，无需回收。

（2）特性

■ 卓越的抗冲击性（与之相反，PLA 具有脆性）。

■ 长期使用温度范围高，从 −40℃左右到 115℃左右。

■ PBS 不溶于水。

■食品领域适用。

■PBS 焊接和印刷效果极佳，既支持溶剂型涂料，也支持水溶性涂料。

■密度为 1.24 ～ 1.28g/cm³。

■玻璃化转变温度 −45 ～ −32℃。

■晶体熔点为 100 ～ 115℃。

■弹性模量为 300 ～ 950MPa。

■拉伸强度为 20 ～ 50MPa，拉伸成片材等之后，会显著增强。

■溶剂为氯仿（不溶于水）。

（3）PBS 热成型

PBS 既可作为单层片材，也可与 PLA 混合，还可作为多层片材，在真空成型机或气压成型机上进行热成型，效果良好。不需要任何特殊装置。

木质素（Lignin）

■木质素（在拉丁语中，lignum 是木头的意思）是一种存在于植物细胞壁内的坚固的生物聚合物，使细胞木质化。木质素不是一种单一物质，而是由不同酚醛高分子构成的一个族群。

■在木质化植物干物质中，木质素占 20% ～ 30% 的比例（植物中的木质素用于实现抗压强度，纤维素用于实现抗拉强度）。木质素和纤维素是自然界中最常见的有机物。

■作为纸浆工业的废料，大部分木质素最后会被烧掉。同时木质素也不受造纸业的欢迎，因为它会导致纸张变黄。

■小部分木质素作为接合剂用在饲料业和黏合剂业中。

■木质素难以进行生物降解和化学降解。

■直到二十世纪九十年代中期，木质素才被用于加工塑料——称为"液体木材"。

■大众熟知的应用：乐器、汽车内饰、方向盘部件、家具、测量仪器部件、计算机外壳、电视外壳、手机壳、日用品、棺椁。

（1）特性

■木质素从非常坚固到具有脆性，颜色从淡棕色到深棕色。

■根据类型和混合物的不同，弹性模量可在 1500 ～ 6700N/mm² 范围内调节（与 ABS 到 GPPS 类似）。

■根据具体规格，拉伸强度与 PP、ABS、PS、POM 等普通塑料相当。

■有些类型的材料填充有木纤维。

（2）热成型

■板材材料可以在板材成型机上正常成型。

■填充材料成型的一般规则：

填充料不超过 25% 可以正常拉伸。

填充度高的材料只能制造平整部件。

■片材（木质素混合物制成）的拉伸性能足够制作水杯，抗冲击性较强的材料类型可以吹塑成型。

Bio-PET

■ 由于生物塑料这个概念不受保护，有些制造商把可再生原材料只占塑料原材料很小比重的塑料也称为生物塑料。

■ PET 由对苯二甲酸（70%）和乙二醇（30%）制成——两者都是基于石油基。

■ 乙二醇也可使用蔗糖制造。采用这种组合方式时，PET 被称为"Bio-PET"。

■ 制造占比例较大的对苯二甲酸时，可以以可再生原材料为主进行生产，只是生产成本比较高，这也是为什么目前（2015 年）还是采用石化方式生产对苯二甲酸。

■ Bio-PET 与采用传统方式制造的 PET 在特性和热成型方面没有差别，因此能够与传统 PET 一起回收。

其他生物降解塑料

除了上述几种生物塑料，还有其他使用可再生原材料制成的降解塑料，比如水化纤维素（玻璃纸，Cellophan 品牌）——但据作者所知，其尚未在热成型工艺中使用。

3.17.18.2 不可降解的生物塑料

醋酸纤维素（CA）

■ 醋酸纤维素是最早发明的热塑性塑料之一。

■ 制造 CA 的原材料是植物纤维纸浆中的纤维素和醋酸。

■ 纤维素是自然界中最常见的天然聚合物，也是最常见的有机化合物。棉花大约有 95% 的成分是纤维素。纤维素是一种应用广泛的原材料，可用于造纸以及制造纺织物和塑料等。

■ 乐高积木就是用 CA 制成的产品。

■ CA 的长期使用温度是 80 ~ 85℃。

■ 抗冲击性比 HIPS 略高。

CA 热成型：

■ CA 的热成型特性与 ABS 类似。

■ ILLIG 的 g 代板材成型机可以调用 CA 成型设置。

■ 加工收缩率约为 0.7%。

Bio-PE 和 Bio-PP

■ Bio-PE、Bio-PP 和 Bio-PA 的化学和物理特性均与同名的非生物塑料 PE、PP 和 PA 相同。不同之处仅在于原材料不同。

■ Bio-PE 的原料是从甘蔗酵解过程中提取出的生物乙醇。使生物乙醇脱水可以得到乙烯，之后通过聚合反应得到聚乙烯。

■ Bio-PP 的原料与 Bio-PE 相同，只是转换过程更为复杂。

■ Bio-PE 和 BIO-PP 热成型：Bio-PE、Bio-PP 与使用石油制造的 PE、PP 没有任何差异。

也就是：

机器装备相同；模具相同；热成型参数相同。

3.17.19　多层片料、阻隔片料和复合片料

使用相同塑料制成的一层片料，片料名称会加"单层"两字，比如 PP 单层片材。

如果片料为多层结构，由不同的材料制成，片料名称则加"多层"二字。日常使用中不会提到所有层，而是只讲主层和重要的辅助层，比如含 EVOH 的 PP 多层片材，或者含 EVOH 的 PE 多层片材等。

多层片料具有下列优势：

- 重复利用回收材料；
- 改善外观；
- 改善手感；
- 改善抗紫外线性；
- 改善封合或焊接性能；
- 改善阻隔性；
- 改善迁移性；
- 改善力学性能，比如表面摩擦性、拉伸强度、弯折强度、断裂强度等。

多层片料的优势

① 重复利用回收材料　在多层片材中使用回收材料时，将其用作多层片料的某个内层，外层需要使用新材料。

② 改善外观　制作多层片料时可以在外部使用一层共挤出的光泽层。示例：制造冰箱内胆和冰箱门时，经常使用高抗冲聚苯乙烯 HIPS 与一层由普通聚苯乙烯 PS 制成的光泽层共挤出成型。PE 和 PP 制成的片材和板材与纤维网层合，可以达到改善外观和手感的目的。

③ 改善手感　乘用车内饰、仪表盘、车门饰板、中控台、车柱等经常使用多层片材层合制造，表面进行哑光处理，下层使用发泡材料，用以改善手感。

④ 改善抗紫外线性　板材行业经常使用 ABS-PMMA 材料组合制造具有优异抗紫外线性的技术部件。PMMA 层既具有抗紫外线性，又具有光泽度。

⑤ 改善封合或焊接性能　如果主层不能封合 / 焊接或者封合 / 焊接难度大，可以在外层添加一个密封层或焊接层来帮助实现目的。密封层示例：LDPE、LLDPE、EVA、EAA、EMAA。密封层与底层材料共挤出成型。

其阻隔特性与 LDPE 类似。

采用 GPET/APET/GPET 层结构的 PET 片材也可以改善多层片材的封合性。在这种结构中，GPET 具有封合性。

有时可以在双片材工艺中使用具有焊接层的片料，即使工艺参数不合适，比如片料温度低、焊接压力小等，仍可以实现稳定连接。在这种情况下，外部焊接层使用相同的主材料，但是采用不同的配制工艺（比如添加塑化剂）。

⑥ 改善片料阻隔性　材料与气密性相关的特性，称为阻隔性；与渗透性相关的特性，称为渗透率。

塑料具有不同的阻隔性，参见图 3.11。

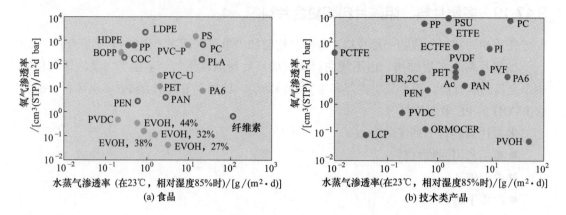

图 3.11　热塑性塑料的阻隔性（23℃下的渗透率）

（摘自：Langowski，H.-C.:PermeationofGasesandCondensableSubstancesTroughMonolayerandMultilayerStructures.
In:Piringer，O.G.;Baner，A.L.:PlasticsPackaging，InteractionswithFoodandPharmaceuticals. 第 2 版，Wiley-VCH，
Weinheim2008。摘自：FraunhoferIVV。）

通过层合多个层，将价位低廉但阻隔性"差"的塑料（比如氧气阻隔性差的 PP）与阻隔性极佳的塑料层（比如具有良好氧气阻隔性的 EVOH）组合在一起，作为多层片材的片料就能获得阻隔层的特性；含 EVOH 层的 PP 片材就能借助 EVOH 层获得良好的氧气阻隔性。

一般阻隔材料分为两种：

■ 无机阻隔材料；

■ 有机阻隔材料。

制造工艺决定了无机材料的阻隔性始终应用在片材表面：

■ 金属喷镀（金属化片材）；

■ 蒸镀 SiO_x 或 AlO_x。

阻隔性优异的有机材料（示例）：

■ EVOH；

■ PVDC。

渗透率不是恒定不变的数值。它始终受某些条件的制约。对渗透率影响最大的两个因素是温度和湿度。为了防止湿气破坏阻隔层，将阻隔层嵌入片料中间，同时使用湿气无法渗入的外层。

示例：PP/HV/EVOH/HV/PP。

PP 具有良好的湿气阻隔作用，EVOH 对湿气敏感且具有优异的氧气阻隔性。由于两者不能相互附着在一起，所以需要使用增附剂 HV。这样，具有 EVOH 阻隔层的 PP 多层片材就既能阻隔湿气，也能阻隔氧气。

需要阻隔性的片料示例如下。

■包装好的食品既不能发生氧化，也不能改变含水量，更不能流失挥发性有机物。根据使用的食品包装，要求其具备特定的阻隔性来实现一定的耐久性。

食品包装经常使用的多层片材：PP-HV-EVOH-HV-PP、PP-HV-EVOH-HV-PE（HV=增附剂）。

■氧气渗透会导致油脂氧化、维生素分解、腐败加剧、香气流失等后果。

■湿气渗入会加速细菌和霉菌增长，导致产品原有特性丧失。

■湿气流失会导致食品干燥，浓度和重量发生改变。

■包装洁厕宝、空气清新剂水晶珠等芳香载体时，香氛不能流失，只有这样才能在打开包装时保证产品的品质，同时避免因为香氛问题给销售处增加负担。

■机动车的塑料燃料箱必须具有密封性，防止燃料（汽油、汽油-甲醇混合物、柴油）污染环境。用于制造燃料箱的多层板材为 PE-HV-EVOH-HV-PE。

在热塑性塑料中，有些材料的阻隔性明显比 PS、PP、PE、PET 等普通塑料要强，比如 EVOH（乙烯-乙烯醇共聚物）、PVDC（聚偏氯乙烯）等。概览参见图3.11。

具有阻隔作用的塑料群分为以下几种。

■氧气阻隔：EVOH、PAN、PVDC、半结晶 PA。

■水蒸气阻隔：PP、PE、PVDC。

■中等氧气和水蒸气阻隔：PVC、PET、PA。

阻隔塑料还具备如下其他特性。

■气体穿透塑料的渗透率与层厚成反比。

■热成型时进行拉伸，可以改善阻隔性。如果层厚相同，则热成型过程中拉伸过的层大多具有更优良的阻隔性，与渗透进的气体类型无关。

■几乎所有阻隔塑料的渗透率都以温度的幂指数增加。

■具有吸水性的气体会破坏阻隔层的阻隔效果，必须保护阻隔层不受湿气侵害。

■高效阻隔材料价格不菲。

■但是只需要千分之几毫米到十分之一毫米（最多）厚，就能保证有效阻隔。

改善迁移性

所谓迁移，是指物质从包装过渡到包装的物品上。可以通过多种方式，将接触迁移或蒸发迁移（在微波中加热时）限定在一定范围内：

■使用合适的单层片材，使向包装物的迁移量保持在允许范围内。

■使用具有涂层的片材——比如具有 SiO_x 或 AlO_x 的阻隔层。

■使用合适的多层片材，要求片材与包装物之间的接触层能防止物质向包装物迁移。

■为完成热成型的包装蒸镀阻隔层，通过这种方式实现涂覆。

改善力学性能

大众最熟悉的，当属有防滑层的制品，比如乘用车后备厢内热成型制成的垫子。

通过插入或添加一个强度大的层，可将该层的特性传递到多层片料上。这类片料常被称为复合材料（英语：composites），因为其中结合了多种不同的材料。

以"Curv"材料为例，这种三层片料外层由 PP 制成，其中一个内层由 PP 织物制成。（大部分复合材料是由不同材料——单层片料或多层片料——结合而成。）

进行热成型时，只允许拉伸那些所有层都可以拉伸的片料。如果层全部由纤维构成，就适用以下原则：纤维越短，拉伸强度越小。热成型塑料的短纤维填充度符合填充热塑性塑料的一般规则：25% 及以下比重足以实现良好拉伸。

多层片料热成型

注意事项：

■ 单个层的材料。

■ 阻隔层和辅助层的位置——在多层片料内部还是外部？

■ 比较阻隔层或辅助层与主层的厚度。

■ 力学性能（可运输性）。

各层所用材料影响下列参数：

■ 多层片料的成型温度范围；

■ 片料成型时的可拉伸性；

■ 拉伸力和机器装备。

纤维增强型片料热成型

人们根据纤维长度，将热塑性塑料划分为以下几种。

■ 短纤维增强热塑性塑料，使用长度不超过 1mm 的纤维。只要纤维最大体积分数不超过 25%，片料就能实现极佳的成型效果。纤维比例大会影响拉伸性（已知的片料最大填充度是不超过 60%）。加热时的加热时间、冷却时间和垂料大部分比未填充的热塑性塑料短 / 低。

■ 长纤维增强热塑性塑料，使用长度介于 0 ～ 30mm 之间的纤维。

■ 成型时需要较大的成型力。大部分采用正向成型和反向成型工艺成型。

■ 连续纤维增强热塑性塑料，使用"连续"纤维。

■ 连续纤维增强热塑性塑料要求使用特殊的成型过程，必须将片料从中间向外开卷，铺在成型分段上，因为纤维不能拉伸。

■ 织物增强热塑性塑料（比如大家熟知的"Curv"材料）。根据不同织物类型分为：

• 使用针织物；

• 使用直角交叉织物增强。

片料可否拉伸，取决于织物能否拉伸，这时针织物占优势。必须使用较大的成型力，因为拉伸结束时，必须先将纤维张紧，才能进行冷却。[使用 Curv 材料（PP/PP 织物 /PP）制造手提箱外壳时，需要向机器施加大约 100t（1000kN）的闭合力。]

各层间不同的成型温度范围

示例：

■ PA 多层片材含 LLDPE 密封层。

依据具体类型而定，PA 需要相对较高的成型温度，从 170℃左右到 200℃以上。

密封层需要的成型温度一般极低，从 120℃左右到 140℃。

成型时必须将片材加热到 PA 的成型温度，但密封层在这个温度早已熔化，处于黏稠状态。

只要不需使用预拉伸器，就可以实现优良的成型效果。但是如果必须使用预拉伸器，则预拉伸器接触到黏稠的密封层，就不可能制出壁厚分布均匀的成型品，而且不可避免的，会在接触面形成明显的痕迹。

■ PP 多层片材，EVOH 作为阻隔层安排在片材中间。

PP 气压成型（SPPF）的成型温度范围是从 150℃左右到 158℃。

依据具体类型而定，EVOH 的成型温度是 PP 气压成型的成型温度上限至 PP 结晶熔融范围内的较高温度。

如果多层片材中一个 EVOH 层的成型温度范围比 PP 高，会导致 EVOH 层开裂，对阻隔性造成损害。

如果必须提高 PP 的成型温度，以此来达到 EVOH 层不开裂的目的，而片材中使用的 PP 类型又不具备足够的熔体强度，可能导致片材因不适合热成型而被否。

结论：各层的成型温度范围至少必须有个共同的温度范围，要能在这个温度范围内加工多层片材。这个温度范围，既可以查看材料数据页，也可以通过测试来确定。

层拉伸性的影响

如果多层片料中有一层是织物制成的，那么最大拉伸可能性就取决于织物——最大拉伸可能性可以在未加工的织物本身上测试。因此，在两个热塑性层中间嵌入针织物比嵌入直角交叉织物更容易拉伸。

如果对"Curv"材料（PP/PP 织物 /PP）进行成型加工，则 PP 织物决定材料的最大膨胀系数。如果过度加热片料，织物的 PP 纤维会发生熔融，导致织物丧失强度。

这种片料大多要求较高的成型力，因为多数情况下会尝试达到纤维的拉伸极限。

以三层复合片料为例：透明 PMMA/ 彩色针织物 / 透明 PMMA——这种片料可以加工成洗漱盆等，因为针织物相对适于拉伸。由于针织物可以织出不同的图案，而且只有纤维膨胀后才会承受较大的拉伸负荷，因此可以通过针织图案决定单位面积的拉伸性。

膨胀系数小的层可以施加较大的拉伸力，它会影响成型站的闭合力。

辅助层位置的影响

片材外侧决定它的摩擦性。如果辅助层位于片料外侧，例如 SiO_x 涂层、AlO_x 涂层或密封层等，就由该层决定片材在这一侧的摩擦性。如果使用预拉伸器进行阴模成型，而且片材的涂层侧位于预拉伸器侧，那么，选择预拉伸器材料时就必须注意这一点。

示例：如果以含密封层的高抗冲聚苯乙烯多层片材为原料，使用预拉伸器阴模成型制造碗，就必须根据密封层选择合适的预拉伸器材料，而不是根据主层的高抗冲聚苯乙烯选择材料。在这种情况下，预拉伸器应该使用摩擦系数极低的材料，比如具有特氟龙涂层的复合泡沫塑料。

辅助层厚度的影响

阻隔层不论安排在外部（SiO_x、AlO_x、密封层）还是内部（EVOH、PVDC），都会很薄。阻隔层厚度在多层片料总厚度中所占的比例，多数情况下远低于 10%。

针对具有阻隔层的多层片材，可以先忽略计算和调整加热时间及冷却时间。具有阻隔层或迁移层的多层片料，首先要像主材料一样考虑它们的选材，同时像片材总厚度一样考虑其厚度。

其他厚度比例难度较大，比如 ABS/PMMA 板材材料具有 75% 的 ABS 厚度和 25% 的 PMMA 厚度。在这种情况下，需要考虑厚度比例对加热和冷却的影响。

层对力学性能的影响

力学性能决定了生产期间机器生产线上制造过程的稳定性和再现性。

如果力学性能较差，会出现以下几种问题。

■ 如果外部薄辅助层未正确附着，在运输过程中脱落，就会导致出现过度脏污和黏结的情况，进而引发机器经常发生故障。

■ 如果不同层之间的成型温度范围差距较大，必须过度加热熔体强度低的底层，这时会由于垂料程度过高而导致机器经常发生故障。

■ 如果真空成型时使用真空在阴模部分拉伸高温片料，这可能导致各层相互脱离，不同层之间的附着作用差，进而引发机器发生故障。

■ 如果成型温度范围不合适，位于中间的辅助层被过度加热，剩余单体发生软化或材料"脱气"导致片材表面形成明显的小气泡，就会出现加热损坏。后果是导致废品率升高。

■ 如果密封层附着力过低，而且密封层厚度低于切割缝，会导致切割区域的部分密封层脱落，引发多层片材切割问题。这会形成须发状痕迹；不同于干净的切割面，这种情况下密封层会由于开裂而分离。

3.17.20 其他片料

除了之前提到的片料，还有很多鲜少用来成型的热塑性塑料

■ 具有导电性的塑料：使用最多的导电片料是 HIPS 复合材料。它通过填充石墨来达到导电的目的。注意：拉伸会降低导电性。市场上的其他导电片料由 PP、PE、PA、ABS、POM 等制成。

■ 热塑性弹性体在使用温度范围内具有与橡胶类似的特性，但可使用热成型工艺进行加工。

■ 塑料 + 纤维复合材料：近年来，市场上的塑料 - 纤维复合材料越来越多。用塑料包裹住纤维——人们称之为塑料矩阵。根据纤维长度，将纤维划分成三类：短纤维（纤维长度介于 0.1 ~ 1mm 之间）、长纤维（纤维长度介于 1 ~ 50mm 之间）和连续纤维。短纤维

增强塑料的特性与填充热塑性塑料类似（填充度不超过 25% 时成型效果好）。长纤维增强片料成型时需要提高模台力。连续纤维增强热塑性塑料使用特殊工艺成型，成型时不拉伸纤维。

■ 纤维网、织物和针织物复合材料可以成型。原则是：拉伸性能由纤维网、织物和针织物确定。这意味着，内置织物的片料，其成型度只取决于织物本身的拉伸性能。

其他注意事项：如果纤维取自热塑性塑料，比如 PP 或 PET 纤维，而且使用高于纤维熔融温度的温度加热片料，就能实现增强效果，因为纤维已经熔化。

3.17.21　品牌名

很多热成型片材和板材供应商使用品牌名命名材料。这就导致经常不清楚片料是使用哪种材料制成的。在塑料网站或通用专业文献中，可以根据品牌名搜索塑料。

4

热成型中的加热技术

加热热塑性片料时，使用最广的几种加热方式为：

■ 辐射加热；

■ 接触加热；

■ 传导加热。

这些加热装置全部使用电能驱动。也有些加热装置使用燃气作为能源。

采用辐射加热时，通过电磁波传递能量，主要是通过红外线传递（0.76 ~ 1000μm）。

采用接触加热方式时，通过加热板或辊子将能量传递到需要加热的片料上。

采用传导加热方式时，通过热空气将能量传递到片料上。

4.1 辐射加热

4.1.1 红外线辐射热传导原理

塑料吸收红外线辐射。吸收度取决于片料类型、片料厚度和辐射波长，如图 4.1 所示。

每款塑料片料（不同类型、颜色等）都具有自己独特的吸收曲线——类似指纹（图 4.2）。片料厚度越大，吸收度就越高。辐射加热器辐射出的射线击中片料后，部分射线会被反射出来，即一部分射线被片料吸收，另外一部分射线从片料穿过而不发挥任何作用。

没有任何物体（此处指辐射器）只放射出一种波长的射线，即便表面温度均匀也不可能。

如果薄塑料（比如厚度 0.04mm）在某种波长下吸收度较高，那么，采用相同材料制成的厚板材，在使用上述波长进行辐射时，射线在板材表面就会被吸收大部分。

所使用的不同类型的辐射器，差别在于不同波长下输出的辐射功率分配情况不同。

辐射器温度决定了某个辐射波长的最大功率密度分配。如果三种辐射器（参见图4.2）具有相同的连接功率，则曲线 a、b、c 下方的三个面积大小相同。

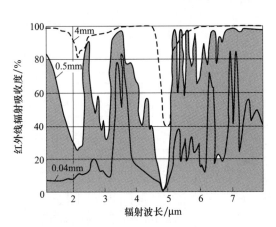

图 4.1　红外线辐射吸收度，受波长影响；针对型号为 475K、蓝色 849、片料厚度为 0.04mm、0.5mm 和 4mm 的聚苯乙烯板材

[信息来源：BASF]

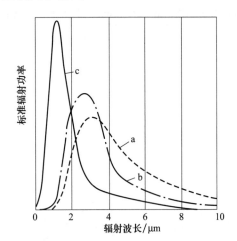

图 4.2　辐射器功率输出原理图（标准辐射功率）
a—陶瓷加热器，表面温度 700℃；b—石英辐射加热器，螺旋 900℃；c—光辐射加热器，螺旋 2000℃

　　如果辐射器的辐射功率在不同波长的分配不合理，就会影响有效系数。连接功率增高可以提高辐射器的加热功率——光辐射加热器就是这种情况。

　　因此，配备不同类型辐射器的加热装置，在相同连接功率下（取决于需要加热的片料）会产生不同的加热效果。

4.1.2　辐射传热

红外线辐射加热器的辐射功率

辐射加热器输出用于加热片料的辐射功率 P 的计算公式：

$$P = \varepsilon \times \sigma \times A \times T^4 \tag{4.1}$$

　　红外线辐射加热器输出的辐射功率等于辐射器表面发射率 ε（"理想"辐射器，也就是黑辐射器，数值 $\varepsilon=1$）乘以玻尔兹曼常数 σ，再乘以辐射面积 A 和辐射器辐射表面温度 T（K）。

　　根据式（4.1），可以得出下列结论：

■ 辐射加热器输出的热量与辐射器温度（K）的四次方成正比；

■ 输出的热量大小，取决于辐射面积的大小；

■ 辐射装置表面发射率应该尽量接近黑辐射器数值（$\varepsilon=1$）。

辐射器与待加热片料之间的距离的关系，参见图4.3。

已关闭辐射器对加热机器部件的影响

　　式（4.1）不涉及辐射器的功率，只涉及温度。这意味着，辐射器关闭后，只要还有温度，就还在辐射。加热装置中的一个辐射器关闭后，会因旁边的辐射器而被加热并根据其自身温度发出射线。加热区和已关闭辐射器之间的温差，参见图 4.4 中的加热区温度函数。图 4.4 中数值计算基于 ILLIG UA 100 Ed 热成型机器，上加热装置采用陶瓷加热器，辐射规格 123mm×62mm，排列在 125mm×105mm 的框格中。

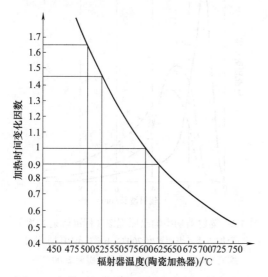

图 4.3　加热时间作为辐射器温度的函数发生改变；适用于陶瓷加热器，距离片料 200mm，测得的数值

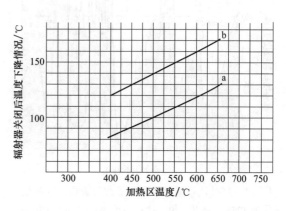

图 4.4　辐射器关闭后的降温情况，受加热区温度影响
a—加热区中间的辐射器"关闭"；
b—边角处的辐射器"关闭"

　　图 4.5 显示由于降低一个辐射器的功率而引起的片料温差。该数值计算基于 ILLIG U-A 100 Ed 板材成型机，配备 Elstein 公司的 FSR/2 陶瓷加热器。

已关闭辐射器的效用结论

　　辐射器关闭后，其输出到片料上的加热功率与温度成正比。

　　所有会升温的部件，以及直接辐射待加热片料时受到波及的部件，都会受到辐射，比如加热屏的部件、加热装置盖板、夹紧框（如果在夹紧框中加热片料）、运输装置、机架等。辐射功率符合式（4.1）。这对再现加热过程不利，因为启动机器时这些部件温度低，之后逐渐升温，最短 45min 后才能进入温度稳定状态（取决于部件体积大小）。详细信息参见 4.2.2 节中关于平衡的内容。

辐射器间距对片料吸收热量的影响

　　辐射器与片料之间的间距越大，加热时间就越长，参见图 4.6。

加热屏各辐射加热器之间间距的影响

　　传输的热量随着加热屏辐射面增大而增加——有效系数升高。如果加热屏中没有密集安装辐射器，就需要装备反射器，使用反射的射线补偿那些没有直接辐射到的面。反射器将辐射器辐射到侧面和后方的热量反射到前方，使其射中片料。由于反射器的几何形状不可能完美和理想，而且会逐渐脏污，因此这只是对全直接辐射面的折中方案。

　　图 4.7 所示为间隔安装陶瓷加热器的加热屏，图 4.8 是密集安装陶瓷加热器的加热屏，

边缘间隔为 5～6mm。由于辐射有重叠部分，因此这两种安装方式都能均匀加热位于高温表面中心的片料，前提是片料与辐射器层的间距不是过于小。

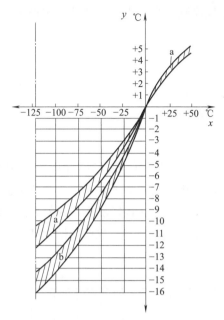

x 轴:受影响辐射器的温度差
y 轴:片料表面温差

图 4.5　片料中可能达到的温差——所用辐射器
温度发生变化计算对象:
　　——HIPS 板材，厚度 5mm;
　　　——片料温度 160℃;
　——辐射器规格 123mm×62mm;
　——加热区框格 125mm×105mm;
　——上加热装置温度 600℃;
　——下加热装置温度 450℃
a—上加热装置中间的一个辐射器温度发生变化;
b—上加热装置中间的一个辐射器和下加热装置中间的
　一个辐射器温度发生变化

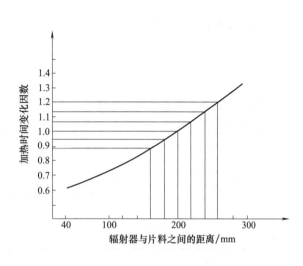

图 4.6　加热时间作为辐射器与片料间距的
函数发生改变

图 4.7　间隔安装陶瓷加热器的加热屏，平整的
反射器面

图 4.8　密集安装陶瓷加热器的加热屏

下列情况下会出问题。

① 片料与辐射器层之间的间距小于规定数值，比如加热时出现片料垂料。

② 在已夹紧片料的边缘区域内。如果片料边缘上方有辐射器空隙，就无法均匀加热边缘区域，即便下一个辐射器设置了较高的辐射强度也不行，使用垂直反射器将射线反射到边缘区域也不可行。边缘上方的空隙经由反射器反射到夹紧框表面，其效果相当于形成双重辐射器空隙。

辐射器辐射面发射系数的影响

陶瓷加热器具有一亮一黑两个涂层。2010 年以后投入使用的涂覆有黑色涂层的陶瓷加热器，可以达到较高的辐射功率，这对大多数热塑性塑料有利。

辐射器规格影响加热效果

辐射器不只是垂直于其表面进行辐射，而是全方位辐射。只要没有屏蔽辐射，待加热塑料表面的每个点都会被所有辐射器辐射到。关闭加热区内的某个辐射器会对整个被辐射面产生影响，受影响最大的是辐射器下方区域（图 4.9）。在这种情况下，片料表面的最大温差出现在已关闭辐射器中心下方，从此处向外逐步缩小。30°角以外区域不受影响。

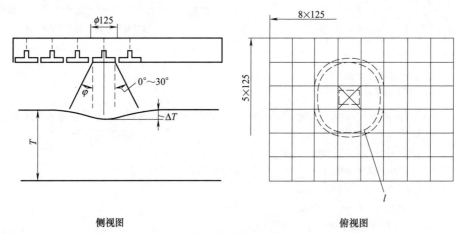

侧视图   俯视图

图 4.9　高温片料上由于辐射器关闭等原因而受到影响的面

l—实际受到影响的区域；φ—辐射角；T—片料温度；ΔT—片料表面温差

使用红外线辐射器加热塑料板材时，原则上可以有针对性地使片料的表面保持较低温度。但是效果非常有限，很多用户都会期望过高。通过有针对性地屏蔽辐射到片料部分表面的射线，或者用冷空气吹加热的片料表面，可以使片料表面达到不同的温度，这两种方法远比关闭某些辐射器有效。

使用多大的辐射器能够实现理想的加热效果，这一直是个问题。市场上常见的辐射器规格有 60mm×60mm、123mm×60mm、123mm×123mm、248mm×60mm 和 248mm×123mm。使用这些规格的辐射器，可以打造具有 62.5mm、125mm 和 250mm 辐射器框格的加热屏，辐射器面全面积占用。为了避免辐射器发生破裂，需要留出几毫米的缓冲区。辐射器和片料之间间距小的机器，使用小型辐射器（比如 62mm×62mm）有利——间距为 80 ～ 125mm 的全自动辊式成型机就是这种情况。如果辐射器与片料之间间距大（超过 200mm），在实际应用中就基本上体现不出优势——比如板材成型机。针对较大的成型面，比如规格超过 2000mm×1250mm 的机器，一定要选择大于 125mm×125mm

的辐射器。如果全自动辊式成型机多次在加热装置下方运输塑料，则运输方向的辐射器长度不重要。但是此时必须注意尽量根据进料情况均匀加热片材面。针对片材宽度不超过800mm 的全自动辊式成型机，实践证明横跨运输方向的 65mm 辐射器框格是最佳选择。

4.1.3　使用辐射加热装置均匀加热

不管是哪种规格或类型的机器，都以均匀加热片料表面为最高目标。对于全自动辊式成型机来说，将片材加热到均匀的成型温度是一项必须完成的任务。板材成型机则将均匀加热视为可能继续改变加热图的最终结果。图 4.10（a）显示加热区中间的辐射比边缘多。夹紧框或运输轮廓附近"缺少辐射"。图 4.10（b）显示理论上的片料均匀加热理想状况，使用无限大的加热装置和等于零的框架高度可以实现。

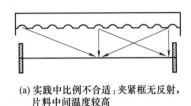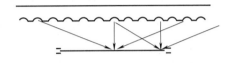

(a) 实践中比例不合适：夹紧框无反射，片料中间温度较高　　(b) 理论理想情况：使用无限大的加热装置和高度为0的夹紧框

图 4.10　片料均匀加热的实际和理论情况

均匀加热实现途径

■ 为红外线辐射装置安装反射器，使用夹紧框反射出的内部射线取代缺失的外部射线（图 4.11）。

■ 与边缘的辐射器或者夹紧框边缘区域上方的辐射器相比，降低加热区中间的辐射器温度。

板材成型机夹紧框和全自动辊式成型机片材运输装置的反射与调温

贴有高光泽自粘贴铝带的垂直夹紧框的反射作用，可以实现最佳反射效果。与夹紧框的间距不超过 20mm 时，片料表面的温度损失实际为 0（图 4.11）。由于夹紧框温度高，而且铝带比钢制夹紧框的膨胀系数大，这导致部分铝带会从夹紧框表面松脱。因此这种解决方案只能在生产中使用几小时。

根据表面粗糙度的不同，铝板可以实现从良好到极佳的不同反射效果。间距为 20mm 时，温度损失为 10 ～ 20℃（图 4.11）。板子温度越高，边缘区域的温度损失就越低，片料从中心到边缘的加热效果也就越均匀。如果使用铝板作为反射器，固定时必须注意铝加热时的膨胀系数比钢高。铝板制成的反射器必须能够自由膨胀。或者缩短反射器的长度，将其粘贴在夹紧框表面。

钢表面镀镍或镀锌，足以实现优良的反射效果。与夹紧框的间距 a 为 20mm（图 4.11）时，温度损失为 15 ～ 30℃。夹紧框或反射材料温度越高，温度损失就越低，片料从中心到边缘的加热效果也就越均匀。如果机器的上下夹紧框经过回火处理，且表面具有良好的反射性，片料边缘区域就可实现良好的加热效果，从而生产出变形度低的产品。在对比测试中，将成型片料靠近夹紧框放置，并要求边缘区域达到较高的塑型精度，这时可能出现边缘区域温度高导致片料初始壁厚最多缩小 10% 的情况。

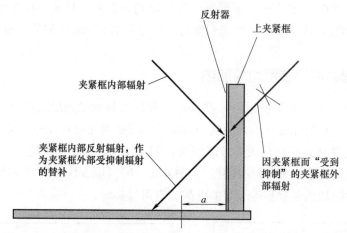

图 4.11 夹紧框或运输型材上红外线反射镜（红外线反射器）的功用

使用含 99% 铝成分的铝喷剂喷涂反射装置，可以获得相对优良的效果。使用铝喷剂喷涂过的反射装置，在板材成型机中主要用于下夹紧框。

在全自动辊式成型机所有需要加热的站点中，夹紧框或链条输送型材的反射作用都具有重要意义。夹紧框脏污或者温度低，会导致框架附近需要加热的塑料板材出现温度损失，最多时可损失 60℃。框架附近 25mm 左右处温度损失不超过 10℃ 属于正常现象，甚至是良好。加热站中的高温夹紧框会对其表面的不良反射进行补偿。

板材成型机夹紧框的反射情况如图 4.12 所示。应该尽量缩小加热屏与上夹紧框上边缘之间的间距。同时尽量使框架的整个高度都发生反射。下夹紧框尽量不用板子进行反射，以免发生变形或者从夹紧框松脱。如果发生在成型过程中驶入成型模具阶段中，这会导致损毁。全自动辊式成型机中的片材运输装置反射如图 4.13 所示。

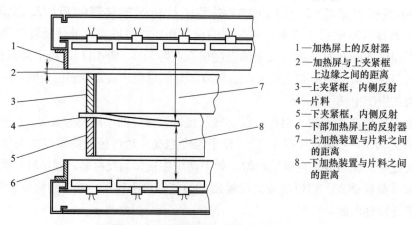

1—加热屏上的反射器
2—加热屏与上夹紧框
　　上边缘之间的距离
3—上夹紧框，内侧反射
4—片料
5—下夹紧框，内侧反射
6—下部加热屏上的反射器
7—上加热装置与片料之间
　　的距离
8—下加热装置与片料之间
　　的距离

图 4.12 板材成型机反射面（原理图）

使用长加热装置时的运输步骤影响

在成型站中，片料表面每个点的温度都必须相同。为此必须沿进料方向以相同的频率加热每个点。如果不是这种情况，可能屏蔽了辐射或者关闭了横列辐射器（图 4.14 和图 4.15）。

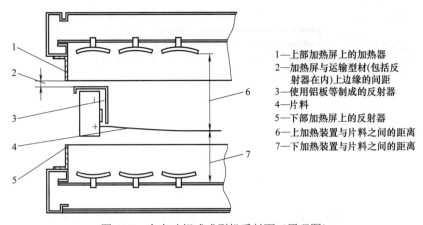

图 4.13　全自动辊式成型机反射面（原理图）

1—上部加热屏上的加热器
2—加热屏与运输型材(包括反射器在内)上边缘的间距
3—使用铝板等制成的反射器
4—片料
5—下部加热屏上的反射器
6—上加热装置与片料之间的距离
7—下加热装置与片料之间的距离

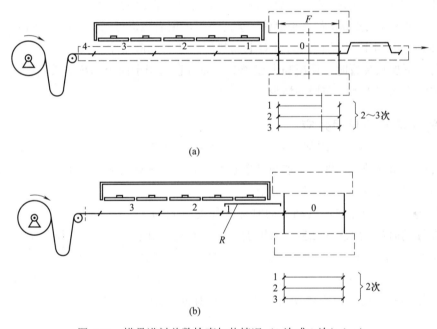

(a)

(b)

图 4.14　横贯进料总数检查加热情况（2 次或 3 次）（一）
条件：机器工作台比成型模具宽；运输时 0 步、1 步、2 步、3 步、4 步（倒数）；F：成型面（进料）

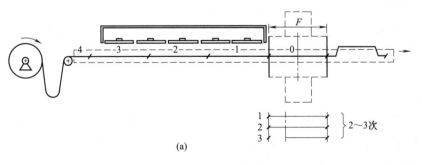

(a)

图 4.15

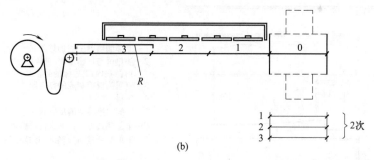

图 4.15　横贯进料总数检查加热情况（2 次或 3 次）（二）
条件：机器工作台比成型模具窄；运输时 0 步、1 步、2 步、3 步、4 步（倒数）；F：成型面（进料）

如果机器工作台比成型模具宽，成型站中的下料件会受到不同程度的加热［图 4.14（a）］。如果加热区域在成型站前被遮住，会对下料件的所有点进行二次加热［图 4.14（b）］。

如果机器工作台比成型模具窄，成型站中的下料件会受到不同程度的加热［图 4.15（a）］。如果加热区域在成型站前被遮住，会对下料的所有点进行二次加热，参见图 4.15(b)。

图 4.14 和图 4.15 中的图解只针对上加热屏。在实际应用中，大多会同时使用下加热屏。使用上下加热装置时，情况与上述类似，而且也适用于两个加热屏长度不同或者在进料方向彼此无法完美重叠布局的情形。

辐射加热时的超程效应

如果加热屏在每个模次都从初始位置进入加热位置，待到加热结束后再返回初始位置，这会引起超程效应，即由于加热装置超程导致片料加热时间长短不同。加热装置移动越快，超程效应就越不明显，反之亦然。

宽度为 1m 的加热屏，气动驱动时标准移动时间为 3 ～ 5s，伺服气动驱动或电磁驱动时标准移动时间为 1.5 ～ 2.5s。如果加热时间较短（比如 8s），必须调整辐射器加热图或者延长加热时间来对超程效应进行补偿。如果加热时间极短，调整辐射器就无法补偿超程效应了！为了均匀加热片料，有必要设定最短加热时间。如果加工薄片料或者发泡材料时，加热装置需要在每个模次驶入加热站和驶回初始位置，机器就必须快速移动加热装置。

板材成型机中冷却风扇对加热图的影响

成型站配有加热装置的板材成型机，也会在成型站装备冷却风扇用来冷却拉伸件。如果由于缺少屏蔽，导致气流冷却了辐射器或辐射面的一部分，会引发加热图发生扭曲。

即便是配备主控辐射器，具有辐射器调温功能的加热屏，也避免不了这种由于冷却风扇错误吹气而导致的加热图扭曲——只配备一个主控辐射器的加热屏尤其不能避免。下面举例解释：

■ 示例 1

加热屏只有一个主控辐射器。冷却空气冷却了装有主控辐射器的那部分加热屏的辐射器。主控辐射器检测到发生冷却，调温装置通过延长占空比来对冷却进行补偿。由于所有辐射器都由同一个主控辐射器进行调控，因此未受到冷却空气影响的辐射器会过热。后果就是辐射器加热图扭曲，片料受热不均匀。

■ 示例 2

空气冷却了未安装主控辐射器的那部分加热屏的辐射器。主控辐射器保持额定温度，不改变占空比。在这种情况下，装有主控辐射器的那部分加热屏保持原有温度，其他部分的辐射器则发生冷却。产生的后果就是，辐射器加热图扭曲，片料受热不均匀。

气流，烟囱效应

空气受热导致机器内发生烟囱效应，进而形成气流。机器安装位置以及敞开的门窗等都具有类似的作用。在实际应用中的影响就是可能导致板材出现小幅度温差，或者预成型的泡罩冷却不均匀。采取气流屏蔽措施的机器和可调式加热装置具有改善作用。但是后者仅在保持气流恒定的情况下才有用。

4.1.4 陶瓷加热器、石英辐射加热器和光辐射加热器对比

陶瓷加热器、石英辐射加热器和光辐射加热器对比见图4.16～图4.18。

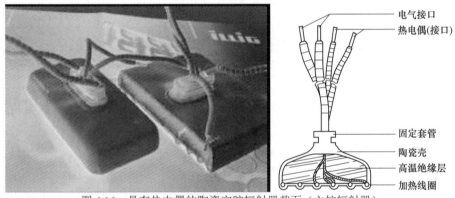

图 4.16 具有热电偶的陶瓷空腔辐射器截面（主控辐射器）

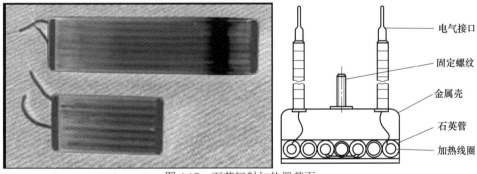

图 4.17 石英辐射加热器截面

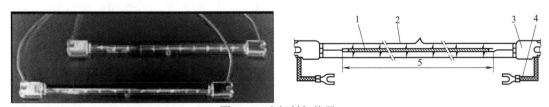

图 4.18 光辐射加热器

1—加热线圈；2—石英玻璃管；3—固定柄；4—电接口；5—加热线圈长度

陶瓷加热器、石英辐射加热器和光辐射加热器的主要差异（表 4.1）

表 4.1   不同类型辐射加热器之汇总与对比

特性	陶瓷加热器	石英辐射加热器	光辐射加热器[①]
能源	电能	电能	电能
能源转换	高温线圈	高温线圈	高温线圈
辐射源	陶瓷表面	线圈＋石英表面（小管子）	线圈＋石英玻璃表面
辐射器温度	$300 \sim 700℃$，最高$800℃$	线圈$< 1100℃$，石英$< 500℃$	线圈$< 2400℃$，石英$< 950℃$
重量比	先进的辐射加热器比石英辐射加热器轻[②]	重[②]	非常轻[②]
加热时间	$< 10min$	$< 10min$[③]	$< 1s$（$3min$）[④]
连接功率 /（kW/m²）	$16.6 \sim 25$（700℃，大约 $38.4kW/m^2$）	$16.6 \sim 50$	$50 \sim 75$
加热能耗	不超过连接值的75%[⑤]	不超过连接值的75%	不超过连接值的85%
待机能耗	约为连接值的25%[⑥]	约为连接值的25%[⑦]	0%
全面积加热	可行	可行	不可行，可通过特殊反射器实现
辐射器变温	反应迟钝	线圈反应灵敏，石英体反应迟钝	线圈反应非常灵敏，石英玻璃相对较快，因为比例小
辐射器调整方法	以℃为单位调整温度，按照百分比调整功率，调温与功率百分比叠加（适用于ILLIG）[⑧]	按照百分比调整功率[⑨]（不能以℃为单位调温）	按照百分比调整功率
加热效果短期再现性	具有调温功能的辐射器款型，良好[⑩]	较好，如果辐射器设为某个百分比值，而且机器未装备红外线设备[⑪][⑬]	好或很好[⑫][⑬]，如果片料初始温度保持恒定
长期再现性	很好；[⑭]老辐射器≈新辐射器	较好；[⑮]老辐射器明显与新辐射器不同	不佳，因为很大程度上受反射器影响[⑯]
使用寿命 /h	达10000	达5000	达5000
功能检测	成本高昂	简单，目检	简单，目检
机器的温度负荷能力	高[⑰]	高[⑰]	极低[⑱]
辐射范围（波长范围）/μm	宽，最大$3 \sim 5$	宽，最大$2 \sim 4$	窄，最大$1 \sim 2$
可应用性	通用	通用	部分受限[⑲]
塑料颜色的影响	在实际应用中加热时间一样	加热时间差不多一样	加热时间不同[⑳]
应用范围（机器）	通用	通用	仅限用于单工位板材成型机[㉑]
防尘罩	否	（否）	需要

续表

特性	陶瓷加热器	石英辐射加热器	光辐射加热器[①]
定期清洁	—	—	防尘罩

① 光辐射加热器，也称为卤素辐射器或闪光辐射加热器。

② 陶瓷：HTS/2（Elstein），122mm×62mm，重量130g；石英：TQS FSK，尺寸124mm×62mm，重量可达178g［陶瓷：HTS（Elstein），122mm×122mm，重量230g］。

③ 线圈本身快速变红，但是剩余部分、石英玻璃、侧面陶瓷边框（以及辐射表面）需要与陶瓷加热器类似的时长。

④ 石英辐射加热器占加热屏的比重，最大可比卤素辐射器占加热屏的比重大6倍；卤素辐射器立刻辐射（0.2s后），但是石英玻璃晚些才变热。

⑤ 选择辐射器功率时，要确保能够在加热过程中且电压降较小时调节辐射器的温度。

⑥ 如果加热装置待机时使用一个反射器，辐射器温度不降低，则能耗根据温度设置降到连接值的25%左右。

⑦ 与⑥类似；不同之处在于，一般没有温度请求。这里是调整功率。辐射器上的温度，根据设置的进给功率与不恒定向片料和周边环境施加的功率之间的差值确定。

⑧ 大多调节陶瓷加热器的温度。将功率和热损失（片料和周边环境的热损失）相同的辐射器汇聚成群，各群使用一个装有热电偶的辐射器调节温度。

⑨⑧ 所述情形在这里不普遍，虽然已经开发出装有热电偶的主控辐射器。

⑩ 如已保存一个加热图，有足够多的主控辐射器（每个加热屏至少三个）用于调节辐射器温度，而且辐射器已达到其额定温度，就不会产出次品。

⑪ 调节辐射器系统的功率时，会检查向辐射器输送了多少能源。在辐射器上设置的温度，也受到向周边环境输送能源多少的影响。如果不采取辅助措施（加热屏中安装温度水平传感器，使用红外线设备等）加速进入稳定状态，那么整套加热系统达到稳定的辐射状态，需要30～40min。调整大体积辐射器的功率不适宜。

⑫ 重量小的辐射器（加热长度为165mm的700W辐射器重25g）能够非常快速地进入辐射温度的稳定状态。只有辐射器末端和基座（末端和基座也辐射热量）需要较长的时间才能进入稳定状态。如未安装红外线传感器，首批热成型制品的加热效果可能出现公差。

⑬ 温度在很大程度上受空气供应情况的影响，对气流反应灵敏。

⑭ 在实际应用中，加热时间未达到200s之前，老辐射器、脏辐射器和新辐射器之间差别不大。

⑮ 如果必须更换老辐射器，应该要能够检测到新辐射器的加热功率较好。

⑯ 如果辐射器依赖于一个好的反射器，则后果如下：反射器逐渐脏污。如果希望避免脏污，可以使用玻璃陶瓷板保护辐射器。但是之后玻璃陶瓷板本身会成为辐射面，这意味着系统稳定时间会延长，因为物体本身体积变大了。如果选择了内置反射器的辐射器，当反射器不能100%反射时，能量输出和有效系数会变差。

⑰ 这种说法只适用于加热装置在每个模次驶入初始位置和不需要使用加热装置的机器。重型辐射器由于其自身体积大而反应迟钝，因此在初始位置必须保持工作温度。

⑱ 板材成型机在初始位置将加热装置关闭。但是短波射线会在加热位置大幅度加热机器涂覆有涂层的部位。

⑲ 有些塑料片料（主要是透明的薄片料）使用卤素辐射器加热时加热效果非常差。

⑳ 颜色对加热时间影响很大。白色塑料所需的加热时间明显比黑色塑料要长。

㉑ 机器承受的热负荷极小，是这种辐射器的固有优势。由于有效系数低，因此不适合在装备有上级加热站的机器（全自动辊式成型机或板材成型机）中使用这种辐射器。加热过程中的电耗比陶瓷加热器或石英辐射加热器高。单工位板材成型机的卤素辐射器通过在初始位置关断这种措施来补偿其加热过程中的高电耗。

表4.1 结论：不同类型辐射加热器之汇总与对比

■ 陶瓷加热器的平均有效系数是25%～40%。选配加热屏绝缘件并实现理想的"辐射器-塑料"配对，可以达到60%左右的有效系数。

■ 有些机器是为了加热某些材料或者某些具有类似吸收特性的材料族群而制造出来的，针对这些机器，必须通过测试来选择合适的辐射器。这样可以在相同的辐射功率下实现高效，从而将单位能耗降到最低。但是专门为某种塑料制造机器毕竟只是例外情况。

■ 如果需要尽量扩充热成型机器能够加热的塑料类型，就必须最大程度增大机器的波长范围，这样才能有效加热多种类型的塑料。长波陶瓷加热器符合这样的要求。缺点是这种辐射器具有热敏惰性，这在机器加热或者要求动态调温时不利于操作。

■ 光辐射加热器由于在长波辐射范围内辐射功率大幅度降低，因此需要较高的连接功率才能实现与陶瓷加热器或石英辐射加热器一样的加热时间（实现整体发射曲线的提高）。卤素辐射器的优点是热敏惰性极低。它可以在周期运行模式下接通和断开，借以补偿加热阶段的高能耗——只要断开阶段足够长。

　　■选择辐射器时，决定性因素不只是用于加工片料的热成型机器类型及其有效系数和价格，还要考虑机器制造商的经营理念。这个问题主要涉及辐射功率的调整和加热效果的再现性。

4.2　辐射加热装置的加热效果再现性

4.2.1　再现性评估

　　如果片料表面温度以及不同片料厚度上的温度分布，从第一个生产模次到最后一个生产模次一贯保持恒定，就说明加热过程实现了完美再现。

　　图4.19图解显示片料温度特征曲线再现时出现的问题。

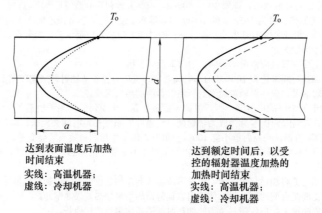

图4.19　不同片料厚度之间的温度特征曲线

a—不同片料厚度下与片料表面的温差；T_o—片料表面温度；*d*—片料厚度

　　在生产过程中使用红外线传感器测量片料表面温度（只有在测试中，表面随后必定会损毁的情况下，才需要使用具有永久显示功能的热条）。多数情况下使用红外线传感器测量某个点的温度。为此需要在板材成型机的加热装置中心位置安装温度传感器。全自动辊式成型机则安装在加热装置的末端，这样可以测量片料上达到的最高温度（用于进行面测量的传感器价格高得多，因此很少使用）。

　　如果加热装置使用多个主控辐射器调节温度，那么在片料表面的一个点测量温度足矣。

　　如果调整一个加热装置的辐射器功率而辐射器内未安装传感器，就无法监控辐射器的温度（非主控辐射器）。这意味着，虽然各个辐射器的功率设置保持相同，但是加热装置的加热图会不断发生改变，直至达到稳定状态。在这种情况下，应该测量片料表面温度。

测量片料不同厚度的温度时，不存在任何免损毁型解决方案，生产过程中无法测量。表面温度相同而不同厚度处的片料温度特征曲线不同，这会导致制品的壁厚分布和塑型精度不同。

示例 1

板材成型机配备功率可调式辐射加热器，使用红外线传感器进行单点测量，用于在片料表面达到温度后结束加热。

■ 生产过程开始，辐射器缓冲区、加热装置盖板、机架以及与片料发生直接辐射接触的部件尚处于低温状态。片料表面达到规定的温度后，结束加热。

■ 机器在生产过程中不断升温，直至所有部件的温度达到稳定状态。辐射器缓冲区、加热装置盖板、机架以及所有与片料发生直接辐射接触的部件的温度，会对片料温度产生影响。设备进入稳定状态的时长，根据结构型式的不同，介于 40 分钟至数小时之间。虽然加热设置保持不变，但是整个片料辐射场内的高温部件的辐射会提高辐射功率。

■ 机器升温以及由此引发的辐射总功率提升，可以缩短达到片料表面温度的时间。虽然达到片料表面温度后结束加热，但是机器温度高可以缩短加热时间。

■ 由于片料不同深度的温度主要通过外层热传导实现，因此中心位置达到的温度也取决于加热时间。

■ 表面温度保持相同时，加热时间越短，板材中心温度越低（贯穿不同深度）。

■ 片料表面温度相同时，加热时间长短不同导致片料不同深度的温度特征曲线也不同。随着机器温度逐渐升高，塑型精度会相应降低，因为板材中心温度较低。

■ 为了恢复塑型精度，机器操作人员可通过在红外线检测仪上提高额定温度来修正机器设置，这样做的缺点是片料表面温度会升高。在这种情况下，就无需操作人员来调整加热时间，而是在达到片料表面温度后结束加热。

■ 此种配置的适用原则：片料越厚，加热再现性就越差。

示例 2

板材成型机配备通过主控辐射器调温的加热装置且加热时间固定。

■ 虽然辐射器场保持恒温，但是片料会从逐渐升温的机器部件接收到侧向辐射——与示例 1 一样。

■ 在这种配置下，如果设置机器时指定加热时间，那么，温度不断升高的机器会导致片料内达到的高温越来越高——不论是表面还是板材中心。在这种情况下，机器不断升温不会影响塑型精度——甚至塑型精度会越来越高。但是为加热程度不同的片料进行预成型会遇到问题。预吹塑或预抽气时，逐渐升温的机器会导致泡罩的高度越来越高，这不可避免地会使制品形成另外一种壁厚分布。而且片料和成型模具之间的摩擦值会不断改变。

■ 在这种配置下，加热时无法实现完美再现。

示例 3

全自动辊式成型机配备可调温式和功率可调式辐射加热装置。

■ 很多客户会锁定所有更改机器设置的功能或者设置密码加以保护——访问辐射器温度数据除外。

■ 使用全自动辊式成型机时，机器温度也会不断升高。对于功率可调式加热装置来说，这意味着改变辐射器温度。

■ 如果不通过温度检测仪调整成型温度，那么在复杂部件成型时操作人员必须进行干预。为了让片材温度不过高，会降低辐射器温度。只有很少的情况下，由于冷却时间受限，可能会缩短成型站的循环时间，以此缩短片材在加热装置下的停留时间。

■ 不需要机器操作人员干预的完美再现不存在。

从这些例子可以看出，只有能够再现片料不同厚度的温度变化曲线时，才能实现加热效果的完美再现。对于厚度大的片料来说，这一点尤为重要，板材成型机也同样适用这个原则。这要求在片料起始温度相同的条件下，使片料接收到的总辐射量和加热时间保持恒定不变。片料接收到的总辐射量，是红外线加热装置发出的辐射量和所有机器部件直接辐射到片料上的辐射量总和，因此必须通过改变红外线加热器的辐射量对后者进行补偿。也就是说，机器温度越高，辐射加热器减少辐射的力度就必须越大。如果片料初始温度发生变化，则必须通过加热时间来进行补偿，而不能通过改变辐射功率来补偿。

4.2.2 平衡加热过程受到的不可改变的外界影响

为了平衡加热过程受到的不可改变的外界影响，机器必须具有如下功能。

■ 补偿机器电压供应波动。

■ 在保持加热时间不变的条件下，通过降低辐射功率来平衡机器升温。

■ 通过改变加热时间来平衡片料的初始温度；温度低的片料必须延长加热时间，温度高的片料则缩短加热时间。

为此机器必须装备传感器。借助传感器采集到的数据，系统可以持续调整加热过程的参数，避免受到机器升温和外界因素的影响，使片料表面温度和不同厚度处的温度特征曲线保持恒定。这类修正操作由系统全自动进行（ILLIG 机器选配）。

4.2.3 加热装置的功率调整和温度调整

现今的热成型机器主要采用两种方案在加热过程中影响辐射功率：

■ 调整功率；

■ 调整辐射器温度。

调整功率，简单说就是根据实际需要，通过降低辐射加热器的额定功率来削弱辐射性能。虽然有不同的实现方式，但是结果基本上与调暗照明元件类似。辐射器温度调整，则是通过调整辐射器的温度来调整功率。此时要求辐射器装备一个热电偶，市场上常见的陶瓷加热器就是这种配置。市场上出售的石英辐射加热器和光辐射加热器则一般不装备热电偶。因此下列对比以陶瓷加热器为基础进行。

温度调整原理

为此，使一个调温式辐射加热器一直以额定功率工作，直到热电偶发出达到额定温度的信号——与周边环境的温度无关，也不受可能形成的气流影响。这样，在片料初始温度相同的条件下，为了将塑料均匀加热到成型温度，必须只将加热时间作为固定值进行计算或设置，标准机器控制系统都具备这项功能。

功率调整原理

进行功率调整时，通过设置的功率（额定功率的百分比）、辐射器输出用于加热片料的热量以及输出到环境中的热量来确定可以实现的辐射器最终温度。环境影响因素发生变化——比如由于温度波动或者生产车间形成气流——可达到的辐射器温度不可避免地会改变，这直接影响达到片料成型温度的时间长短。因此功率可调式加热装置大多装备有红外线检测仪来记录片料温度，以便在达到片料表面温度时结束加热。配备功率可调式加热装置的机器，一般不具备计算加热时间的功能，因为要达到的片料成型温度不精确。

图 4.20 详细展示这两种方案的重点差异所在。可以看出，高温陶瓷加热器（HTS）将温度调整到额定温度比辐射器调整功率快得多。

功率可调式加热屏达到温度稳定状态前的时间主要取决于设置的加热功率（辐射器的功率调整值）和整个加热装置的重量，即辐射器和加热屏的所有其他辐射元件，加热屏盖板也包含在内。

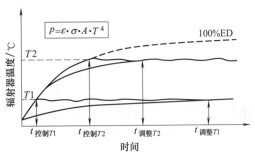

$$p = \varepsilon \cdot \sigma \cdot A \cdot T^4$$

图 4.20　加热屏在温度调整（下角标：控制）和功率调整（下角标：调整）时达到温度稳定状态前的时间 t。

4.3　接触加热装置

接触加热装置将热量从高温板材或气缸上通过接触传导到片料上，如图 4.21～图 4.23 所示。

图 4.21　使用接触加热板加热（停机时上接触加热板转开）照片来源：ILLIG 公司，机器型号 HSA

图 4.22　使用两个接触辊加热　照片来源：ILLIG 公司，机器型号 VHW

接触加热的优势如下。

■ 可以精确向片料传热。

■ 只要加热装置温度设置正确，片料就不会过热。

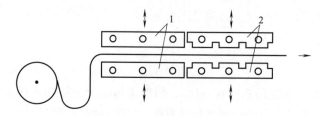

图 4.23 双侧加热装置

1—全面积接触加热板；2—按照样式加热的接触加热板

- 启动生产时不会产出次品。
- 可以按照样式进行加热，即只有在成型站中成型的面，可以受限进行锐边加热。
- 按照样式加热可以在生产密封包装时保证密封边实现最小厚度公差。

- 采取相应的屏蔽措施，就能实现极低的热量损失。
- 预印刷材料的加热时间不受印刷颜色的影响。

接触加热装置的缺点如下。

- 接触加热装置在相对高温下具有粘贴倾向。具有防附着涂层的接触加热装置可以防止出现粘贴倾向，但是在特殊临界条件下，塑料片材本身也必须涂覆防附着涂层。
- 并非所有片料防附着涂层都适于进行热成型。硬脂酸钙等材料会在加热面和成型模具上形成一层薄膜，甚至会堵塞排气孔。在这种情况下，必须定期清洁接触加热装置和成型模具甚至是样式部件，如上柱塞等。
- 为了传热，需要均匀接触片料的整个成型面。由于塑料加热时会膨胀，一旦发生翘曲，就会在加热后的片料表面留下痕迹。因此接触加热只能应用于一定规格的片料。

4.4 传导加热

热成型时应用传导加热的几种情况如下。

- 用于干燥那些具有吸湿特性的片料：干燥时间和干燥温度取决于具体塑料，数据可参考热成型机表格表 3.2。
- 作为全自动辊式成型机的预加热装置。
- 在极少的情况下，将传导加热用作成品加热，比如加工聚碳酸酯或有机玻璃时。这些片料大多在挤压机或特殊装置上成型。

片料表面和内核所达到温度的精度，在通过传导加热时取决于加热时长。只有长时间加热时，才能实现较高的温度均匀性。必须从两侧用热空气环绕冲刷片料。这是为了实现均匀的空气流速。

4.5 最短加热时间、有效加热时间和停留时间

针对特定片料类型和片料厚度的**最短加热时间**，是能将片料加热到理想成型温度所需的最短时间。

有效加热时间是将片料加热到所需成型温度实际使用的加热时间。有效加热时间不会比最短加热时间短。

停留时间是指加热片料期间，片料内温度高于其软化温度的时间。

4.5.1 加热时间对热成型特性的影响

最短加热时间与下列参数有关：
- 设定的机器加热功率；
- 加热辐射效率，即：
  - 辐射器类型；
  - 辐射器与待加热热塑性塑料制品的间距；
  - 有效系数；
  - 反射器等等。

提示

所设定单位加热功率（kW/m^2）的限制值，取决于机器部件的最高温度负荷能力和片料的最高温度负荷能力（燃烧风险）。

有效加热时间越长，可能的停留时间就越长。

不论采用红外线辐射方式加热，还是采用接触加热方式加热，都只是片料表面直接升温。红外线辐射在片料中的穿透深度大多微不足道。片料内核和中心主要通过外层的热传导升温。在两种加热方式下，内部温度都比片料表面低。

4.5.2 停留时间的正面影响

要想延长停留时间，最简单的办法是延长加热时间。

厚片料更能充分"热透"，即片料表面和内核温差较小。

10mm厚的板材，测得的温差最大可以达到60℃。

从实际角度看，薄片料（比如厚度为0.3～1mm的片材）表面与内核的温差无法测量。

虽然薄片材表面和内核之间的温差理论上可以忽略，但是实践证明有针对性地延长停留时间可以改善热成型效果。改善主要体现在拉伸件的拉伸性、尺寸精度、变形和温度负荷能力等方面。所谓延长停留时间可以改善热成型效果，主要是在停留时间内改变片料的形态。停留时间越长，形态结构方面的改变就越显著，热成型效果也就越优良，这总体来说是反映了热塑性塑料的黏弹特性。

4.5.3 停留时间的负面影响

有些片料，比如APET、CPET、PHA等，不论是薄片材还是厚板材，在成型温度相同的条件下延长停留时间，都会对热成型效果造成负面影响。原因是这些材料会在一定温度或时间开始结晶，结晶度增高会提高片料的抗拉强度和抗弯强度。后果就是导致塑型精度变差。在这种情况下，片材的改变大多无法通过加热过程中的简单观察就能发现——透明片材也不能。在某些极端情况下，会发现透明片材轻微变白。

但是在实际应用中，加热时很少发生解聚。聚合物链中的单体结合不稳定，在加热装置下长时间停留且材料温度高时，会导致聚合物链部分发生瓦解。如果单侧加热相对较厚的 GPET（比如 4mm），会导致其解聚。这时在透明材料中能够看到微小的点，材料由于错误加热而损坏。

针对这些情况，应该尽量快速加热片料，如无必要，不要延长片料在高温环境中的停留时间。

5

板材成型机加热装置

大多数情况下要求板材成型机加热装置均匀加热片料的所有面。有时也需要有针对性地对成型面进行不均匀加热，以便形成与待成型的拉伸件相匹配的加热图。有针对性地不均匀加热，其目的是影响壁厚分布。因为低温面比高温面的拉伸强度小。这种要求主要针对拉伸比高的情况。平整的拉伸件不需要对成型面进行不均匀加热。

代加工厂需要加热不同类型的热塑性塑料、不同颜色的材料，以及预印刷过的片料。

在所有加工过程中，再现加热图和加热效果都具有重要意义。

为了达到这些目标，机器制造商开发出了各种解决方案。

（1）等温线可调式加热装置

辐射加热器在加热过程中和睡眠状态下的温度以及温度变化曲线，借助主控辐射器以摄氏度为步距进行调整，并在每个模次中按照时间进行重复。加热时间最好保持恒定不变。加热过程中或结束加热后可以测量片料温度，但不是必须测量。

（2）功率可调式加热装置

功率调整意味着无需自行采集辐射器的温度，就能供应特定的功率。单个辐射器或者面积一定的辐射器场可以按照百分比调整功率。加热过程中或结束加热后至少在一个点上测量片料温度。不规定加热时间长短，片料表面达到额定温度后自动结束加热。

机器操作人员为单个辐射器或者辐射器场指定调整值（百分数），就可调整加热图。

（3）具有叠加功率调整功能的等温线可调式加热装置

这种款型的设备集上述两种解决方案于一身。

机器操作人员通过修正主控辐射器的温度，并在需要时修正未调入所需温度的辐射器（由主控辐射器调整）的供应功率，借此调整加热图。

5.1 等温线可调式加热装置基本情况

等温线可调式加热装置的前提条件是调整辐射器温度。温度可调式加热装置只能使用具有辐射器温度测量功能的辐射加热器。当前只能购置装有热电偶、可以采集温度数据的陶瓷加热器，即主控辐射器。

机器操作人员通过规定主控辐射器的温度来调整加热图。

5.1.1 专业术语

等温线由温度相同的点汇集而成。具有相同温度的辐射器构成等温线。图 5.1 显示一个加热屏中的等温线。由于一条等温线上的所有辐射器都具有相同的温度，因此可以使用等温线上的一个主控辐射器调控其温度。

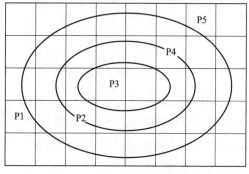

图 5.1　一个加热屏的等温线

按照图 5.1 所示的加热图，原则上能够均匀加热片料。

全样式均匀加热的标准加热图设置如下。

■ 加热屏外部辐射器（外部等温线的辐射器）温度使用 P1 或 P5 进行调节——或者前部用 P1，后部用 P5；左侧用 P1，右侧用 P5 亦可。一条等温线上用两个主控辐射器调节温度，可以平衡超程效应。

■ 加热屏中间的辐射器（内部等温线区域）温度使用主控辐射器 P3 进行调节。

■ 中间等温线的辐射器温度使用 P2 或 P4 进行调节——或者前部用 P2，后部用 P4；左侧用 P2，右侧用 P4 亦可。

相同的设置也适用于多穴模具，不受成型面划分的影响。如果加热不均匀，就会形成不对称的等温线，类似地图上的等高线。

调节区

调节区就是一个装有多个辐射器的辐射器场，辐射器场通过一个主控辐射器调节温度。在调温过程中，由于温度调整而不断发生改变的主控辐射器占空比（调节系数）会 100% 传递到调节区的所有剩余辐射器上。机器操作人员可以通断其他辐射器或辐射器区对一个调节区进行更改。在屏幕操作面板上，一个调节区显示为一种颜色。加热图显示侧的颜色数量对应主控辐射器的数量。

单区

单区是敷设的不含主控辐射器的最小规模辐射器面。在多位电路中，一个单区相当于一个辐射器。为了调控单区的温度，需将其分配给一个调节区或一个主控辐射器。

温度调整（调节辐射器温度）

所谓温度调整，是通过不断改变占空比来保持预设的额定温度或者遵守规定的额定温度曲线。接通加热装置时，辐射器以 100% 的占空比（满负荷）进行加热，直至达到额定温度。之后只有出于保持额定温度的目的，才会请求电功率。

按照百分比调整功率

所谓功率调整，是通过占空比（调节系数）来按照最大功率的百分比供应电功率，不考虑辐射器上的温度情况。这种加热控制方式可以在辐射器温度和辐射面热量达到稳定后再现。板材成型机的稳定时间不能短于 45min。

叠加式功率调整

如果调节区内不断改变的主控辐射器占空比传递到温度不可调式单区或单个辐射器上不是 100%，而是某个百分比值，这种行为称为"叠加式功率调整"。叠加式功率调整的调整值变动，由机器操作人员决定。如果机器操作人员使叠加百分比的所有数值都保持在 100%，则加热装置的加热图在等温线可调式加热图中保持不变，没有叠加的百分数。

多位电路

在多位电路中，可以为各辐射器任意分配一个主控辐射器。如果是大型机器，则将两个辐射器绑定在一起。辐射器可能的分配方式数量（位置）与主控分配器个数相同。

温度降低或功率降低

塑料在开始加热时的辐射能吸收度比结束加热时要高。因此开始加热时可以设置较高的辐射强度，之后逐渐降低。温度降低速度相对缓慢，双侧加热时只有厚度不低于 5mm 的片料才会降温。温度降低的一项优势是它也适用于重量较大的辐射器，因为温度不需要大幅度波动。

5.1.2 陶瓷加热器调温详细信息

辐射器调温（closed loop control setting，闭环控制设置）建立在使用主控辐射器的基础之上。所谓主控辐射器，是指装有热电偶，可以测量辐射器温度的辐射器。加热图中用字母"P"代指主控辐射器。控制系统使用调温卡采集主控辐射器温度数据并进行评估。系统据此通断辐射器的电流供应，直至达到规定的额定温度。预热温度可调式辐射器时使用满功率加热，直至主控辐射器达到规定的额定温度。根据辐射器功率、重量、环境温度和额定温度的不同，预热时间可能持续 5 ～ 10min。

电功率一般通过无触点式接触器供应，称为"Solid State Relais"（德语：固态继电器）。继电器的开关频率称作占空比或调节系数。在调温过程中，控制器通过不断改变功率供应系统的调节系数来保持温度。实现相同的额定温度时，反射器上方处于睡眠状态的辐射器需要相对较少的功率，依据具体温度水平，占空比介于 20% ～ 35% 之间。加热时占空比处于 60% ～ 90% 范围内。占空比是影响能耗的直接因素。根据使用的加热装置而定，占空比为连接值的 60% ～ 70%。

5.1.3 主控辐射器调控加热装置的优势

使用主控辐射器调控加热装置具有下列优势。

■ 结束相对较短的预热阶段后，加热图就能在加热时间固定的条件下提供良好再现的加热效果。恒定不变的加热时间，对于设有多个工作站的机器来说尤为重要。

■ 成型面较小时，如果成型面外部的辐射器不需要使用功率，可以调节这些辐射器场的温度——无需关闭不需要的辐射器。即便辐射器关闭后，也会被邻近的辐射器加热并开始辐射。为了避免关闭辐射器导致加热图发生变化，可以使用主控辐射器调控关闭区域的温度。这时，已分配给一个主控辐射器、现在不需要使用的辐射器只有在预热阶段才需要耗电。

■ 在已知的所有电动辐射器中，陶瓷加热器在整个波长上具有最宽的辐射能源分布范围。它可广泛应用于所有热塑性塑料、所有颜色的片料和所有预印刷材料。此外，陶瓷加热器的辐射特性决定了其加热过程中的片料损坏率低于所有其他电动辐射器。

■ 将老辐射器场中的一个陶瓷加热器更换成新的辐射器，不会对加热图造成任何实际影响。新老辐射器之间的差别，只有在加热超过大约 200s 之后，测量仪器才能在加热后的片料上检测到。

■ 无缝加热面（密集安装辐射器）可以保证实现较高的有效系数，并可在靠近夹紧框的边缘位置实现良好的加热效果。

5.2　加热图的操纵杆划分

操纵杆划分是将加热图按照纵轴和横轴进行划分（图 5.2），分割出四条等温线以及若干个调节区和单区。图 5.2 中用粗线框出了各个区。确定主控辐射器的个数时，注意要覆盖一条连续的对角线。选择主控辐射器的温度设置以及单区与控制区的分配关系时，应该尽量形成一个均匀加热的加热图。超程效应——即从操作人员的角度，从前向后不同的片料加热时间，也可能是从左向右不同的机器加热程度——由生产车间中的安放位置等决定，可通过操纵杆划分进行平衡。

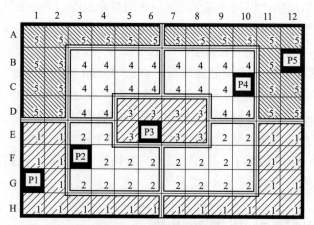

图 5.2　具有操纵杆划分的加热图原理图，含五个调节区
P1 ~ P5—主控辐射器；
1 ~ 5—分配给主控辐射器 P1 至 P5 的辐射器

更改加热图

■ 以℃为单位改变主控辐射器温度。

■ 改变单区与调节区的分配关系。

• 各个单区（无主控辐射器的区）可以分配给各调节区的主控辐射器，或者关闭。

• 改变单区与主控辐射器的分配关系类似于移动操纵杆。改变方式包括下面几种：

—前部更热，后部更冷；或者相反。

—右侧更热，左侧更冷；或者相反。

—任意一角更热或更冷。

■ 如果是厚度不低于 5mm 的材料，改变主控辐射器温度以℃为单位降低的情况。

■ 夹紧框以外的一列或两列辐射器应包含在加热图内，即主动加热。超出夹紧框两网格以外的辐射器可以切换到较低的温度（比夹紧框内温度最高的等温线低 150℃左右），但是切勿关闭。这样可以在开始预热机器后立刻设置温度比，像已经生产四小时一样。

5.3 多位电路

每个辐射器都会单独布线。大部分大型加热屏将两个辐射器绑定在一起。每个辐射器可以任意分配给一个主控辐射器，或者关闭。上加热装置中的多位电路比下加热装置中的多位电路高效，因为上加热装置中的热辐射份额远高于传导份额。不断从下加热装置上升的热空气会"抹除掉"单个辐射器的影响。确定主控辐射器的个数时，注意要覆盖一条连续的对角线。

图 5.3 所示为 6 位电路加热图的原理图。

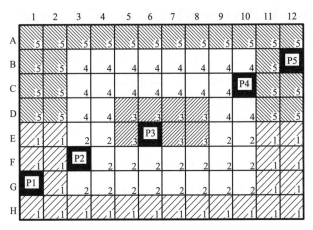

图 5.3 6 位电路加热图的原理图

（一个单区的 6 位——此处是一个辐射器的 6 位：1、2、3、4、5、关）

P1 ～ P5—主控辐射器；1 ～ 5—分配给主控辐射器 P1 至 P5 的辐射器

基本设置

选择温度设置时，注意尽量使片料表面均匀受热。多位电路基本设置与操纵杆划分基本设置完全相同。

更改加热图

■ 以℃为单位改变主控辐射器温度。

■ 变更单个辐射器的分配关系。

■ 改变主控辐射器的温度降低情况。

■ 叠加百分比调整：可以在基本加热图基础之上，以 $X=0 \sim 100\%$ 的调节系数针对单区（这里指单个辐射器）进行叠加。在这种情况下，向辐射器传递的不是主控辐射器的规定参数，而只是由主控辐射器调节卡计算得出的功率。

■ 如果夹紧框的净宽远小于加热屏，则禁止关闭夹紧框以外的辐射器。

■ 夹紧框外部的一到两列辐射器务必要充分加热。超出夹紧框两网格以外的辐射器可以切换到较低的温度（比夹紧框内温度最高的等温线低150℃左右），但是切勿关闭。这样可以在开始预热机器后立刻设置温度比，像已经生产四小时一样。

■ 如果需要尽量少地加热片料的某个部位，可按下列方式调低该部位上方辐射器的温度。

通过主控辐射器调温：

① 在板材上标出与加热屏中辐射器网格相同的网格。

② 放入板材并成型一个拉伸件。

③ 根据拉伸件上扭曲的网格，确定需要调低温度的辐射器的位置。

④ 尽量不要关闭已确定的辐射器，而是继续如下操作。

⑤ 寻找一个能够降温的主控辐射器（"冷主控辐射器"），要求就是在降低额定温度时它很可能不会对拉伸件的拉伸比产生负面影响。一般情况下，位于加热场中间的主控辐射器，其设置的温度只能比相邻温度区低 $150 \sim 200℃$。

⑥ 将③项下确定好的辐射器分配给⑤项下找到的主控辐射器。

⑦ 必要时将③项下确定的辐射器的邻近辐射器分配给低温主控辐射器。

⑧ 如需测算出⑤项下找到的主控辐射器能调节其所设定温度的温度下限，则先将额定温度设为50℃，之后等待，直至实际温度显示屏中的温度稳定下来。将稳定后得到的实际温度用作额定温度。这样可以最大程度保证机器的再现性。

叠加百分比调整（仅限 ILLIG 机器）：

① 在叠加百分比调整屏幕界面的基本设置中，所有单个辐射器（非主控辐射器）都处于 100% 状态。

② 在基本设置的基础之上，可将单个辐射器（主控辐射器除外）以调节系数 $X=0\% \sim 100\%$ 进行叠加。在这种情况下，向单区（这里是单个辐射器）辐射器传递的不是主控辐射器的规定参数，而只是由主控辐射器调节卡计算得出的功率。

5.4 通过叠加百分比调整进行辐射器温度调整

如果所有辐射器均处于100% 状态——即加热图采用基本设置，没有进行过任何更改——则片料表面可以均匀受热，实现均匀的温度分布，不受夹紧框规格影响。

叠加百分比调整的主要特征如下。

■ 借助主控辐射器保持温度调整。

■ 如果操作人员不干预叠加百分比调整，主控辐射器占空比会保持原样（100%），直接传递到分配的单区。在这种情况下，单区的调整值相当于相应主控辐射器调温器的调整值。注意：调温器的调整值不是常数。它在预热阶段是100%，在加热过程中为0%～90%，在反射器上处于睡眠状态时为20%～35%。

■ 如果操作人员干预叠加百分比调整，将规定的调整值（100%）替换成为0%～110%的其他数值，单区的功率供应就会发生相应的改变。

$$单区的调整值 = 调温器调整值 \times 输入值 \tag{5.1}$$

比如，如果针对单区输入了50%这个数值，而且在后台运行的调温器具有特定的调整值，那么，为了保持主控辐射器的温度，系统会只向相应的单区供应调温器规定功率的50%。温度以℃为单位进行变化，与按照百分比改变的调整值不一致。在基本设置中显示的是叠加百分比调整值为100%的加热图（单独的屏幕界面）。这时的加热图与不采用叠加百分比调整功能的加热图完全相同。

5.5 使用红外线检测装置测温或者控制加热装置

红外线传感器安装在加热屏中间位置。它负责在加热期间测量片料的温度。红外线测量装置显示的数值可能与温度绝对值有几摄氏度的偏差。红外线设备显示的数值主要受以下两大因素影响。

■ 塑料发射系数。该系数受塑料温度和颜色的影响，热塑性塑料的发射系数平均值约为0.95。

■ 红外线设备采集到的测量光斑与红外线设备检测装置之间的倾角。

红外线检测装置只能确定表面温度，对于材料内部温度无甚帮助。

温度可调式加热装置

温度可调式加热装置主要通过两种方式使用红外线检测装置。

① 测量片料温度：在机器屏幕操作面板上显示温度，不影响加热时间或辐射器温度。

② 控制加热时间：达到规定的片料表面加热温度后结束加热。

功率可调式加热装置

功率可调式加热装置使用红外线检测仪的用途：片料表面达到额定温度后结束加热（与温度可调式加热装置第②项相同）。对于功率可调式加热装置来说，红外线设备是必备之选。如不使用红外线设备，低温和高温机器的加热效果会有很大差别。

6

全自动辊式成型机中的加热装置

6.1 概述

一般情况下，全自动辊式成型机的加热站和成型站是分开安装的。设计全自动辊式成型机的加热功率和加热长度时，一般由成型站决定循环时间。加工薄片材（0.2～0.3mm）时，快速运行的全自动辊式成型机可以实现 1s 左右的循环时间。由于无法在一个周期（比如 1s）内完成片料加热，因此加热装置必须具有相应的长度。全自动辊式成型机加热装置的长度根据设计的不同，大约相当于三至五个最大进料长度。最大进料长度相当于成型面在进料方向的最大尺寸。

不同机器制造商为全自动辊式成型机加热装置配备不同的辐射器，即石英辐射加热器或陶瓷加热器。全自动辊式成型机加热装置的辐射器大多采用纵向排列结构。相关操作方法请参阅第 4 章；依据机器制造商而定，全自动辊式成型机加热装置的辐射功率既可通过主控辐射器的调温功能进行控制，也可使用功率调整功能，按照连接功率的百分比值来控制。

6.2 全自动辊式成型机的主控辐射器可调式加热装置

6.2.1 具备纵列调温功能的加热装置

加热图参见图 6.1。配置图 6.1 所示加热装置的 ILLIG RDM 70K 上加热装置参数参见表 6.1。

6.2.2 具备整场调温功能的加热装置

加热图参见图 6.2。配置图 6.2 所示加热装置的 ILLIG RDM 70K 下加热装置参数参见表 6.2。

表 6.1 ILLIG RDM 70K 上加热装置参数

项目	参数
加热装置长度	1750mm
辐射器类型	陶瓷，247mm×62mm
辐射器纵向列数	12（R1 至 R12）
辐射器横向行数	9（A 至 J）
单个辐射器功率	12×9 个辐射器，每个 400W
加热场总功率	43.2kW
通过主控辐射器调节温度	纵列调整，12 个主控辐射器 P1 至 P12，在横排 E 中
入口横排可关闭，或者入口横排可调节	可选
辐射器功能检测	是

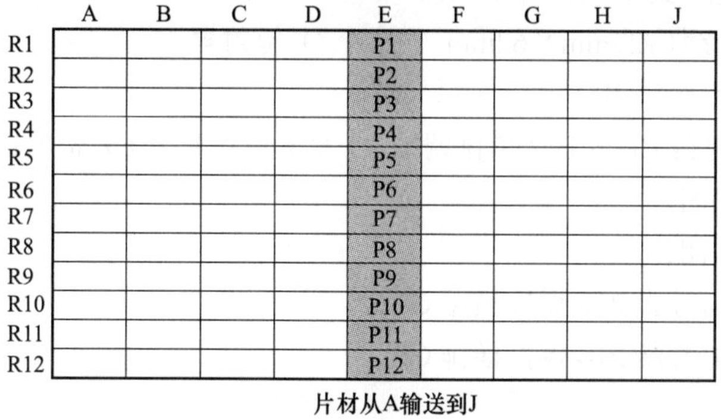

图 6.1 加热装置通过每列辐射器的一个主控辐射器对辐射器温度进行纵列调节

表 6.2 ILLIG RDM 70K 下加热装置参数

项目	参数
加热装置长度	1750mm
辐射器类型	陶瓷，247mm×62mm
辐射器纵向列数	12（R1 至 R12）
辐射器横向行数	9（A 至 J）
单个辐射器功率	12×9 个辐射器，每个 400W
加热场总功率	43.2kW
温度调整	通过 E6 的 1 个主控辐射器调节整场温度
调温选项	纵列调整，12 个主控辐射器 P1 至 P12，在横排 E 中
可在输送方向调整加热装置	是
入口横排可关闭，或者入口横排可调节	可选
辐射器功能检测	是
片材垂料监测	是

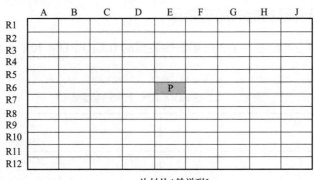

图 6.2　加热装置通过每个加热屏的一个主控辐射器对辐射器温度进行整场调节

6.2.3　具备横排调温功能的加热装置

具备横排调温功能的加热装置，可以在片料上实现更均匀的加热（图 6.3）。如图 6.3 所示，片材从 A 输送到 G，横排 B 至 F 带为 247mm×62mm（"整个"）辐射器，横排 A1、A2、G1、G2 带为 123mm×62mm（"半个"）辐射器。

加热图受以下因素影响：

- 通过主控辐射器 P1 至 P12 单排调控 R1 至 R12（A 至 F）辐射器排；
- 横排 A1 可关闭；
- 横排 A2 可关闭；
- 可通过主控辐射器 P13 调控横排 G1；
- 可通过主控辐射器 P14 调控横排 G2。

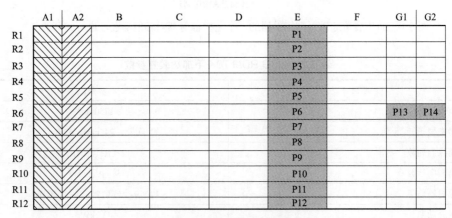

图 6.3　纵列和横排调温

7

使用红外线加热装置加热彩色
片料和预印刷片料

7.1 概述

与传导加热（热风炉）和接触加热（接触加热板或加热辊）模式下加热效果不受片料颜色影响不同，采用辐射加热（陶瓷加热器、石英辐射加热器、光辐射加热器）模式时，加热彩色和预印刷片料时加热效果存在差异。

片料的吸收特性受辐射波长的影响，呈现为吸收曲线。吸收曲线与指纹一样，是独一无二的。相关信息请参阅第 4 章 "热成型中的加热技术"。吸收曲线根据材料类型、材料厚度、材料颜色、填充料比重等而发生变化。

颜色在波长方面存在物理差异。人眼可以识别从蓝紫到暗红的色彩频谱，对应 $0.38 \sim 0.78 \mu m$ 波长范围。

如果必须加热具有彩色表面的片料，其表面全部着色或者经过印刷处理，那么，在使用所需的各种波长对片料的所有颜色进行辐射加热之后，要求完成加热的片料的各种颜色务必要达到相同的温度，只有这样才能实现良好的热成型效果。

7.2 选择红外线辐射器

关于如何选择最合适的辐射器加热彩色印制片料，可以参考辐射器功率输出原理图——参见第 4 章（图 4.2）。

陶瓷加热器加热效果解释说明

如第 4 章图 4.2 中曲线 a 所示，陶瓷加热器在彩色区域（$0.38 \sim 0.78 \mu m$）没有任何功率输出。但是该结论仅适用于工作温度低于 650℃的陶瓷加热器。高功率陶瓷加热器（超过

32kW/m²）可以使用更高的温度加热片料——700℃以上的高温。辐射器温度越高，辐射器功率向更短波长范围的延展幅度就越大。温度超过 700℃ 之后，陶瓷加热器也开始发光。由于辐射功率延展进入可视范围，陶瓷加热器也会在加热不同颜色时呈现出不同的加热效果。

这意味着，如果使用陶瓷加热器加热预印制片料，辐射器温度不能超过 650℃。

光辐射加热器加热效果解释说明

另外一个极端是光辐射加热器，参见第 4 章图 4.2 曲线 a。光辐射加热器在 0.38 ～ 0.78μm 的彩色区域功率输出会大幅度升高。这意味着，它会以不同的辐射功率加热不同的颜色。得到的结果就是不同颜色在相同的加热时间内达到不同的温度。因此光辐射加热器不能用于加热预印制片料和彩色片料。

关于辐射器类型对加热效果的影响，具体见图 7.1 和图 7.2。

图 7.1 为使用陶瓷加热器加热的 3mm 透明 PET 材质制成的预印制片料。从中可以看出，由于温度均匀，因此拉伸也均匀，不受颜色影响。

图 7.2 所示为相同片料使用光辐射加热器辐射加热后的效果。不同颜色的温度不同，导致拉伸不均匀，制品无法使用。

另外，图 7.3 和图 7.4 所示为光辐射加热器对黑色 ABS 板材制托盘的加热效果。

图 7.1　使用陶瓷加热器加热的片料，制品拉伸均匀

图 7.2　使用光辐射加热器加热的片料，由于温度受颜色影响而导致制品拉伸不均匀

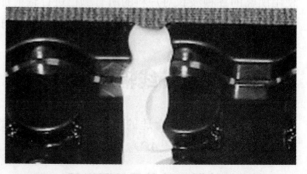

图 7.3　使用黑色 ABS 板材制成的托盘，带黄色条纹；机器装备有光辐射加热器

图 7.4　图 7.3 细节展示，黄色条纹未能塑型，因为温度过低

详细信息参见第 13 章"预印制片料热成型"。

8

板材成型机热成型工艺

热成型过程可以分为两步：预成型/预拉伸和塑型。由于很多时候单独使用真空成型或气压成型达到的壁厚分布效果不尽如人意，这时必须进行预成型。预成型的目的在于使片料尽量接近制品的轮廓。塑型时涉及塑型精度问题。对壁厚分布来说，多数情况下预成型比塑型更重要。

预成型始终是一个预拉伸的过程，可以采用多种方式进行：

■ 使用成型模具进行机械预拉伸；

■ 使用辅助柱塞进行机械预拉伸；

■ 通过预吹塑或预抽气进行气动预拉伸；

■ 组合使用机械预拉伸和气动预拉伸。

根据机器装备和成型模具结构的不同，使用下列介质进行塑型：

■ 真空（真空成型）；

■ 压缩空气（气压成型）；

■ 真空和压缩空气；

■ 双侧真空（适用于发泡材料等）；

■ 辅助压花、挤压、修边等，多数仅限于受限的部分表面。

滑块和柱塞等机械辅助工具大多可以在塑型过程中避免形成褶皱。某些情况下只通过机械预拉伸进行成型，不使用真空或压缩空气塑型。这样形成的表面称为自由成型面。

下面详细介绍各种成型工艺，主要涉及这几项内容：

■ 成型工艺简述；

■ 工艺的重要操作步骤；

■ 重要提示/注意事项；

■ 机器操作人员可能的干预措施以及对拉伸件产生何种影响；

■ 所需机器装备。

8.1 阳模成型

8.1.1 通过机械预拉伸进行阳模成型

成型过程（图 8.1）

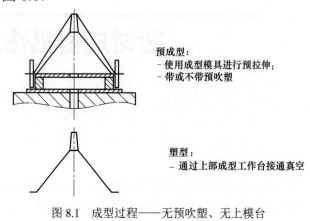

预成型：
- 使用成型模具进行预拉伸；
- 带或不带预吹塑

塑型：
- 通过上部成型工作台接通真空

图 8.1 成型过程——无预吹塑、无上模台

注意事项

■ 尖端区域的壁厚分布。

操作人员的干预措施及对拉伸件的影响（表 8.1）

表 8.1 阳模成型

操作人员的干预措施	对拉伸件的影响
吹塑高度 =0 ～极小 吹塑高度相当于成型高度的 2/3 吹塑高度相当于成型高度	尖端厚 正常 表面可能形成褶皱
低温成型模具 高温成型模具	尖端较厚 尖端较薄
模台低速运行 模台高速运行	尖端较厚 尖端较薄
冷模型，模台低速运行，无预吹塑 热模型，模台高速运行，有预吹塑	最厚尖端 最薄尖端

所需机器装备

所有基础装备型热成型机器都支持这种成型工艺。

8.1.2 带预吹塑的阳模成型

（1）成型比 $H:B < 2:3$

成型过程（图 8.2）

注意事项

■ 下角形成褶皱；

■ 上角形成冷却痕迹。

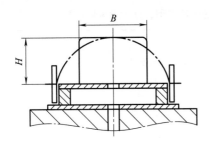

预成型：
– 以成型高度预吹塑

塑型：
– 通过上部成型工作台接通真空

图 8.2　成型过程——有预吹塑、无上模台

操作人员的干预措施及对拉伸件的影响（表 8.2）

表 8.2　带预吹塑的阳模成型

操作人员的干预措施	对拉伸件的影响
吹塑高度相当于制品高度	初始设置
减小吹塑高度	底部变厚
增大吹塑高度	底部变薄
吹塑高度过大	底部上侧形成褶皱
低温成型模具	冷却痕迹更明显
高温成型模具	冷却痕迹变小
模台低速运行	冷却痕迹更明显
模台高速运行	冷却痕迹变小
低速抽气（有预真空，横截面小）	形成褶皱的可能性降低
高速抽气（无预真空）	形成褶皱的可能性升高
提高底侧片料温度	与模型之间的静摩擦变大
降低底侧片料温度	片料更容易滑动（改善壁厚分布）

所需机器装备

所有基础装备型热成型机器都支持这种成型工艺。

（2）成型比 $H : B \approx 1 : 1$

成型过程（图 8.3）

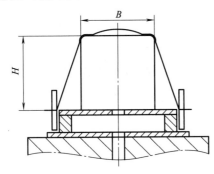

预成型：
– 以成型高度预吹塑；
– 同时使用成型模具拉伸
（"同步预吹塑"）；
– 可能同时使用上模台的角喷气嘴

塑型：
– 通过上部成型工作台接通真空

图 8.3　成型过程——有预吹塑、无上模台；也可能有预吹塑、有上模台

注意事项

■ 下角形成褶皱；

■ 上角形成冷却痕迹。

操作人员的干预措施及对拉伸件的影响（表 8.3）

表 8.3　带预吹塑的阳模成型，$H:B≈1:1$

操作人员的干预措施	对拉伸件的影响
吹塑高度＝制品高度 减小吹塑高度 增大吹塑高度	初始设置 底部变厚 底部变薄
低温成型模具 高温成型模具	冷却痕迹更明显 冷却痕迹变小
模台低速运行 模台高速运行	冷却痕迹更明显 冷却痕迹变小
低速抽气（有预真空，横截面小） 高速抽气（无预真空）	形成褶皱的可能性降低 形成褶皱的可能性升高
提高底侧片料温度 降低底侧片料温度	与模型之间的静摩擦变大 片料更容易滑动（改善壁厚分布）

所需机器装备

所有基础装备型热成型机器都支持这种成型工艺。推荐选配下列装备：

■ 装有多位电路，可以影响加热图的上加热装置，它可以改善壁厚分布（只作用于面积较大的制品——大约 500mm×500mm 以上）。

■ 上模台角喷气嘴接口，用于同时冷却拉伸件上角区域的泡罩。

（3）成型比 $H:B>1:1$（$1.5:1～2:1$）

成型过程（图 8.4）

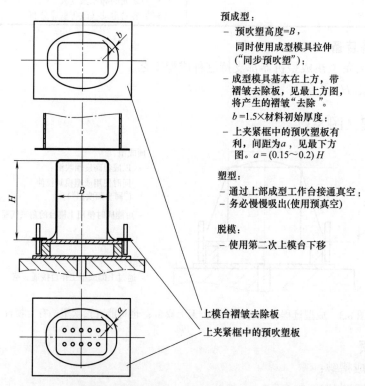

预成型：
- 预吹塑高度＝B，
  同时使用成型模具拉伸
  （"同步预吹塑"）；
- 成型模具基本在上方，带褶皱去除板，见最上方图，将产生的褶皱"去除"。
  $b=1.5×$材料初始厚度；
- 上夹紧框中的预吹塑板有利，间距为a，见最下方图。$a=(0.15～0.2)H$

塑型：
- 通过上部成型工作台接通真空；
- 务必慢慢吸出(使用预真空)

脱模：
- 使用第二次上模台下移

上模台褶皱去除板
上夹紧框中的预吹塑板

图 8.4　成型过程——有预吹塑、有上模台

注意事项

- 下角形成褶皱；

- 上角形成冷却痕迹；

- 上边缘下部形成裂隙（大幅变薄）。

操作人员的干预措施及对拉伸件的影响（表 8.4）

表 8.4 带预吹塑的阳模成型，$H{:}B > 1{:}1$（$1.5 : 1 \sim 2 : 1$）

操作人员的干预措施	对拉伸件的影响
参见成型过程 $H : D \approx 1 : 1$	
■ 使模型上表面粗糙 ■ 尽量少预热材料 ■ 模型温度极高	■ $H \approx 2B$ 时底部变厚 ■ 改善壁厚分布 ■ 塑型精度（有意）降低 ■ 减少冷却痕迹
如果需切下水平下边缘，适当提高模型的安放位置并切下褶皱	

所需机器装备

与 $H : D \approx 1 : 1$ 相同。

8.1.3 带对板预吹塑的阳模成型

成型过程（图 8.5）

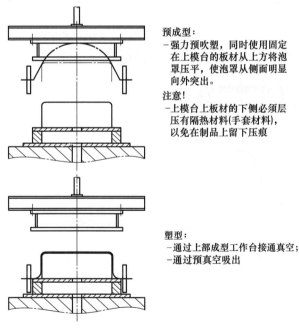

预成型：
- 强力预吹塑，同时使用固定在上模台的板材从上方将泡罩压平，使泡罩从侧面明显向外突出。

注意！
- 上模台上板材的下侧必须层压有隔热材料(手套材料)，以免在制品上留下压痕

塑型：
- 通过上部成型工作台接通真空；
- 通过预真空吸出

图 8.5 成型过程——有预吹塑，有上模台

注意事项

- 上角有明显冷却痕迹时使用！

平压促使泡罩"趋向于矩形"，利于上角滑动。

- 尽量缩短高温塑料与上模台板材的接触时间（用于减少制品上的接触痕迹）。

操作人员的干预措施及对拉伸件的影响（表 8.5）

表 8.5　带对板预吹塑的阳模成型

操作人员的干预措施	对拉伸件的影响
扩大预吹塑横截面，形成更陡的吹塑侧壁	■ 减少上角冷却痕迹 ■ 下角形成褶皱的概率增加
缩小预吹塑横截面	对板吹塑成效降低

所需机器装备

与 $H : D \approx 1 : 1$ 相同，小型角喷气嘴。

8.1.4　带预抽气的阳模成型和泡罩在成型模具上滚动

成型过程（图 8.6）

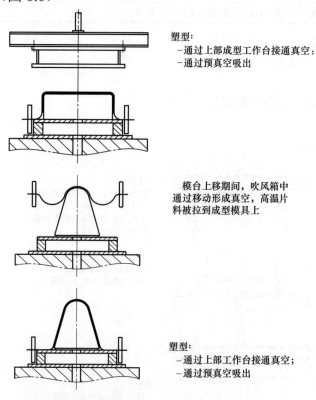

塑型：
－通过上部成型工作台接通真空；
－通过预真空吸出

模台上移期间，吹风箱中通过移动形成真空，高温片料被拉到成型模具上

塑型：
－通过上部工作台接通真空；
－通过预真空吸出

图 8.6　成型过程——有预抽气、无上模台

注意事项

■ 用于避免上部区域形成冷却痕迹，也用于侧壁斜度较小的部件。

操作人员的干预措施及对拉伸件的影响（表 8.6）

表 8.6　带预抽气的阳模成型和泡罩在成型模具上滚动

操作人员的干预措施	对拉伸件的影响
加大泡罩深度	制品上部区域变薄
缩小泡罩深度	制品上部区域变厚
下部夹紧框使用圆形轮廓饰板	避免圆柱形部件形成褶皱

所需机器装备

鉴于所需的预抽气泡罩，机器必须具备相应的较大拉伸深度。

8.1.5　带压力箱内预抽气的阳模成型

成型过程（图 8.7）

注意事项

■仅在下列情况下使用：加
热后的片料韧性极强，而且机
器的最大预吹塑压力（0.025 ～
0.003bar=250 ～ 300mm 水 柱 ）
不足以形成泡罩（比如浇铸成型
的 PMMA 阳模成型，该材料必
须进行超高强度的预吹塑）。

■优点是可以降低侧壁斜
度较小的阳模件形成冷却痕迹的
概率。

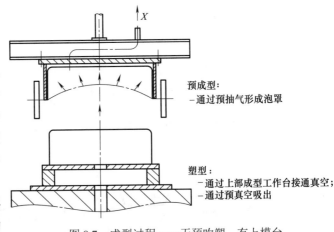

预成型：
- 通过预抽气形成泡罩

塑型：
- 通过上部成型工作台接通真空；
- 通过预真空吸出

图 8.7　成型过程——无预吹塑、有上模台

■设计预抽气压力箱时需要注意。全真空条件下，压力箱壁的负荷能力是 1kg/cm^2=
0.1N/mm^2=100kN/m^2。

■使用预拉伸柱塞的成本极高。

■如需快速形成泡罩，需要使用单独的大型真空炉。

操作人员的干预措施及对拉伸件的影响（表 8.7）

表 8.7　带压力箱内预抽气的阳模成型

操作人员的干预措施	对拉伸件的影响
减小吹塑高度	底部变厚
增大吹塑高度	底部变薄
其他信息参见"带预吹塑的阳模成型"	

所需机器装备

机器必须在上模台上有一个真空接口。

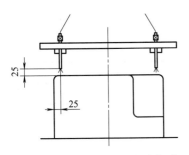

图 8.8　阳模成型时使用角喷气嘴

8.1.6　阳模成型时使用角喷气嘴

成型过程

如图 8.8 所示，角喷气嘴的接口是上模台上的一个附
加装置。角喷气嘴的用途是在预吹塑 (之后阳模拉伸件的
上部角) 过程中有针对性地局部冷却泡罩。因为冷却区域
在继续拉伸时会比其他温度较高区域的拉伸幅度小，因此
冷却位置的厚度比较大。

8.2　阴模成型

8.2.1　无预拉伸柱塞阴模成型

成型过程（图 8.9）

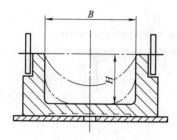

预成型：
- 无预成型

塑型：
- 通过上部成型工作台接通成型真空

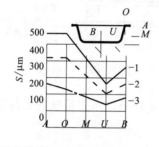

典型的壁厚分布：
曲线1针对500μm的HDPE；
曲线2针对350μm的PP；
曲线3针对220μm的PC。
无论何种材料类型何种材料厚度，都会得到类似的分布结构。边缘上的最厚部位=初始厚度，最薄部位在下部角中

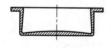

壁厚分布原理图

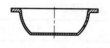

侧壁斜度较大，加上下部角区域中半径大，就能得到较为合适的壁厚分布

图 8.9　成型过程——无预吹塑、无上模台

注意事项

- 可接受的壁厚分布（无预成型 / 预拉伸）仅限 $H : B < 1 : 4$；
- 成型模具温度极低时，侧壁最上方区域会形成冷却痕迹。

操作人员的干预措施及对拉伸件的影响（表 8.8）

表 8.8　无预拉伸柱塞阴模成型

操作人员的干预措施	对拉伸件的影响
延长加热时间（提高材料温度）	改善下部半径的塑型精度

所需机器装备

所有基础装备型热成型机器都支持这种成型工艺。

8.2.2 有预拉伸柱塞阴模成型

成型过程（图 8.10）

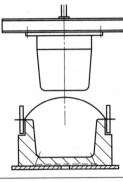

预成型:
-预吹塑，参见左图
（无预吹塑=泡罩高度0）
（带预抽气=通过上模台接通真空）

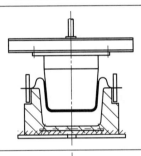

切入预拉伸柱塞。视预吹塑体积和、排气截面总和而定，高温片料下方会形成一个反作用力，从而导致出现隆起，参见左图。隆起的尺寸会影响制品上部区域的壁厚分布情况

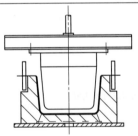

塑型:
-方式1:通过上部成型工作台接通真空;
-方式2:通过下部上模台接通真空

图 8.10　成型过程——有预吹塑、有上模台

注意事项

■ 预拉伸柱塞材料的选择参见表 3.2;

■ 预拉伸柱塞几何形状（参见热成型模具章节）;

■ 下模台和上模台移动过程顺序。

操作人员的干预措施及对拉伸件的影响（表 8.9）

表 8.9　有预拉伸柱塞阴模成型

操作人员的干预措施	对拉伸件的影响
无片料启动，使两个模台同时进入终端位置	无片料预设
减小吹塑高度 增大吹塑高度	底部变厚 底部变薄
无预吹塑	底部相当于初始厚度
成型模具提前进入终端位置，预拉伸柱塞延迟进入终端位置	底部变薄

续表

操作人员的干预措施	对拉伸件的影响
预拉伸柱塞提前进入终端位置，成型模具延迟进入终端位置	底部变厚
（两个）模台低速运行 （两个）模台高速运行	背压减小，壁厚分布更适宜 背压增大，片料和预拉伸柱塞之间的摩擦力变大，底部变厚，侧壁上部变薄
上部片料温度升高 上部片料温度降低	与模型之间的静摩擦变大，底部变厚 片料更容易滑动（改善壁厚分布）
增大预拉伸柱塞的半径	减小摩擦，底部变薄
增加预拉伸柱塞终端位置的间距 a	底部变薄，柱塞"过早"到达的侧壁区域形成冷却痕迹

所需机器装备

机器必须装备上模台（上柱塞）。

8.3 阳模－阴模成型

（1）示例 1

成型过程（图 8.11）

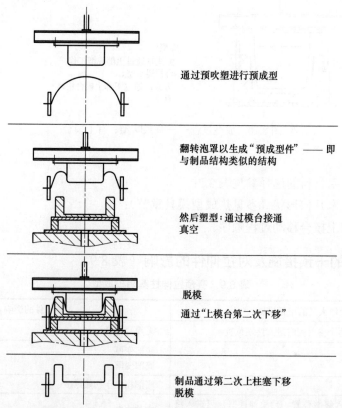

通过预吹塑进行预成型

翻转泡罩以生成"预成型件"——即与制品结构类似的结构

然后塑型：通过模台接通真空

脱模
通过"上模台第二次下移"

制品通过第二次上柱塞下移脱模

图 8.11 成型过程示例 1——有预吹塑，配备上模台作为脱模辅助装置

注意事项

有预拉伸柱塞阴模成型的相关数据。

（2）示例 2

成型过程（图 8.12）

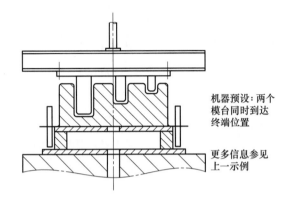

机器预设：两个
模台同时到达
终端位置

更多信息参见
上一示例

图 8.12 成型过程示例 2——不同的拉伸深度

注意事项

■ 有预拉伸柱塞阴模成型的相关数据；

■ 如果壁厚分布效果差，则降低模台运行速度。

8.4 双腔工艺（3K 工艺）

设计托盘时，往往必须使其内部能够容纳物品，同时外部结构必须利于搬运。为了达到目的，内外两侧都需要接触模具（即有两个"腔室"）。图 8.13 所示为使用双腔工艺制造的产品。产品的密封唇口通过挤压上下模台之间的高温片料来形成，如图 8.14 所示。带预吹塑的流程如下（带上模台，上模台形成真空）。

图 8.13 使用双腔工艺制造的产品

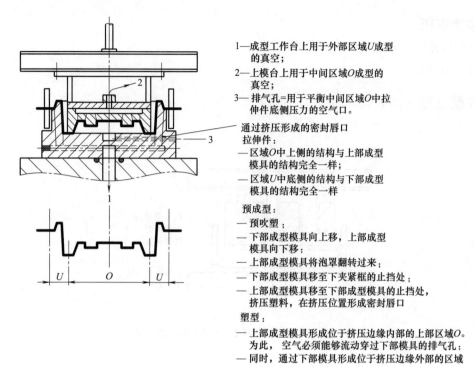

1—成型工作台上用于外部区域U成型的真空；

2—上模台上用于中间区域O成型的真空；

3—排气孔=用于平衡中间区域O中拉伸件底侧压力的空气口。

通过挤压形成的密封唇口

拉伸件：

— 区域O中上侧的结构与上部成型模具的结构完全一样；

— 区域U中底侧的结构与下部成型模具的结构完全一样

预成型：

— 预吹塑；

— 下部成型模具向上移，上部成型模具向下移；

— 上部成型模具将泡罩翻转过来；

— 下部成型模具移至下夹紧框的止挡处；

— 上部成型模具移至下部成型模具的止挡处，挤压塑料，在挤压位置形成密封唇口

塑型：

— 上部成型模具形成位于挤压边缘内部的上部区域O。为此，空气必须能够流动穿过下部模具的排气孔；

— 同时，通过下部模具形成位于挤压边缘外部的区域

图 8.14   通过挤压上下模台之间的高温片料来形成密封唇口

8.5   双片成型

双片工艺同时加热、成型和焊接两个板材。在成型过程中焊接两个制品，是双片工艺的一大优势。这样可以省略后面通过黏合或焊接进行接合的操作步骤。此外还能使用质量极轻的材料制出相对较硬的元件。

8.5.1   标准型热成型机双片成型一般规则

■实际上所有热塑性塑料都能进行焊接。因此理论上所有热塑性塑料都适用于双片成型。

■双片中任意一片的壁厚分布均与无预拉伸柱塞成型的制品相当。因此需要部分深度拉伸且结构复杂的部件会形成较差的壁厚分布，因为未配备能够影响壁厚的预拉伸柱塞；甚至无法使用双片工艺制造上述部件。

■如果仅在成型站中同时加热两个板材，则上方板材的顶侧和下方板材的底侧受热，即分别单侧加热。根据加热时间和辐射器强度的不同，板材的两个表面会出现温度梯度，使用未直接受到辐射的（低温）一侧进行焊接。双片成型过程中单侧加热的加热时间，大约是双侧加热时间的三倍。

■双片成型工艺的冷却时间大约是单板材成型冷却时间的 2.5 倍。采取特殊措施（比如用压缩空气冲洗空腔）可以缩短冷却时间。

■受热片料的最高温度越高，制品的抗冲击性就越低。

■焊接压力和挤压缝构造是实现优良焊接接合的两大影响要素。

■如果操作难度较大，建议使用有附着层的多层片料。使用比主层低一些的温度焊接附着层，并确保焊缝接合良好。

■如果使用双片成型工艺时，要形成的挤压缝构造和焊接长度要求使用较大的闭合力，则必须由成型机的成型站生成闭合力，或在锁定的模具中生成闭合力。

■只要模台具有足够的起升力，就能将锁定的模具安装在标准型机器中，这是它的一项优势。

8.5.2 双片成型过程，UA 机器配手动送料装置

成型过程见图 8.15 和图 8.16。

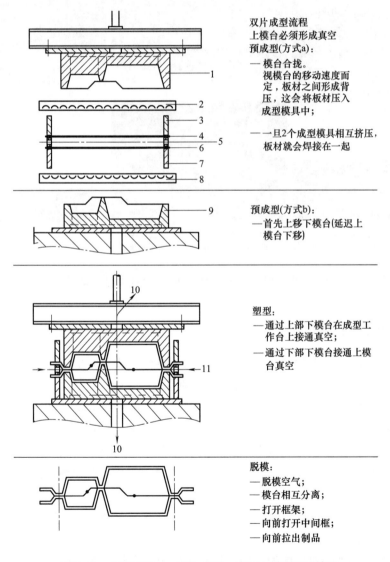

图 8.15 成型过程——双片成型，需要上模台形成真空

1—上部成型模具；2—上加热装置；3—上夹紧框；4—上部塑料板材；5—中间框，手动向前打开；6—下部塑料板材；
7—下夹紧框；8—下加热装置；9—下部成型模具；10—上下模台的真空带；11—5 中的气孔

(a)下方板材放在底部框架上，上方板材放在双片中间框上

(b) 两个板材已夹紧并(单侧)加热

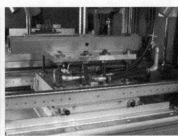

(c)上方板材使用上部模具真空成型，下方板材使用底部模具真空成型。同时，两个板材在成型过程中焊接在一起

(d) 已成型待取出的双片制品

(e) 夹紧框打开

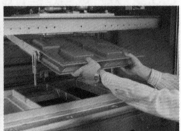

(f) 用手取出已成型的双片制品

(g)成型模具上部和下部处于合拢状态。在真空成型过程中、空气可穿过断开的焊接流动

(h)下部成型模具(量产机器的双片成型典型情况：无法借助预拉伸柱塞预成型)

(i) 双片制品切口

图 8.16　成型过程——双片成型，标准型机器配手动送料装置

8.5.3　双片成型机器款型

①　手动或自动将两个片料（板材或卷材的下料件）放入成型站并在成型站中分别进行单侧加热。成型过程结束后手动或自动取出制品。

②　自动送入一个片料并运输到成型站中，手动或由机械手将另外一个片料放入成型站。在成型站中对两个片料分别进行单侧加热。成型过程结束后，自动将制品运出。

③　自动送入一个片料并在成型站外部进行双侧预热或最终加热，手动或由机械手放入第二个片料并在成型站中双侧加热。必要时可在成型站中进行单侧最终加热。成型过程结束后，自动将制品运出。

④　自动将两个片料送入单独的工作站中，分别进行双侧加热并运输到成型站中。成型过程结束后，自动将制品运出。

⑤　对两个卷材进行双片成型，操作过程中使用两个相互叠加在一起的链条输送装置运输两个卷材。在成型站中分别对两个片料进行单侧加热（板材成型机作为全自动辊式成型机工作）。成型过程结束后，自动将制品运出。

⑥ 对两个卷材进行双片成型，操作过程中使用两个相互叠加在一起的链条输送装置运输两个卷材。在成型站外部分别对两个片料进行单侧或双侧加热（用于双片成型的全自动辊式成型机）。成型过程结束后，自动将制品运出。

⑦ 某些成型工艺会添加一些必须放在两部分制品之间的部件。

实现高闭合力的成型模具构造

图 8.17 所示为用于气压成型的双片成型模具，模具内设有闭锁装置。

使用手动送料装置进行双片成型的板材成型机成型站必需装备：

■ 高度可调式上加热装置，因为双片中间框需要一定空间；

■ 用于夹紧两个板材的夹紧框，含双片中间框；

■ 上模台真空接口，用于使用模具上部进行真空成型；

■ 用于调控模具上部温度的上模台接口；

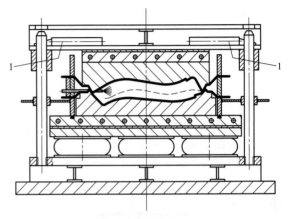

图 8.17 用于气压成型的双片成型模具
1—闭锁装置

■ 所需样式部件（两部分成型模具除外）：

• 下夹紧框；

• 上夹紧框；

• 双片中间框。

8.6 层合

8.6.1 概述

所谓层合，是指以黏合剂作为附着媒介，将一个片材层覆盖在表面。被覆盖部分大多称为支撑件。起覆盖作用的片材称为层合片材。应用示例包括机动车内饰中的仪表板、车门饰板和副仪表板等，以及乐器的柄和箱等。

被覆盖制品的材质既可以是塑料、木材、金属，也可以是其他材料。层合片材可以是热塑性塑料单层片材，也可以是多层片材或发泡片材。黏合剂大多涂覆在被覆盖部分，涂覆之后必须先使其干燥，之后在层合过程中通过与高温片材接触发生活化。在模制过程中借助真空手段挤压片材，促成永久性接合。

必须保证被覆盖部分和层合片材之间的空气能够抽空。因此被覆盖部分必须具有空气渗透性或者设计有抽气孔。如果被覆盖制品在层合过程中不会包裹进空气，而且保证使用极小的按压力就可实现足够强的附着效果，就可以放弃排气孔。进行层合时，多数情况下必须使用一个具有相同结构的底座（支撑工具），从背面支撑住被覆盖制品，这样可以经受住真空成型力的作用，避免制品变形。

8.6.2　层合工艺

层合工艺与"一般"热成型工艺的不同之处，在于使用黏合剂抑制片材滑动。如将被覆盖制品视作成型模具，可以按照制品的几何形状选择一种合适的层合工艺。不具有空气渗透性的平整部件，大多在吹风箱中通过预抽气进行层合，较之预吹塑，预抽气时高温层合片材底侧冷却时间较短。图 8.18 为边缘区域的层合方式。图 8.19 为使用卡销的层合。

层合片材顶侧和底侧一般需要不同的温度，这可以通过上下加热装置的不同设置来实现。

层合件质量影响因素：

■ 被覆盖部分的构造；

■ 排气孔的数量和位置（针对气密性部件）；

■ 片材质量（成型温度下的易拉伸性、抗裂性和哑光稳定性）；

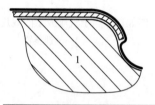

表面已层合至边缘。
从层合部分上边缘起的剩余片材将在下一工序中切下

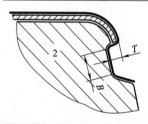

包括边缘在内的表面已层合。
从层合部分下边缘起的剩余片材将在下一工序中切下

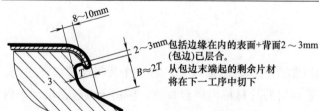

包括边缘在内的表面+背面2～3mm（包边）已层合。
从包边末端起的剩余片材将在下一工序中切下

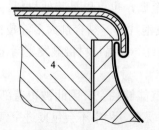

包括边缘在内的表面+背面逾2～3mm（包边）已层合。从包边末端起的剩余片材将在下一工序中切下。流程参见使用卡销层合

图 8.18　边缘区域的层合方式

- 片材厚度；

- 预热阶段的片材温度；

- 黏合剂活化过程中的片材温度；

- 片材挤压力（以及真空终值、排气孔个数）；

- 被覆盖部分的表面结构；

- 选择合适的黏合剂——与材料组合相匹配，活化温度尽量低；

- 黏合剂涂覆（量、室温、室内通风、排气时间）；

- 放入机器时被覆盖制品的温度；

- （可能需要的）上柱塞的构造。

开始在表面涂覆黏合剂之前，必须清除被覆盖制品上的隔离剂残余。在黏合剂干燥过程中，选择喷洒有黏合剂的支撑件位置时，注意干燥时溢出的气体不能进入制品深处。如果使用溶剂型黏合剂，干燥时溢出的溶剂比空气密度大。

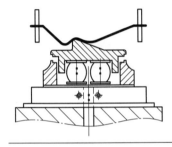

预成型：
(参见"带预抽气的阳模成型和泡罩在成型模具上滚动")
- 预抽气(或预吹塑)；
- 层合模具与伸出的卡销一起移进泡罩中，同时高温塑料片材在待层合的部分展开

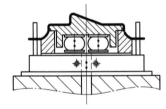

塑型：
- 通过上模台接通真空。片材在包边区域开始预拉伸；
- 可设置的时间结束后，支撑成型模具咬合。片材模制在待层合部分(包边)的背面

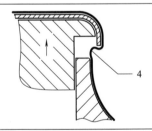

层合模具移出细节图
片材4在包边区域开始预拉伸，这样在卡销过程中(见下图)有足够的长度来展开

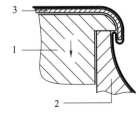

层合模具移入细节图
可移动部分1移入支撑成型模具的外部固定部分2，从而使片材4滚入包边区域，使得待层合部分3在背面边缘区域也实现层合

图8.19 使用卡销的层合过程

9

全自动辊式成型机热成型工艺，
冲裁站配切断刀

9.1　成型站基本流程

将加热后的片材运入成型站

大多数全自动辊式成型机使用齿链进行运输。链条的链齿插入片材边缘区域，抓住片材。

使用齿链运输片材的优势：

■ 同时运入和运出；

■ 可以压延高温片材。

齿链劣势：

■ 插入易碎材料时会形成灰尘。使用接触加热装置等预热整个片材，或者使用红外线辐射装置加热链齿插入的边缘区域，可以避免发生这种情况。

■ 使齿链膨胀，以便匹配加热后的片料膨胀，这种方法成本高昂。

除了齿链，还可以选用带夹钳或夹爪的链条。这种类型的链条生成灰尘较少，但是链条支撑装置的横向负载能力有限。

片材运输影响因素（并非所有机器都适用）：

■ 运输速度；

■ 运输加速度；

■ 用于降低片材垂料的运输支撑装置。

针对成型过程夹紧片材

夹紧片材的目的，是为了保证：

- 片材外边缘不会在预成型（和塑型）过程中从链条上断裂；
- 不论成型面是单穴还是多穴设计，都能保证针对各个分段分别定义拉伸面；
- 夹紧也是为了实现密封，便于真空塑型或气压塑型。

模具构造示例（图 9.1）

成型分段（"模型"）固定在上模台还是下模台，对示例没有影响。

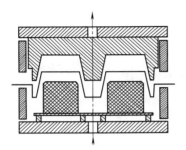

(a) 夹紧上下从动夹紧框之间的片材

成型模具驶过夹紧层。
预拉伸柱塞驶过夹紧层。
切入成型模具或预拉伸柱塞前，片材被夹紧

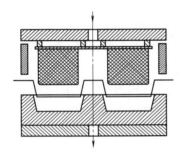

(b) 夹紧模具成型部件与成型模具对侧
从动夹紧框之间的片材

预拉伸柱塞驶过夹紧层。
切入预拉伸柱塞前，片材被夹紧

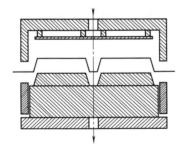

(c) 夹紧压力箱与成型模具侧从动夹紧框
之间的片材

成型模具驶过夹紧层。
切入成型模具前，片材被夹紧

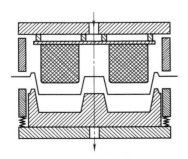

(d) 夹紧从动夹紧框与成型模具侧弹性
夹紧框之间的片材

成型模具驶过夹紧层。
预拉伸柱塞驶过夹紧层。
切入预拉伸柱塞前，片材被夹紧。
弹性夹紧框主要用于成型模具侧难以脱模的制品

图 9.1

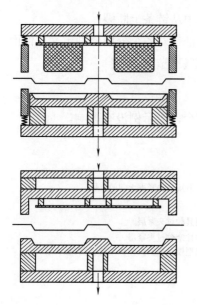

(e) 夹紧成型模具侧弹性夹紧框与成型模具
    对侧弹性夹紧框之间的片材

预拉伸柱塞驶过夹紧层。
切入预拉伸柱塞前，片材被夹紧。
两侧弹性夹紧框(较少见)主要用于难以脱模的制品

(f) 夹紧成型模具与压力箱之间的片材，目标是
    "为气压成型进行密封"

在这里，压力箱朝向片材的密封性很重要，
只有这样成型空气(压缩空气)才无法逸出

图 9.1　模具构造示例

制品预成型

预成型方式有如下几种。

■ 使用压缩空气进行气动预拉伸（预吹塑）。为此，机器必须配备吹风箱。全自动辊式成型机的吹风箱循环垂直上下移动。大多数板材成型机装备固定式吹风箱。

■ 借助泵效应进行气动预拉伸。模型驶入模型侧夹紧框，移动促使气垫朝向片材推移。

■ 通过模型自身实现片材的机械拉伸，这种方法仅适用于阳模成型。

■ 使用预拉伸柱塞对片材进行机械预拉伸。关于如何选择预拉伸柱塞的结构，参见"板材成型机热成型工艺"一章。

■ 任意组合使用上述预成型方法。

制品塑型

塑型方式：

■ 借助真空塑型（真空成型）

■ 借助压缩空气塑型（气压成型）：

· 最大气压为 2bar 的机器塑型；

· 最大气压为 5bar 的机器塑型。

■ 组合使用气压成型和真空成型。

冷却

成型结束后，当片材的最厚部位冷却到热塑性塑料软化温度以下时，就可将其脱模。此时片材的热量已通过成型模具传导到冷水中。某些机器会在片材的另外一侧使用空气进行冷却。与圆形件相比，方形件或矩形件的冷却强度必须要更高，因为它们发生变形的概率较大。由于体积过小，流入压缩空气压力箱内的成型空气几乎不能吸收热量。

脱模

所谓脱模，是指将制品从模具表面上松脱。与方形件或矩形件相比，圆形件脱模时间稍早一点。

运出成型后的部件

运出成型后的部件与运入加热后的片材同步进行。

成型过程通用流程图

全自动辊式成型机中的成型过程通用流程图见图9.2。此图也可衍生出配备吹风箱（辅助预吹塑）的机器流程。

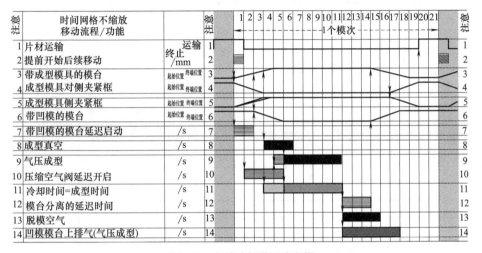

图9.2　成型过程通用流程图

9.2　能够影响成型工艺的机器装备

重要装备／功能群如下。
- 塑型：
- 真空成型；
- 气压成型。
- 成型 - 冲裁：
- 单独的成型和冲裁站；
- 在配备带钢裁切刃的成型冲裁复合模中进行成型和冲裁。
- 通过预吹塑进行预成型：
- 有预吹塑风箱的机器；
- 无预吹塑风箱的机器。
- 夹紧框驱动。
- 预拉伸柱塞驱动：
- 预拉伸柱塞通过一个模台进行移动。气压成型时，将预拉伸柱塞固定安装在压缩空气压力箱内。

　　• 机器配备单独的预拉伸柱塞驱动。

　　并非所有机器都拥有所有装备，必须根据具体需求，为机器选择需要的装备。

9.3　正确选择成型工艺和模具构造

　　表 9.4 所示为正确选择成型工艺和模具构造

表 9.1　正确选择成型工艺和模具构造

拉伸比		机械性预拉伸辅助装置（预拉伸柱塞/上柱塞）			模型驶过片材层			脱模难易度		片材垂料		成型工艺				
小	大	无	款型1（固定）	款型2（单独）	=0	<15mm	>15mm	简单	困难	小	大	预吹塑	模型侧有夹紧框	模型对侧有夹紧框	模型侧有脱模框	对侧有脱模框
1	2	3	4	5	6	7	8	9	10	11	12	13	14	15	16	17
x	x①	x			x	x	x	x	x	x	x		x	x		
x	x②		x		x	x	x	x	x	x	x	x	x	x		
	x		x				x		x	x	x			x		
	x		x				x		x	x	x		x	x		
x		x			x			x		x	x			x		
x		x				x			x	x	x			x	x	
	x		x		x				x	x	x			x		
	x		x		x			x		x	x			x	x	
x		x			x				x		x		x			
	x		x		x			x			x			x		
x		x			x				x		x				x	
x		x			x				x	x	x				x	x
x		x			x				x	x	x				x	x
	x		x		x				x	x	x				x	x
	x			x	x			x						上模台预拉伸柱塞		
	x			x		x				x	x			上模台预拉伸柱塞		
	x			x			x		x		x			上模台预拉伸柱塞		

① 使用模型进行预拉伸。
② 有预吹塑（仅限配备吹风箱的机器）。
款型 1：预拉伸辅助装置在对向模台上，气压成型时固定安装在压力箱内。
款型 2：预拉伸辅助装置和压缩空气压力箱分别配备单独的驱动（气压成型）。

9.4　壁厚分布影响因素提示

无预拉伸阴模成型

图 9.3 所示为无预拉伸阴模成型，干预措施和对拉伸件的影响见表 9.2。

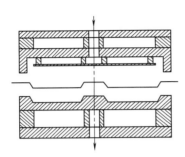

气压成型示意图
- 片材在压力箱与成型模具之间夹紧；
- 无预拉伸；
- 使用压缩空气塑型(可能加上真空)。

与成型模具是位于上模台还是下模台无关

图 9.3　无预拉伸阴模成型

表 9.2　干预措施和对拉伸件的影响（无预拉伸阴模成型）

干预措施	对拉伸件的影响
提高片材温度	提高塑型精度
无预拉伸工序，对平整的阴模件进行成型时，无法影响壁厚分布	—

无预拉伸阳模成型

图 9.4 所示为无预拉伸阳模成型，干预措施和对拉伸件的影响见表 9.3。

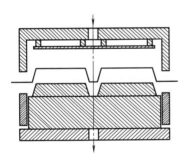

气压成型示意图
- 片材在压力箱与成型模具之间夹紧；
- 带吹风箱的机器进行气动预拉伸；
- 不带吹风箱的机器借助泵效应进行气动预拉伸；
- 借助成型模具自动进行机械预拉伸；
- 使用压缩空气塑型(可能加上真空)

图 9.4　无预拉伸阳模成型

表 9.3　干预措施和对拉伸件的影响（无预拉伸阳模成型）

干预措施	对拉伸件的影响
■ 泡罩高度 =0 ～极小 ■ 泡罩高度 = 成型高度的 2/3 ■ 泡罩高度 = 成型高度	■ 底部（镜面）厚 ■ 最佳 ■ 表面可能形成褶皱
■ 成型模具 = 低温 ■ 成型模具 = 高温	■ 底部（镜面）变厚 ■ 底部（镜面）变薄
■ 模台低速运行 ■ 模台高速运行	■ 底部（镜面）变厚 ■ 底部（镜面）变薄

有预拉伸柱塞阴模成型；模型不驶过夹紧层或稍微驶过夹紧层

图 9.5 所示为有预拉伸柱塞阴模成型类型，干预措施和对拉伸件的影响见表 9.4。

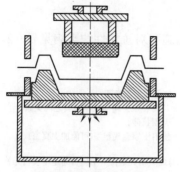

(a) 机器有吹风箱，真空成型

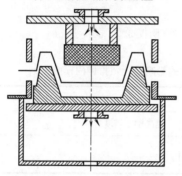

(b) 机器有吹风箱，真空成型和气压成型

流程

片材夹紧。

预拉伸：

- 带吹风箱的机器通过
  预吹塑进行气动预拉伸；
- 不带吹风箱的机器
  可以借助真空通过
  预抽气进行气动
  预拉伸，前提是
  装备两个夹紧框
  或是成型模具
  对面有一个夹紧框；
- 借助预拉伸柱塞进行
  机械预拉伸。

使用压缩空气塑型(可能加上真空)。

注意

原则上，该流程也适用于成型模具
和预拉伸柱塞相反的安装过程

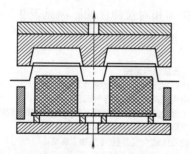

(c) 机器无吹风箱，真空成型和气压成型

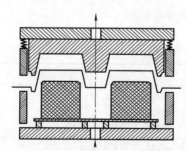

(d) 机器无吹风箱，真空成型和气压成型，有脱模框

图 9.5 有预拉伸柱塞阴模成型类型

表 9.4 干预措施和对拉伸件的影响（有预拉伸柱塞阴模成型）

干预措施	对拉伸件的影响
针对有吹风箱的机器 ■ 泡罩高度 = 缩小 ■ 泡罩高度 = 增加 ■ 泡罩高度 = 无预吹塑	■ 底部变厚 ■ 底部变薄 ■ 底部 = 初始厚度
■ 预拉伸柱塞到达时间延迟 ■ 预拉伸柱塞到达时间提前	■ 底部变薄 ■ 底部变厚
■ 两个模台低速运行（模次时间变长可能不利） ■ 两个模台高速运行	■ 背压减小，壁厚分布更适宜 ■ 背压增大，片料和预拉伸柱塞之间摩擦变大，底部变厚，侧壁变薄
■ 提高朝向预拉伸柱塞的片材侧的温度 ■ 降低朝向预拉伸柱塞的片材侧的温度	■ 与模型之间的静摩擦变大，底部变厚 ■ 片料更容易滑过预拉伸柱塞（改善壁厚分布）
■ 增大预拉伸柱塞的半径 ■ 增大预拉伸柱塞终端位置和成型模具底部之间的间距	■ 减小摩擦，底部变薄 ■ 底部变薄，柱塞"过早"到达的侧壁区域可能形成冷却痕迹
■（a）和（b） ■（c）和（d）	■ 对壁厚分布影响大 ■ 对壁厚分布影响有限

有预拉伸柱塞阳模成型 / 阴模成型；模型大幅度驶过夹紧层

图 9.6所示为有预拉伸柱塞阳模成型 / 阴模成型，干预措施和对拉伸件的影响见表9.5。

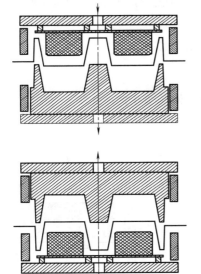

气压成型示意图

预成型时请注意 预成型的结构(预成型件)应该尽量与制品的塑型结构保持一致

- 片材夹紧；
- 借助泵效应进行气动预拉伸(在具有下部成型模具时, 带吹风箱的机器进行气动预拉伸)
- 预拉伸柱塞延迟切入泡罩(="翻转泡罩")；
- 使用压缩空气塑型(可能加上真空)

图 9.6 有预拉伸柱塞阳模成型 / 阴模成型

表 9.5 干预措施和对拉伸件的影响（有预拉伸柱塞阳模成型 / 阴模成型）

干预措施	对拉伸件的影响
针对有吹风箱的机器 ■ 缩小泡罩高度 ■ 增加泡罩高度 ■ 无预吹塑泡罩高度	■ 底部变厚，但是片材层突出的边缘区域壁厚变薄 ■ 底部变薄，但是片材层突出的边缘区域壁厚变厚 ■ 底部厚度与初始厚度几乎一样，片材层突出的边缘区域壁厚非常薄

续表

干预措施	对拉伸件的影响
■ 预拉伸柱塞到达时间延迟 ■ 预拉伸柱塞到达时间提前	■ 底部变薄 ■ 底部变厚
■ 两个模台低速运行（模次时间变长不利） ■ 两个模台高速运行	■ 背压减小，壁厚分布更适宜 ■ 背压增大，片料和预拉伸柱塞之间摩擦变大，底部变厚，侧壁上部变薄
■ 提高朝向预拉伸柱塞的片材侧的温度 ■ 降低朝向预拉伸柱塞的片材侧的温度	■ 与模型之间的静摩擦变大，底部变厚 ■ 片料更容易滑过预拉伸柱塞（改善壁厚分布）
■ 增大预拉伸柱塞的半径 ■ 增大预拉伸柱塞终端位置和成型模具底部之间的间距	■ 减小摩擦，底部变薄 ■ 底部变薄，柱塞"过早"到达的侧壁区域形成冷却痕迹

对壁厚分布影响极大的工艺

下列操作对壁厚分布具有很大的影响。

① 预拉伸柱塞驶入终端位置，片材进行预拉伸，但不气动形成泡罩（通过预抽气或预吹塑）。"气动预拉伸过迟"，导致形成厚的底部。

② 对泡罩进行气动预拉伸（通过预抽气或预吹塑）。之后预拉伸柱塞移动过迟，接触不到泡罩。"预拉伸柱塞到来过迟"，导致形成薄的底部。

③ 驶入一个新模具时，气动预拉伸泡罩，几乎同一时间使用预拉伸柱塞进行机械预拉伸。

④ 对制品进行评估之后，按照①和②的已知结果，优化壁厚分布。

壁厚分布重要影响因素示例

夹紧片材后可以任意叠加气动和机械预拉伸（图9.7）。

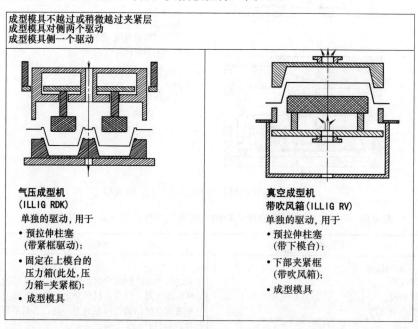

成型模具不越过或稍微越过夹紧层
成型模具对侧两个驱动
成型模具侧一个驱动

气压成型机
(ILLIG RDK)
单独的驱动，用于
• 预拉伸柱塞
（带紧框驱动）；
• 固定在上模台的压力箱（此处，压力箱=夹紧框）；
• 成型模具

真空成型机
带吹风箱(ILLIG RV)
单独的驱动，用于
• 预拉伸柱塞
（带下模台）；
• 下部夹紧框
（带吹风箱）；
• 成型模具

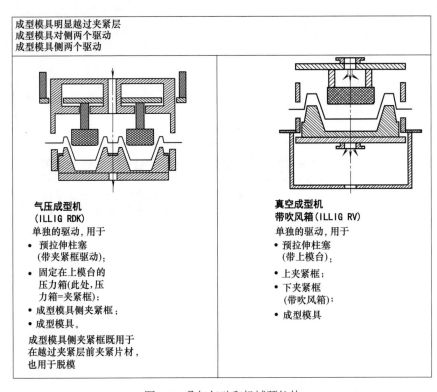

成型模具明显越过夹紧层
成型模具对侧两个驱动
成型模具侧两个驱动

气压成型机
（ILLIG RDK）
单独的驱动，用于

- 预拉伸柱塞
  （带夹紧框驱动）；
- 固定在上模台的
  压力箱(此处，压
  力箱＝夹紧框)；
- 成型模具侧夹紧框；
- 成型模具。

成型模具侧夹紧框既用于
在越过夹紧层前夹紧片材，
也用于脱模

真空成型机
带吹风箱（ILLIG RV）
单独的驱动，用于

- 预拉伸柱塞
  （带上模台）；
- 上夹紧框；
- 下夹紧框
  （带吹风箱）；
- 成型模具

图 9.7　叠加气动和机械预拉伸

10

全自动辊式成型机热成型工艺，成型冲裁复合模带剪切刀

10.1 成型和冲裁站运动特性

全自动辊式成型机的成型站在带剪切刀的成型冲裁复合模中进行成型和冲裁，成型站大多装有曲线可控式成型工作台驱动，它可以通过曲线、双曲线和曲杆控制移动（比如 ILLIG-RDM-K，图 10.1）。

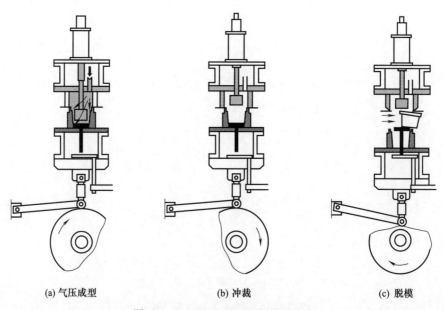

(a) 气压成型   (b) 冲裁   (c) 脱模

图 10.1 ILLIG-RDM-K 成型站驱动

该工作站的主要特征，是除了上下移动之外，还能在片材输送方向倾斜移动 80°。该

操作可于成型过程结束后，在向下移动过程中执行。进入位置之后，将杯子等转运到堆垛装置中（图 10.2）。

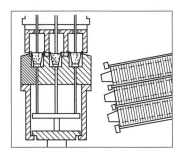
(a) 成型与冲裁

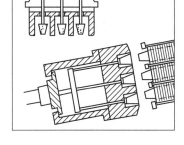
(b) 翻转

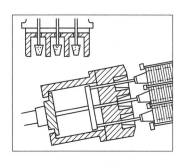
(c) 顶出和堆垛

图 10.2 倾斜装置

成型和冲裁站的曲线可控式驱动，参见图 10.3。

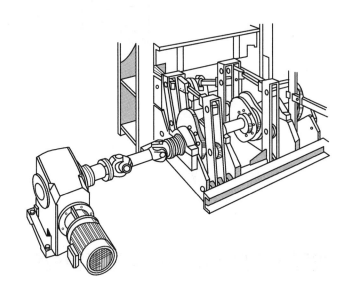

图 10.3 ILLIG-RDM 驱动机组

10.2 机械曲线控制系统特性

几项重要的机械流程在主轴角位置功能下进行控制。通过主轴上安装的凸轮控制主要机械移动（图 10.4）。辅助功能通过主轴上安装的角编码器以电子方式进行控制，或者通过与主轴连接在一起的开关机构以机电方式进行控制（图 10.5）。

图 10.5 中的编号 1 ～ 10 用于通断成型空气、预拉伸柱塞、向下夹持器、冷却空气和吹塑空气等。

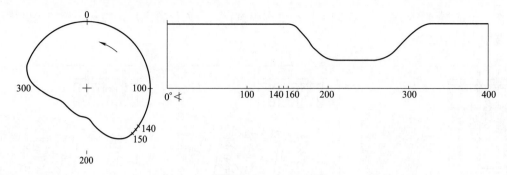

图 10.4 下模台位置受凸轮位置影响

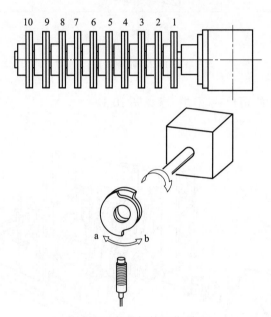

图 10.5 开关机构工作原理

10.3 配备成型冲裁复合模的成型站阴模成型流程图

图 10.6 所示为配备剪切刀的成型和冲裁站流程原理图，以杯子成型为例。

根据预拉伸柱塞的行程接通用于塑型的压缩空气（成型空气）。接通方式有两种：一种是由成型站主轴的开关曲线通过脉冲接通，另外一种是通过预拉伸柱塞的位置接通。第二种须伴有预拉伸柱塞行程的机动调整。

预拉伸柱塞的行程与成型空气用量精确匹配，对于制品的材料分布来说至关重要。

接通成型空气越晚，预拉伸柱塞驶入阴模模型中就越深——直至成型空气到达，分布在制品底部的材料也就越多。

10.3.1 成型空气减少

减少成型空气的原理参见图 10.7。

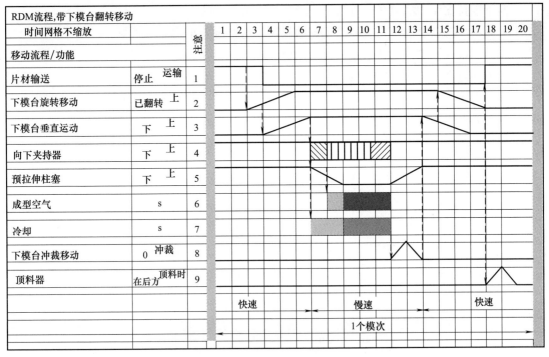

图 10.6 配备剪切刀的成型和冲裁站流程原理图

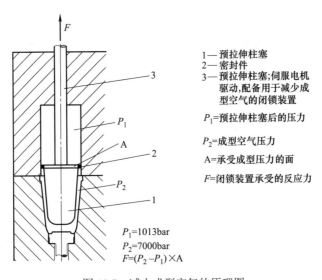

图 10.7 减少成型空气的原理图

10.3.2 向下夹持器控制系统

向下夹持器最重要的功能是在预拉伸柱塞切入过程中，通过向下按压裁切的杯边而实现固定。在传统模具构造中，向下夹持器由钢制弹簧压在杯边上。这就可以实现定义的"压力级"。

被驱动的向下夹持器可以根据时间提起向下夹持器，也可使下压力（将向下夹持器压在杯边上）保持在两个压力级上（图 10.8）。

向下夹持器压力级"预冷却"：

■ 使用相对较小的压力就能给密封边修边。这个压力小到无法压花。

■ 但能最大程度降低杯子发生隆起的概率。

向下夹持器压力级"冷却"：

■ 使用该压力级无法改变密封边的厚度，因为材料在前一个压力级已经部分冷却。

向下夹持器压力级"冲裁"：

■ 减小冲裁凸轮上的压力负载。

■ 实现最长密封边冷却时间。

■ 避免密封边发生倾斜。

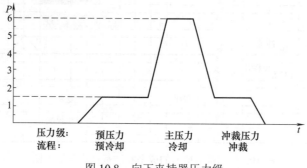

图 10.8　向下夹持器压力级

10.4　配备带剪切刀的成型冲裁复合模的成型站阳模成型流程图

图 10.9 所示为带剪切刀的成型 - 冲裁站流程原理图，以翻盖成型为例。

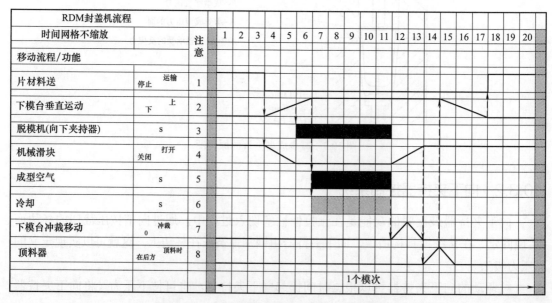

图 10.9　带剪切刀的成型 - 冲裁站流程原理图

11

全自动辊式成型机成型冲裁
复合模特殊工艺

11.1　给形状稳定的容器加衬里

由硬纸板、纤维、硬泡沫等制成的形状稳定的容器（杯子、托盘等）可以在热成型工艺中加衬里（图 11.1）。

加衬里工艺流程
- 模具打开；
- 自动放入需要加衬里的容器；
- 模具关闭；
- 片材造型；
- 冲裁层合制品；
- 推出制品并放入堆垛装置中。

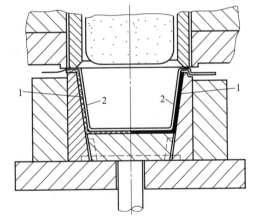

加衬里前提条件
需要加衬里的容器（杯子）必须具有足够的空气渗透性。待加衬里容器和模具之间的空气必须能够快速大量逸出。这意味着，整个接触面必须分布有足够的排气截面。大多数情况

图 11.1　给杯子加衬里
左：给薄片材制成的有边容器加衬里；
右：给厚片材制成的无边容器加衬里
1—需要加衬里的容器；2—片材

下，可以在模具上设置直径 1 ～ 1.2mm 的大型排气孔和 0.4 ～ 0.5mm 宽的宽型排气槽，因为这些不会在层合部件上留下痕迹。为此，模具表面必须进行喷砂粗糙处理。

为了获得足够的附着力，必须在待加衬里容器的内壁上布置一个附着层，必要时片材也可添加附着层。也有些材料对不需要额外添加附着层就能实现良好的附着效果。

如果设有附着层，就必须在尽可能低的温度下使其活化，即片材中储存的热量必须足以粘接附着层。片材储存热量的多少，取决于使用的片材类型（PP、HIPS、PET 等）、片材厚度和片材温度。如果附着涂层仅用于某些接触面，也能制出单个部件可以轻松分离的加衬里容器。

工艺适用于具有低加工收缩率的片材（比如 HIPS）。加工收缩率越高，变形风险就越大，成型后片材脱落的概率也就越高。

工艺优势

■ 硬纸板托盘可以在平整状态下印刷，即边缘尚未竖起的状态。

■ 借助 HIPS 等收缩率较低的片材，可以"改善"硬纸板的加工效果。

■ 生物材料或纤维的耐化学品性差，不适合直接接触包装物，由这两种原材料制成的托盘加衬里后可以用作包装材料。

■ 加衬里可以阻隔光线，保护对光敏感的包装物。

11.2 模内贴标（in-mould-labeling，IML）

与直接在成型后的制品上印刷不同，IML 工艺可以张贴事先印制好的标签。

贴标方式有两种：

■ "off mould labeling"（模外贴标）是在成型模具以外张贴标签，将胶黏标签等粘贴在制品上。

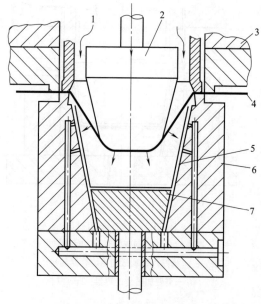

图 11.2 模内贴标（IML）

1—成型空气；2—预拉伸柱塞；
3—冲裁阴模；4—容器片材；
5—标签；6—带裁切边的成型模具；
7—推料底部

■ 热成型中的"in mould labeling"（模内贴标，IML-T）则是在成型模具中张贴标签。标签没有自粘涂层，但是大多具有在热量作用下会活化的附着层，它在热成型过程中由于高温塑料片材而发生活化。

常见的材料对包括：PP 杯子与 PP 或 EPP 标签，HIPS 杯子与 PS 标签等。

IML 工艺流程

工艺流程见图 11.2。

工艺步骤包括：

■ 模具打开。

■ 将预成型的标签运入成型模具中。

■ 标签必须通过真空等手段固定在成型模具内壁上。

■ 杯子在标签内成型。

■ 在成型和冲裁模具中切割之后，模具打开。

■ 推出已贴标的杯子并在成型模具中放入新标签。

标签要求

IML-T 工艺所用标签须满足下列要求。

■ 标签必须具有足够的附着力，能够牢固粘贴在制品上。为了达到这个目的，标签的附着层必须能够被容器片材的热量活化，或者两种塑料无需附着层也能实现附着。

■ 标签必须具有一定程度的弹性，只有这样才能应对容器片材或制品的自由收缩，以及避免标签由于收缩而导致变形。

■ 最终成品上的标签，其表面应该尽量平整且具有光泽。

■ 能够渗透空气的标签（比如标签有孔）具有一定优势，这样容器和标签之间就不会裹有空气。

"杯子不变形"以及"标签表面平整且具有光泽"这两条要求，至少在使用加工收缩率高的容器片材（比如 PP 片材）时，必须做出一定让步。标签既可以完全覆盖制品表面，也可以部分覆盖。标签既可以是一体式，也可以分成几个部分，比如底部贴一张标签，侧壁贴两张标签。图 11.3 所示是展开的矩形人造奶油杯一体式标签。贴好标签的杯子见图 11.4。

图 11.3　IML 标签：矩形人造奶油杯标签展开示例

(a) 粘贴一体式标签　　　　　　　　(b) 粘贴组合式标签

图 11.4　贴好标签的杯子

11.3　用于无边制品的成型冲裁复合模

与带剪切刀的标准成型冲裁复合模不同，这里的冲裁阴模是移动的，而冲裁模则是固定的（图 11.5）。

无边制品参见图 11.6。

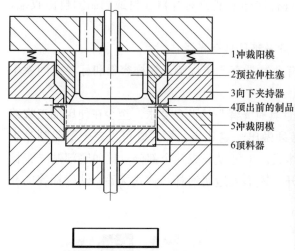

1 冲裁阳模
2 预拉伸柱塞
3 向下夹持器
4 顶出前的制品
5 冲裁阴模
6 顶料器

图 11.5　用于无边制品的成型冲裁复合模

图 11.6　无边制品

11.4　空腔底杯子热成型

杯子空腔底截面见图 11.7。

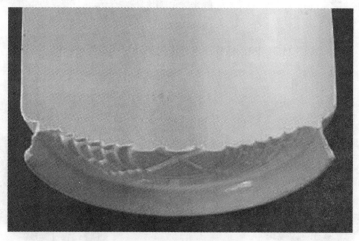

图 11.7　杯子空腔底截面

空腔底杯子分两步制成（图 11.8）：先成型出一个底部有所延长的杯子；之后反向拉伸杯底并在相应的冷却时间后脱模。

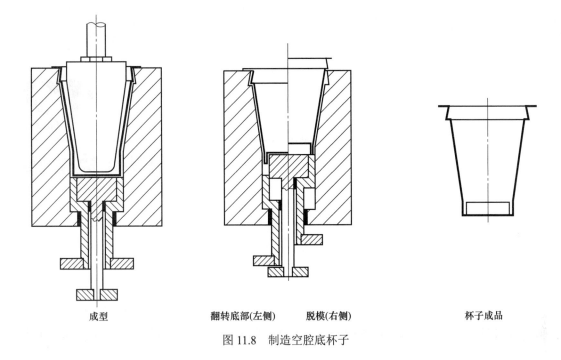

| 成型 | 翻转底部(左侧)　脱模(右侧) | 杯子成品 |

图 11.8　制造空腔底杯子

11.5　使用阳模和阴模进行热成型

　　这种在热成型中很少用到的工艺，可以使用双侧模型接触法，将发泡片材制成制品。发泡材料主要用于制造具有绝缘特性，且不要求高精度冲裁的物品（比如汤碗、冰模等）。

　　工艺特征如下。

　　■ 加热时发泡材料会膨胀。有时候片材最大能膨胀到初始厚度的三倍。

　　■ 之后发泡片材通过双侧接触模具被压合并进行轮廓精确塑型。

　　■ 一般会通过真空手段为成型过程提供支持。

　　■ 片材加热后的厚度，应该与预期的制品平均厚度大致相当。

　　■ 预拉伸柱塞具有制品的阴模结构，并在冷却时与模型保持接触。这样就无法形成凹槽。因此使用这种工艺制成的部件一般不能堆垛。

　　■ 对热成型机器没有特殊要求。

12

透明件热成型

如果所有光都能畅通无阻穿透制品而不发生反射、散射和吸收，人们能够清晰看到制品后面的情形，我们就说这种制品是透明（透光）的。"如玻璃般透明"是由此衍生出的一种常见的形容说法。

一般不要求制品的所有表面都具有透明度，而是只要求制品的一部分表面呈现透明状态。透明制品只能使用透明片料制作。

在热成型过程中，其中一项任务就是成型时继续保持片料的透明状态。

透明和半透明制品有：面罩、摩托车挡风板、平顶天窗、泡罩、包装等。

12.1 透明件成型一般原则

■ 透明制品只能使用透明片料制作。

■ 必须尽量降低片料的成型温度。

■ 如果成型温度较高，会在成型过程开始时就破坏片料的光散射特性。

■ 成型温度升高会降低片料的强度，导致片料表面变软并塑造出模具的不平坦造型。

■ 使塑料在低温条件下成型的操作方法：加热时大幅度降低塑料与成型模具接触一侧的温度（比如只使用上加热装置），或者加热完成后将加热的片料适当冷却——通过延迟模台移动等方式。

■ 预成型时尽量不与模具接触，即尽量只通过吹塑或者抽气进行预成型。

■ 如果无法避免机械预成型，注意下列事项。

• 使用阳模成型分段自身进行预拉伸：将成型分段加热到可能的最高温度（约为片料的长期使用温度）并抛光成型模具的接触面。

• 使用预拉伸柱塞进行预拉伸：保证预拉伸柱塞的表面隔热且平滑，以此避免形成冷却痕迹。理想情况是加热预拉伸柱塞。

■ 待成型部件的几何形状具有下列影响。

• 透明制品的理想形状是自由成型面，这样可以尽量减少与模具发生接触，使成型面的大部分裸露在空气中。使用骨架模具可以达到这个目的，因为无需抽真空，也无需使用压缩空气作为成型空气。

• 如果成型时需要一个全面积模型设备，就必须尝试使用阳模和阴模制作制品，避免采用真空或压缩空气手段。如果无法实现，则必须尽量将成型模具加热到最高温度（片料的长期使用温度）并抛光模具表面。

■ 在成型模具中设置排气孔。

• 务必避免在经过抛光处理的模具表面设置排气孔，因为会在排气孔周围形成环形痕迹。

• 最大程度减少夹杂空气。

必要时将排气孔设置在透明部分的边缘区域。或者在使用阳模成型分段时，使空气不通过排气孔，而是经由粗糙边缘逸出。

提示：

■ 高透明度和高塑型精度无法同时兼得！

■ 高透明度和短冷却时间（短模次时间）无法兼得！

■ 理想的透明件具有自由成型面，或者至少是大半径，不允许使用真空或压缩空气这两种手段塑型。

■ 如果制造的全自动辊式成型机要快速运行高透明度制品，则成型机必须在模次时间方面做出一定让步，因为要实现完美的透明度，就必须对模具表面进行抛光处理，这一操作（取决于轮廓）会对冷却时间造成负面影响。

■ 计算透明件的模次时间时，必须按照正常冷却时间的一至两倍进行估算。原因是，片料成型时不得不忍受透明面部分成型分段上夹杂的空气和有针对性的弱挤压力。

12.2　板材成型机成型特点

高品质透明板材供货时两侧均有层合防护膜。防护膜多为基于聚乙烯的薄膜，它们在载体板（PMMA、PC）成型温度下非常软，甚至已经处于黏稠状态。

如果没有夹杂空气，待成型板材背离模具一侧的防护膜就不会有问题。

使用成型模具加工具有防护膜的板材，优势在于可以将小颗粒粉尘和污垢颗粒压入防护膜中，这样就不会影响载体板的透明度。

板材成型操作方法

（1）板材不带防护膜成型

热成型开始前，将防护膜撕下。使用离子空气为板材除尘并手动将其放入机器中，或者放在板材垛上，之后从板材垛上自动拆垛。必要时可在机器中再装一台电离装置用于吹刷板材模具侧。

（2）片料带防护膜成型（防护膜铺在成型模具上）

只有使用温度低于防护膜熔化温度（130℃左右）的铝制模具时，才能带防护膜成型。该项原则适用于所有透明板材（PMMA、PC、GPET）。必须调整成型模具的温度，使其稍微低于板材的软化温度。大多数板材必须放置一段时间后才能撕下防护膜（可能脱模一天后才能撕下）！

提示：

带防护膜的板材切勿使用木头或树脂材质的模具成型！如果成型模具导热差，防护膜必定会粘在成型模具表面！

透明件成品杂质确定方法

如果撕下防护膜之后，制品上有小气泡或明显的灰尘，可以按照下述步骤确定原因（不带防护膜成型也适用此方法）。

■检查收到的片料；撕下防护膜并检查板材表面有无痕迹。如果板材完好无损，继续下一步。

■加热带防护膜的板材，不进行冷却。之后撕下防护膜并检查板材表面有无小气泡和痕迹。

■如果形成湿气气泡，必须对板材进行干燥处理。

■如果成型前已进行干燥处理，但是制品上仍然有小气泡，说明板材在加热过程中受损。原因是塑料质量差。粒料中剩余单体含量过高，与板材中湿气过多所导致的后果相似。（可以改变加热设置进行测试——降低辐射强度，延长加热时间。）

■如果加热时一切正常，但是最终制品有问题，必须检查收到的板材表面和模具表面有无灰尘、污物和凹凸不平并进行清洁。

■某些情况下可将成型模具固定在机器上模台上，这样可以保证不会沾染灰尘。

12.3　全自动辊式成型机成型特点

PET 透明度灵敏原因

比如使用透明片材制作水杯，PP 对比 APET 数据见表 12.1。

表 12.1　PP 和 APET 性能对比

性能	透明片材	PP	APET
密度 /（g/cm³）		0.92	1.3
气压成型时，从成型温度到长期使用温度的可用热量 /（kJ/kg）		340–175=165	170–120=50
存储的比热容 /（kJ/dm³）		165×0.92=152	50×1.3=65

从表 12.1 中的数据可以看出，在开始变硬或者形成冷却痕迹之前，APET 比 PP 损失的热量（分别是 50kJ/dm³ 和 152kJ/dm³）要少很多。

为了最大程度避免 APET 制品形成冷却痕迹，预拉伸器可以少抽取一些片材的热量。

为此预拉伸器所用材料必须满足下列要求。

■ 密度尽量小，同时要求隔热性极佳。

■ 理想状况是使用可以加热到片材成型温度的预拉伸柱塞——对于大多数机器来说，这是一个难解的技术难题。

水杯等阴模成型制品的当前技术水平

为了使透明水杯不显现出明显的冷却痕迹，在预拉伸时将冷却痕迹"推到"杯子底部附近。从调整技术方面来说，选择预拉伸柱塞轮廓（预拉伸器底部半径）时，需要注意确保既不会在片材和预拉伸器之间形成黏滑效应，也不会使成型空气过早使片材从预拉伸器上松脱。这是一种折中的办法，缺点是制成的杯子底部会比要求的厚度要大。

图 12.1 所示 PP 水杯示例中，无法避免的冷却痕迹所处位置比较理想，因为被推到了非常接近杯底的位置，侧壁上几乎看不到冷却痕迹。

图 12.1　冷却痕迹被"推到"底部附近

图 12.2 和图 12.3 所示为 APET 水杯预拉伸柱塞摩擦痕迹形成的冷却痕迹。

图 12.2　有横向槽的 APET 水杯，
冷却痕迹明显可见　　　　　图 12.3　侧壁平滑的 APET 水杯，
冷却痕迹明显可见

图 12.4 和图 12.5 展示的是一款成型效果较好的 PP 水杯。水杯上的冷却痕迹只有专业人士在特定的光线条件下才能发现。

图 12.4　侧壁平滑的 PP 水杯，几乎看不到冷却　　　　图 12.5　图 12.4 中的同一水杯在
　　　　痕迹（黑色背景下）　　　　　　　　　　　　　　其他光线条件下

12.4　工艺示例——制作透明件

通过自由抽气制作部件（图 12.6）

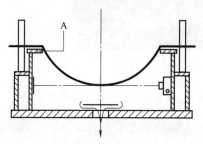

通过自由抽气成型：
- 木箱形状的成型模具；
- 用于确定泡罩深度的光电感应器；
- 用于形成泡罩结构的隔板A。

制品结构取决于：
- 隔板结构；
- 光电感应器的位置；
- 加热图；
- 片料中的厚度分布
 （浇铸成型的PMMA的大厚度公差是不利因素）

图 12.6　自由抽气

通过自由吹塑制作部件（图 12.7）

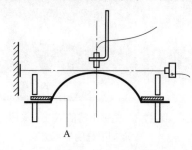

自由吹塑：
- 不使用成型模具；
- 隔板A固定在夹紧框下部或上夹紧框中；
- 用于确定泡罩高度的光电感应器或超声波传感器。

制品结构取决于：
- 隔板A的结构；
- 光电感应器的位置；
- 加热图；
- 片料中的厚度分布
 （不建议使用浇铸成型的PMMA，浇铸成型的PMMA
 的大厚度公差会导致制品不对称）

图 12.7　自由吹塑

使用阳模和阴模并借助自由吹塑进行机械成型，以此制作部件（图 12.8）

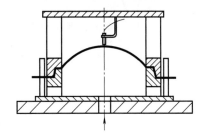

通过机械成型在阳模和阴模
之间进行外部区域塑型，
通过自由吹塑对中间区域
进行塑型
（制作球形天窗）

图 12.8　使用阳模和阴模在边缘部分成型

使用骨架模具成型制作透明件（图 12.9）

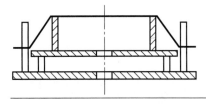

机械拉伸下模台上的框架成型
模具与夹紧框之间的塑料，不
使用成型真空

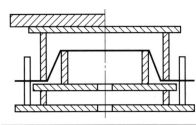

机械拉伸下模台上的框架成型
模具与上模台上的阳模(也是
框架成型模具)之间的塑料

预成型=塑型；不使用成型真空

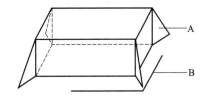

框架成型模具示例

待成型结构由成型模具上缘、
角A以及夹紧框或上模台阳
模的结构B决定

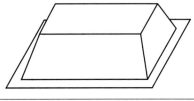

使用框架成型模具成型的制品

使用框架成型模具的缺点
在于表面不是完全平整

对于观察者的眼睛来说，
大半径表面较之波浪形
表面更有利

(提示：在机器外部使用
支撑成型模具，直至冷
却到室温)

图 12.9　使用骨架模具成型

使用定义的轮廓 / 模型接触方式制作玻璃化制品（图 12.10）

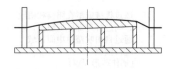

木制成型模具，层合手套材料
制造方法：
机械拉伸成型工作台上的木制
成型模具与夹紧框之间的塑料，
不使用成型真空

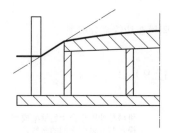

针对周边边缘高度的提示正确

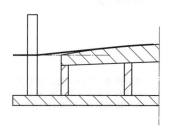

错误
成型模具过低，
角区域无法完整仿制

图 12.10　制作玻璃化制品

制作面罩

图 12.11 所示面罩的制作工艺和特点如下：

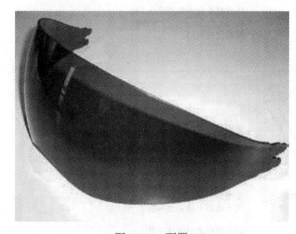

图 12.11　面罩

■手动送料（避免片料拆垛时形成灰尘）；

■只在两个窄侧夹紧板材；

■使用骨架模具作为阳模和阴模成型（透明部分不接触模型）；

■下模具设计为密封盒。

流程：

■加热（尽量低温成型）。

■上下模具一起移动。必要时安装夹持元件，防止片料在向上移动时滑动。

■两部分模具一起移动时打开上夹紧框。

■高温片料从上模具滚动到下模具上。

■模具闭合后，从下方向上吹送高压空气。

■在下方使用空气冲洗装置，在上方使用频率控制型冷却风扇，通过这种方式来加速冷却。

更多透明件示例

图 12.12～图 12.16 所示为其他透明件示例。

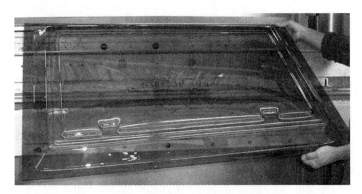

图 12.12　PMMA 房车玻璃（未切割）

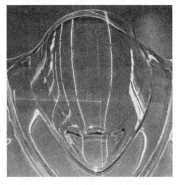

图 12.13　挡风罩（未切割）

图 12.14　APET 水杯，无明显冷却痕迹

图 12.15　APET 透明折叠式包装盒

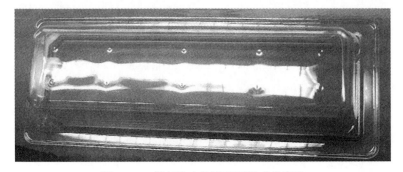

图 12.16　排气孔定位不佳而形成的痕迹

图 12.16 所示是透明面上排气孔定位不合适的一个例子。这种排气孔定位方式适合不透明制品！

机械制造特点

针对下列过程控制：

- 展开卷材时形成环状；
- 加热时片材垂料；
- 预吹塑时记录泡罩高度；
- 出料时检测部件。

必须使用与高透明度相匹配的传感器。

12.5 透明件特殊制造工艺

在热成型领域，要想成型制出完美的透明件，需要掌握特殊工艺。只有少数几家制造透明件的公司允许参观生产车间。

与此相对的，特种机器或者具备特殊程序和采用特殊工艺的改装机器的数量很多。

示例如下。

■摩托车挡风板成型：采用覆盖成型工艺成型（从运输链上取下并打开夹紧框），在层合有手套材料的木头模具上开卷，无预拉伸。

■直升机玻璃成型：每个模次开始前，为加热后的铝制模具表面涂抹"拉伸油"。

■3D 玻璃成型：使用电动加热的木制模具作为阳模和阴模，层合手套材料，在模具内冷却制品！

■战斗机驾驶舱玻璃成型：将浇铸成型的有机玻璃在成型模具上夹紧，与模具一起推入热风炉中，加热并同时将板材置于成型真空环境中。塑型完成后（数小时后）取出整个包，慢慢冷却，之后手动抛光成型制出的护罩。

13

预印制片料热成型

13.1　概述

印刷图案类型
印刷方式有两种。

■ 分散印刷（无重复花型印刷）：选用哪种片料拉伸方式没有影响。由于采用分散印刷方式，各个制品上的彩色图案有所不同。

■ 样式印刷（有重复花型印刷）：印刷品根据进给速度、成型面中的成型分段数量和拉伸情况进行调整。各制品必须在所有评估标准下都相同（图 13.1）。

(a)　　　　　　　　　　　　　　(b)

图 13.1　预印制片材制成的盖子

对印刷颜料的要求
印刷颜料面临下列几项重要要求。

■ 颜料必须能够附着在制作片材的塑料上。

■ 颜料必须至少能够耐受片材的成型温度，在成型温度下色调不会发生任何变化。

■ 拉伸片材时颜料不能裂开，而是必须与片材一起被拉伸开。

■所有颜料的厚度必须大致相同。片料越薄，就越应该注意印刷时用的颜料不能太厚。

■如果使用接触加热装置加热片材，必须在印刷颜料上设置一个保护层，防止颜料传输到接触加热装置上，也防止粘在加热装置上。

对片料的要求

需要在热成型之前进行印刷的片料，其质量必须极佳，而且具有良好的拉伸再现性。这主要涉及厚度公差和冻结应力两方面。完成加热处理后，下料件上的横向和纵向纹理必须与原来保持一样！

下面通过一个例子来阐述片料再现性问题。挤出一个宽幅面，从中切出三个窄幅面——一个中间幅面，一个右侧幅面，一个左侧幅面。制造板材时，从这三个幅面产出下料件。进行收缩测试，检测这三个幅面制作的下料件是否具有完全相同的内部应力。如果内部应力不同，就不要期望最终制品相同了。按照最严苛的要求，只能使用中间幅面。缺点是：用宽喷嘴挤出的型坯只能使用其中很窄的一部分，很大一部分切边必须重新磨碎。

为了实现良好的印刷颜料附着效果，PP 和 PE 等几种塑料必须对需要印刷的表面进行预处理。使用辐射器加热装置加热片料，可以最大程度降低片料垂料。

在全自动辊式成型机上成型的片材卷还有其他要求。片材卷展开后，不允许出现张紧或翘曲现象。如果在一个平坦面上展开片材卷，则片材卷不得形成曲线状。展开 5m 长的片材卷时，最大允许出现 3mm 偏差，即最多偏离直线 3mm。

在板材成型机上成型的下料件也有特殊要求。在加工流程从左向右（机器操作人员视角）的板材热成型机上，大多将完成预印制的板材放置在右后方。这样印刷机（丝网印刷）和热成型机器都从同一位置拿取下料件。

在板材成型机中成型预印制的片材下料件时，为了满足最高定位要求，会在未印刷的片料下料件上冲裁出定位孔，这样既能将未印刷的下料件定位在印刷机中，又能将印刷后的下料件定位在热成型机器中。

对热成型机器的要求

预印制片料既能在板材成型机中成型，也能在全自动辊式成型机中成型。

预印制片料成型最重要的要求，是热成型过程的再现性。具体要求如下。

■相同的片料温度（要求非常好的加热装备）。

■相同的模具温度。

■移动过程恒定不变，最好使用伺服电机驱动。

■片料定位可再现：

·如果是板材成型机，在印刷（大多为丝网印刷）时用作止挡的边缘处；

·全自动辊式成型机则通过印刷标记控制装置（片材卷上的印刷标记，机器中的光电管——尽可能靠近成型站）实现。

■在生产过程中对通风、车间温度变化、机器加热、电流波动等变化进行自动平衡，有利于实现过程再现。

对成型模具的要求

必须调整成型模具的温度。多穴成型时需要在夹紧框中使用向上和向下夹持器。

手动送料的板材成型机必须调整夹紧框的温度。定位下料件时必须在右后方（机器操作人员视角）使用止挡，这样可以保证与印刷机中的定位相同。使用侧面有定位孔的片材时，必须根据下料件的定位孔设置定位销。借助夹紧框中的框架隔板，可以只加热最少所需的拉伸面并降低垂料。

成型工艺提示

如果可能，尽量放弃预吹塑。预吹塑越高，预拉伸中的公差就会越大。选择流程时，应该尽量早一些将预印制的片料放在成型模具中间位置（尽量靠近中间）。

扭曲印刷图案设计提示

制品上的颜色过渡不应出现在制品边缘区域。图 13.1（a）所示，属于不恰当的颜色设计。与之相比，图 13.1（b）的设计更合适，因为不会由于热成型过程中发生扭曲而出现偏差。

进行印刷设计时，应该尽量避免使用直线元素或者圆圈、正方形、长方形等精确对称的几何形状。如果无法满足这个要求，印刷时就必须使其尽量远离（超过 10mm）平面底部或者制品边缘。花样字体当属印刷设计的优先之选。

如已印刷下料件，那么，在丝网印刷机中定位时必须使用与成型机中相同的止挡（大部分在右后方）。

取消扭曲印刷

如果满足下列要求，就可以取消扭曲印刷确定工序。

■ 制品拉伸度小，对印刷图案是否歪斜要求低——比如拉伸件边缘附近没有颜色过渡或者文字。

■ 片材在加热装置中几乎不发生挠曲，不需要使用链条支撑装置。

■ 均匀加热片材，不使用任何样式相关加热隔板。

13.2 扭曲印刷确定工序

开始扭曲印刷确定工序之前，必须先确定下列边界条件：

■ 所用塑料；

■ 片材厚度与宽度；

■ 生产时使用的热成型机器；

■ 成型模具和样式部件；

■ 确保生产中使用的预印制片材质量统一，尤其是自由收缩率和厚度公差这两个参数。

通过下列几个步骤确定扭曲印刷参数。

■ 印刷片材时使用毫米网格。

■ 在配备生产模具的生产机器上，对印刷时使用毫米网格的片材进行成型处理。

■ 如果产出的制品质量优良，印刷图案完好无损，则停机并保存机器设置或将其保存在设置页中。

■ 对制品进行明确的记录说明：用箭头标明输送方向或在模具中的位置，多穴模具记录使用编号和模次编号。保险起见也对冲裁格网进行记录说明。制品和冲裁格网的标识示例参见图 13.2。

■ 确定扭曲印刷参数之前，对其上印有毫米网格的片材进行预处理；为此使用一段至少是进料长度 1.5 倍的片材。

■ 在尚未加热的片材和成型后的下料件上绘制坐标系（图 13.3、图 13.4）。针对已冲裁下制品的片材条，该项操作适用于冲裁格网。两个坐标系的零点与片材边缘之间的距离必须相同。坐标系的轴必须与毫米网格的线条重合。片材成型后，会发现毫米网格的线条发生变形。

■ 制品上理想的印刷图案，是必须与图纸或布局图（模板）相符。

■ 出于成本方面的考量，初次扭曲印刷只将几种最重要的颜色印在一个制品或者同一模次的所有制品上。从制品上转移到未成型片材坐标系上的网格点越多，扭曲印刷的精度就越高。

■ 这时在未成型片材上得到的彩色图案，就是获得的第一个扭曲图（扭曲印刷）。

■ 使用确定的初次扭曲印刷参数并叠加一个毫米网格印刷片材。片材卷则必须根据进料速度来确定控制标记。

■ 使用初次扭曲印刷参数对片材进行成型处理。

■ 重复上述操作并修正错误。

■ 之后印刷所有颜色。

■ 如果印刷图案简单，制品拉伸度适宜（小），只需一步就能确定扭曲印刷参数。拉伸度越高，颜色结构越复杂，需要重复执行扭曲印刷确定工序的可能性就越高。

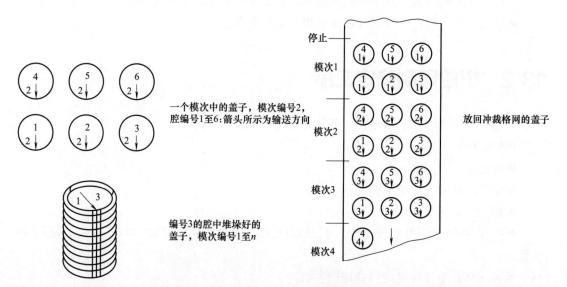

图 13.2　扭曲印刷，6 穴盖子成型模具标识示例

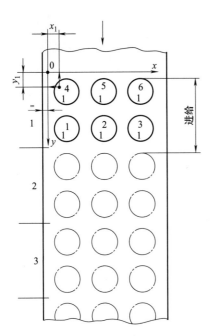
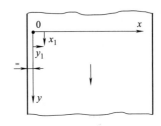

在冲裁网格上确定坐标   将坐标转移到未成型片材上
                          以确定扭曲印刷

图 13.3   用于确定扭曲印刷参数的坐标系

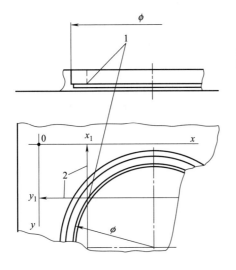

1—画出金边末端等
2—沿着扭曲的毫米网格延伸直至
坐标系的轴(x_i / y_i)

图 13.4   读取制品上一个彩色点的 x/y 坐标

14

冷却制品

14.1　脱模温度

开始脱模之前，必须先在成型模具上冷却制品，直至其形状稳定下来。制品最厚部位的温度降至低于最高长期使用温度后，即可将制品脱模。在表 3.2 "热成型机表格"（第 3 章）中，可以查到所有常见热塑性塑料的最高长期使用温度。脱模温度与制品采用真空成型法还是气压成型法成型无关。

冷却结束后，视壁厚和壁厚差异而定，拉伸件内部可能出现较大温差。

■ 最高脱模温度始终出现在制品壁的最厚部位，大致与片料的最高长期使用温度相当。

■ 最低脱模温度则必定出现在制品的最薄部位，其最小值与成型模具的温度相同。

例外情况：

在某些特殊情况下，一些技术类制品会提前脱模，之后在机器外部夹紧，直至在冷却装置中冷却到室温。如果无法应对制品变形，可以使用冷却装置。

测量脱模温度

制品温度可以在其表面使用红外线测量仪进行测量。

如果在制品冷却到室温之前不间断测量厚部件（大约 7mm）的表面温度，就会发现制品在脱模后，刚从热成型机中取出时温度先升高，之后再降低。原因是在冷却过程中，制品表面热量快速流失到成型模具和冷却空气中。由于塑料导热性差，因此脱模时制品内部温度仍然处于较高水平。视具体厚度而定，温度值可能会很高。如果为了确定冷却结束时间而对制品表面温度进行测量和评估，则在设置厚制品的温度时，必须使其显著低于长期使用温度。

由于只能测量表面温度，因此测得的表面温度只能视为参考值，而不能当作绝对值使用。最后，可以通过测试来确定冷却结束时间。测试时不断缩短冷却时间，直到制品在脱模后能够保持形状稳定；或者不断延长冷却时间，直到制品在脱模后不再变形。

提示：

脱模温度会影响加工收缩率！

14.2　冷却时间影响因素

热成型过程中的冷却时间受下列几个因素影响：

■ 塑料类型（各类热塑性塑料成型后比热不同）；

■ 拉伸后的片料厚度；

■ 成型温度；

■ 脱模温度；

■ 热成型模具的材料；

■ 热成型模具的温度；

■ 制品与成型模具之间的接触强度；

■ 使用空气或其他介质冷却制品未在成型模具上的面。

大部分全自动辊式成型机只通过成型模具进行冷却，而不主动使用空气冷却制品！

14.3　使用成型模具冷却

使用成型模具冷却制品时，主要是通过接触来传热。

成型模具温度越低，冷却时间就越短。一般模具温度参见表 3.2。

成型模具温度经验值

■ 包装机中的模具一般冷却到 20℃到 30℃左右。很少会低于 15℃。

■ 模型和内置剪切刀的冲裁模的冷却温度需要满足下列要求：在冷却温度下，操作人员能够掌控两部分模具的相对膨胀，保证上模具和下模具的切割边在不同的相对膨胀系数下不会受损。这类模型和冲裁模（比如 ILLIG-RDM）会冷却到 15℃～ 20℃左右。

模具温度低的极端情况/特殊情况如下。

针对未内置剪切刀的成型模具，一些企业力求将成型模具的温度降到最低，直至形成凝结水——周围环境中的湿气在成型模具上发生液化。凝结水的形成，受相对湿度、生产车间温度和模具温度的影响。在全球高湿地区，成型模具外部普遍会在 20℃环境中形成冷凝水。只要成型模具与塑料的接触面未形成冷凝水，就无需多虑。比如，对使用发泡片材制成的鞋垫进行成型时，用冰水冷却热成型模具。冰水温度介于 0 ～ 5℃之间，成型分段的温度在 10℃以下。这时成型分段外部形成凝结水，接触区域内却在对片材进行干燥处理。

关于如何计算冷却参数，请参阅热成型模具一章。

14.4　空气冷却

如果冷却时间长，可以使用鼓风机辅助冷却——板材成型机中的厚片料就是这种情形。

表 14.1 清楚列出了模具和空气冷却的诸多影响因素。表中给出的单位冷却时间值，均以使用 ILLIG 板材成型机加工 1mm 厚高抗冲聚苯乙烯为前提，冷却空气温度为 40℃。

表 14.1　不同冷却条件下的单位冷却时间

冷却条件		成型模具材质				
		不使用成型模具	木头或者塑料块材料	填充铝粒的铸塑树脂	铝	调温铝
空气冷却	无空气冷却	44	37	36	24	14
	风机，最高空气流速 10m/s	29	21.5	20.5	16	9
	可调式风机（避免气流相撞），最高空气流速 15m/s	22	18.5	18	12	7
	中央冷却空气（抽吸冷空气），气流可调整，模具温度低，空气流速 15m/s	20	16	15	10	6 至 3.5

与全自动辊式成型机相比，板材成型机的模具温度明显较高。比如，在全自动辊式成型机中成型聚丙烯时，成型模具温度为 15 ～ 30℃，而板材成型机的温度要调整到 70 ～ 90℃。板材成型机模具温度高的主要原因，是为了贯穿不同壁厚进行对称冷却，以免发生变形。

全自动辊式成型机则不装备鼓风机，也不使用空气冷却制品。在全自动辊式成型机上进行气压成型时，塑型所用压缩空气（即"成型空气"）的冷却效用微乎其微。这是因为，每个循环所用的空气量非常少，而且在冷却时间内成型空气处于停止状态。

板材成型机始终使用冷却风机冷却制品。如果一侧使用空气散热，另外一侧通过接触成型模具散热，两种冷却方式的散热量大致相同，这种情况下既可使用冷空气冷却，也可使用低温成型模具冷却。

优化空气冷却
可通过下列方式改善空气冷却效果：
- 提高冷却空气的流速；
- 使用温度相对较低的空气；

- 有针对性地使气流对准厚部位；
- 避免与其他气流相撞；
- 使用水喷嘴，在气流中夹杂喷射水雾；但仅推荐在空气低速流动时使用，即不超过 10m/s。这样可将空气温度降低大约 10℃。空气高速流动时，一般板材成型机没有足够的时间将水喷雾蒸发到空气中。这会使制品受潮并导致某些后果。

从公式（14.1）中可以看出，可传输的传导冷却功率 Q_L［kcal/h］（使用空气冷却）受哪些因素的影响。

$$Q_L=\alpha\times\Delta T_M\times S\times k \tag{14.1}$$

式中　Q_L——可传输的空气冷却功率，kcal/h；

　　　α——热传导系数，kcal/(kg·℃)，$\alpha=4.8+3.4v$，v——空气流速，m/s；

　　　ΔT_M——片材与空气温差，℃；

　　　S——空气作用面积，m^2；

　　　k——空气冷却有效系数（$k=0.6\sim0.7$）。

对空气冷却影响力度最大的两个因素是空气流速和空气温度。

14.4.1　板材成型机当前空气冷却技术水平

图 14.1 和图 14.2 所示，为配备冷却空气中央抽气装置和两个站点高温蒸汽抽取装置的板材成型机。

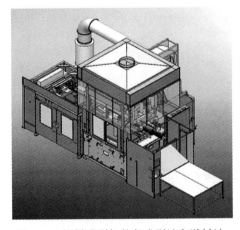

图 14.1　板材成型机装备成型站和送料站，以及用于成型站的中央冷却空气输送装置和用于抽取成型站高温蒸汽的准备装置

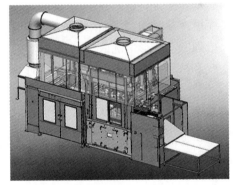

图 14.2　板材成型机装备成型站和送料站（送料站装有预加热装置），以及用于成型站的中央冷却空气输送装置和用于抽取两个站点高温蒸汽的准备装置

- 冷却过程中用于冷却制品的空气，不是从成型站上方的高温区域抽取，而是从机器外部抽气。
- 在机器上方抽气，可以帮助改善生产车间内的室内气候。
- 加工时使用的冷却空气，距离出气孔 100mm 时流速不超过 40m/s，在片料夹紧层上不超过 20m/s。

图 14.3　用于将抽取的冷却空气输送到一个分配器的输送装置，配备可调式冷却空气出口管

■相应通断各气流，可以避免不同冷却气流相撞。

中央冷却空气对冷却时间的影响

冷却空气温度具有哪些影响，参见表 14.2。对比所用的参考空气温度，是 60℃冷却空气温度。外界温度超过 30℃时，低矮生产车间内机器上方的空气温度在 60℃左右。因此大多数板材成型机会抽取温度相对较高的冷却空气。

表 14.2　使用低温冷却空气和相同模具温度时的冷却时间变化　　　　单位：%

冷却时间变化（基础：100%）	60℃冷却空气 （对比所用的参考温度）	50℃冷却空气	40℃冷却空气	20℃冷却空气
ABS（模具温度 85℃）	100	95	89	80
HIPS（模具温度 80℃）	100	93	86	71
HDPE（模具温度 95℃）	100	94	89	77
PP（模具温度 95℃）	100	95	89	79
PC（模具温度 125℃）	100	96	92	85

14.4.2　通过使用温度更低的冷却空气来降低模具温度

使用温度更低的冷却空气并提高空气流速，可以降低成型模具温度。

所获效果如下：

■缩短冷却时间，进而缩短循环时间；

■增强制品变形情况或制品质量监控。

空气和成型模具温度越低，冷却时间就越短。降低成型模具温度不是任何时候都能实现。

高温模具具有一定优势，下列情况下需要使用高温模具：

■避免形成冷却痕迹或最大程度减少冷却痕迹；避免制品内形成内部应力或最大程度降低应力；

■影响变形；

■避免塑型时提前冷却片料，或将其降至最低程度；

■复杂结构件脱模——制品壁厚差异较大；

■导热性差的厚片料（比如聚烯烃）。

下面详细介绍各项。

最大程度减少冷却痕迹

预成型时使片料和模具在极短时间内接触，可以最大程度减少冷却痕迹（阳模成型）。

也就是说，机器以极高的模台速度运行（使用伺服电机驱动模台可以实现），可以减少形成冷却痕迹，而且还适合与低温成型模具一起运行。当前技术水平下，模台运行速度最高可以达到 1000mm/s。

最大程度降低内部应力

并非所有片料都会由于快速冷却而形成内部应力。对应力敏感的几种片料：PMMA、PC、GPPS。使用对应力敏感的片料时，设置温度时必须使其略微低于片料的最高长期使用温度但尽量接近这个温度值，这样可以避免制品内形成应力。

HIPS、ABS、PP、HDPE 和 PET 等标准塑料一般不涉及内部应力问题。如果同时冷却空气温度较低，就可以降低模具温度（"对称冷却"）。

提示：

如果制品在使用期间需要暴露在高温下，因此必须处于绝对无应力状态，则应在热风循环炉中调整制品的温度。

避免在塑型过程中冷却片料

在下列情况下，高温塑料会在预成型过程中提前冷却，此时成型模具尚未将其塑造成一个完整件。

■ 如果塑料结束加热后储存热量过少，不足以支撑成型过程，或者塑料在成型过程中流失热量过快（比如薄片材、发泡材料、成型温度超过 200℃的片料等）。

■ 如果预成型时间过长。比如，为了避免阳模成型时形成褶皱而使用真空成型法时，可能出现这种情况。

变形影响因素

板材成型机中模具温度高的主要原因和常见原因，是为了避免制品发生变形。

由于板材成型机大多用于加工厚片料，因此与全自动辊式成型机相比，它时常面对变形问题。空气冷却效果差时，成型模具的温度不能过低，因为制品肯定会变形；与之相反，空气冷却强度大时（低温高速，中央空气冷却系统就是这种情况），成型模具温度不能过高，因为肯定会在前一种情况的相反方向发生变形。

如果空气冷却效果极佳，就可以帮助机器操作人员贯穿制品不同厚度进行对称冷却，并借此对变形施加影响。

厚壁件强度空气冷却注意事项

对厚壁制品进行强度冷却时，脱模后会发现，制品表面温度在脱模后先升高，之后降低。这意味着，冷却力度低的内核部分先向外散发热量，外层因而重新升温。视壁厚和材料类型而定，测量装置显示的温差值可能很高。

冷却强度越大，壁厚越大，表面升温就越明显——当然也与片料类型有关。如果在冷却过程中，升温超过长期使用温度的壁厚范围过大，就会导致制品发生变形。

为了避免厚壁件发生变形，必须在开始脱模之前先进行长时间冷却。有两种方式可以实现这个目的：

① 阴模和脱模斜度足够大（超过 2°）的阳模可以使用极低的模具温度工作，因为能够顺利脱模，而且长时间对称冷却时发生变形的概率很低。

② 长时间冷却时，脱模斜度小的阳模不能大幅度降低模具温度，因为会导致脱模困难。

原因如下：冷却时间过长，直至制品表面温度明显低于片料使用温度，这会导致制品在模具上"收缩"，继而在脱模时对松脱产生负面影响。

结论：如果不出现脱模问题，完全可以使用低温模具，这有利于降低表面脱模温度和制品内核温度。

何时可以使用低温成型模具？

只要同时满足下列条件，就能正常使用低温模具：

- 中央空气冷却；
- 片料相对较薄；
- 标准片料（高抗冲聚苯乙烯、ABS、HDPE、PP、PVC、GPET）；
- 脱模斜度适宜。

制品冷却对加工收缩率的影响

强力冷却、成型模具温度低、空气冷却强度大，在上述条件下，加工收缩率具有以下特点：最厚部位中心温度较高，表面温度较低。

结果：在缩短冷却时间和降低成型模具温度的同时使用中央空气冷却系统，可以在相应的"脱模温度设置"下使用相同的加工收缩率。脱模时贯穿不同壁厚的温度特征曲线才具有权威性，而不是表面温度；这会在强力冷却时通过新的温度特征曲线得出一个较低的表面温度。

15

脱模

所谓脱模，就是将成型后的最终制品从成型模具上松脱下来。视机器类型而定，成型模具从热成型件中驶出，或者相反，热成型件被从静止的成型模具中抛出。

整个脱模过程可以分为下列几步：

■ 冷却时间结束后，达到脱模温度后开始脱模。

■ 压力平衡。

■ 在成型冲裁复合模中进行冲裁。

■ 根据具体机器而定，使用压缩空气将制品从成型分段中松脱，某些情况下使用机械辅助装置。

■ 活动件从凹槽中退出。

■ 在模具和制品之间进行脱模移动（相对移动）。

■ 整个制品从成型模具中松脱出来之后，脱模结束。

脱模温度

冷却时间结束后开始脱模，即制品最厚部位温度降至已成型片料的软化温度以下时。详细信息请参阅"冷却制品"章节内容。

压力平衡

在脱模和冷却过程中，制品被压在成型分段表面上：

■ 真空成型时通过成型真空；

■ 气压成型时通过成型空气（压缩空气）；

■ 组合使用真空成型和气压成型时，真空压一侧，成型空气（压缩空气）压另外一侧。

制品从成型分段上松动之前，先使制品两侧实现压力平衡：

■ 真空成型时关闭成型真空，同时引入大气压，这样可以使制品两侧都处于在大气压下。

■ 气压成型时停止供应成型空气，塑造一个与大气压形成压力平衡的环境，这样可以使制品两侧都处于在大气压下。

■针对复杂的真空和气压成型，关断两侧压力并与大气压相连。

实现压力平衡（即在制品两侧塑造大气压环境），是将制品从成型模具表面松脱下来的起始点。

制品从成型分段上松脱

视机器类型和装备情况而定，有以下几种制品松脱方法。

■使用压缩空气（脱模空气）松脱。为此需要设置供应空气的空气横截面和时间。

■借助机械脱模辅助装置，比如阴模成型水杯底部的推料器。

■夹紧框中的向上夹持器和向下夹持器也能在成型面多穴设计时起到辅助脱模作用。

■某些机器（比如板材成型机）可将上模台的预拉伸柱塞用作脱模辅助装置。使用预拉伸柱塞进行预成型后，就可如此操作。进行冷却时，预拉伸柱塞返回初始位置，退出冷却气流的作用范围。脱模时，预拉伸柱塞在同一模次中第二次（上柱塞第二次下行）进入预拉伸位置。现在可以在吹入脱模空气时，在制品逐渐从模型表面松脱的过程中，逆向于预拉伸柱塞施加支撑力，避免制品变形。

凹槽脱模

凹槽较小时，脱模可以不使用活动件。脱模时制品的弹性发挥作用，直至达到一定的极限值。一旦超过弹性极限，就会形成白色裂纹，多数情况下会发生变形。凹槽的部件能否不使用活动件脱模，必须使用测试模具进行测定。表面粗糙度高或者表面结构大，可以视作凹槽较小。

大凹槽必须借助活动件脱模。视订单规格、机器类型和模具结构而定，活动件自动移动或者用手移动。后者仅限于使用板材成型机中的成型模具成型少数几个部件的情况。

有时候（很少）需要用暴力脱模较大凹槽，这时候制品可能会变形。

脱模移动

脱模速度和脱模空气流入量是脱模移动的两个重要参数。

所谓脱模速度，是指制品和成型分段之间的相对分离速度。小拉伸件多数情况下只使用一种速度脱模。拉伸深度大（超过100mm）的拉伸件脱模时，会使用一个速度特征曲线或者至少两种速度脱模，先慢后快，直至脱模行程结束。

脱模过程中在拉伸件和成型分段之间形成的中间区内必须流入空气。脱模斜度越大，空气流入横截面变大的速度就会越快。脱模斜度越小，就越需要有针对性的使脱模空气穿过成型模具进入中间区。在有些模具中，空气不能自动流入或抽取。这时候脱模空气必须与脱模移动精确匹配，只有这样才能避免制品变形。

如果成型的拉伸件在脱模过程中既未由于形成负压变形，也未因为形成正压变形，就说明流入的脱模空气量适当，也说明脱模空气横截面设置、脱模空气时间和模台的脱模速度设置正确。

脱模一般定律

■制品必须在模具上冷却到一定程度，直到具有足够的刚度可以脱模。

■理想脱模温度始终与塑料的最高长期使用温度大致相当。

■脱模温度始终是制品温度最高部位的温度（多数出现在最厚部位）。

■使用低温模具时，也必须将制品"热"脱模出来。

■厚壁件脱模属于特殊情况，在贯穿制品不同厚度的温度特征曲线（不可测）上，内核和表面温差较大。（会发现脱模后表面温度升高，之后再冷却下来）。

■冷却厚壁件时，如果使用成型模具强力冷却，但是气流较弱，这会导致在整体达到脱模刚度之前，制品与模具接触的一侧较之对侧温度低很多。塑料低于软化温度（模具侧）之后，其长度会由于温度变化而发生一定改变。只要制品还放置在模具上，阳模轮廓的长度就不会改变，也就是说，不会变小。制品"收缩在模具上"会加大脱模难度。

■脱模难度"老原则"就是使用"高温成型模具"。但是这条原则仅适用于弱气流情况。装备有中央空气冷却系统时，如果空气侧能够强力冷却，就能提前达到脱模所需的整体刚度。如果冷却时间缩短，脱模时刚度足够，内核温度不过高，也可以使用低温模具加工片料。只有冷却时间过长，制品收缩在模具上时，才不允许明显降低成型模具的温度。

■在所有脱模难度大的情况下，两步脱模法都会有助于脱模。第一步，预脱模，借助气压使制品延展，从模具上松脱，成型模具不移动。第二步就是正常脱模。即成型模具缓慢从制品中驶出，同时注入脱模空气，确保制品不变形。

16

制造堆垛

16.1 概述

堆垛性评估

制品是否能够堆垛，主要取决于下列因素：

- 制品的几何形状；
- 制品的刚性；
- 片料的滑动性（具有锁合性的片材可能能够顺利堆垛，但是无法拆垛！）；
- 机器所用技术——如果需要自动堆垛。

图 16.1　堆垛好的碗，无堆垛凹槽

此处所述规则既适用于薄壁包装制品，也适用于厚壁技术类部件。

制品必须能够彼此扣合，而不会卡住。壁斜度大的制品，无需使用专门的堆垛榫舌就能堆垛和拆垛（图 16.1）。

侧壁斜度越小，就越要注意待堆垛制品之间的可实现间距。

堆垛间距

堆垛间距 k 是指相互堆叠在一起的制品之间的距离，沿堆垛方向，在两个制品的相同基准面之间测量。如图 16.2 所示。

堆垛间距 k 可用下列公式进行计算或检查：

$$k = \frac{S_2 + b}{\sin\alpha} \tag{16.1}$$

式中　S_2——壁厚，如果制品侧壁有槽等结构，则在结构上方测量壁厚；

　　　b——制品之间的间距，不应低于 0.2mm；

　　　α——侧壁斜度。

堆垛间距检查示例

针对 S_2=0.5mm，b=0.3mm，α=8°：

$$k=\frac{0.5\text{mm}+0.3\text{mm}}{\sin 8°}=5.7\text{mm} \tag{16.2}$$

制品垛中的侧壁间距

侧壁间距 b（图 16.2）是指制品侧壁之间的距离。间距值影响制品垛的稳定性和分离难度。

如果间距过大，制品垛就会歪斜不稳，因为侧壁不能定心。制品垛可能滑塌和卡住，导致无法自动搬运填料。

堆垛间距小时，注意切勿将制品用力压入其他制品中，因为会导致难以分离甚至无法分离，或者导致制品损坏。一般情况下需要在各侧壁之间留出一定距离，这样才能将制品们重新分离，而不会由于拆垛时承压而导致制品发生变形。

不论侧壁间距大小，具有锁合倾向的 PET 等片材都必须采取防粘措施，这样才能堆垛和拆垛。

堆垛长度

堆垛长度 H 是指所有制品完成堆垛后测得的制品垛总长度。必须明确堆垛长度值，因为执行填充硬纸板等操作时需要使用该值（图 16.2）。

计算堆垛长度或一个制品垛中的制品数量：

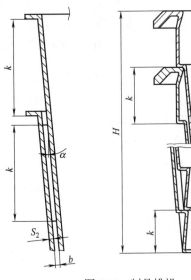

图 16.2　制品堆垛

$$H=h+(x-1)k \tag{16.3}$$

和

$$x=\frac{H-h+k}{k} \tag{16.4}$$

式中　H——x 件制品堆垛后的堆垛长度；

　　　x——一个制品垛中的制品数量；

　　　h——单个制品高度；

　　　k——堆垛间距。

堆垛凹槽

堆垛凹槽可能在边缘区域，也可能在底部区域，有时候也在侧壁区域（这种情况较少）。堆垛凹槽既可以是连贯的（贯穿所有部件），也可以中途中断。

根据制品垛中制品翻转状态的不同，堆垛分为下面几种方式。

■ 模腔相同，制品对齐方向相同。

■ 模腔相同，堆垛时旋转制品（翻转堆垛）。

■ 模腔相同，制品对齐方向相同，但是堆垛凹槽位置交错。

堆垛凹槽位置不同，会影响活动件的类型，即在接下来的模次触发不同的活动件来切换堆垛凹槽的位置（交错堆垛）。

■ 模腔不同，制品对齐方向相同，但是中断的堆垛凹槽定位不同。

上堆垛凹槽制品堆垛（图 16.3）：

图 16.3　杯子堆垛，带上堆垛凹槽（制品垛平放）

如果制品有一个上凹槽，则在制品边缘区域测量堆垛高度（图 16.4）。

$$堆垛间距 = f + 壁厚 \tag{16.5}$$

下堆垛凹槽制品堆垛：

下堆垛凹槽制品堆垛时，制品底部位于堆垛凹槽上，堆垛高度从堆垛凹槽测量到制品底部（图 16.5）。

$$堆垛间距 = f + 壁厚 \tag{16.6}$$

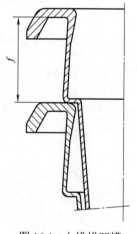

图 16.4　上堆垛凹槽

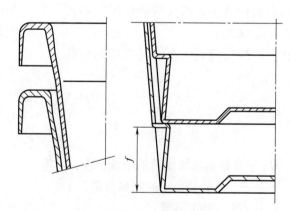

图 16.5　下堆垛凹槽

盖子堆垛

由于盖子的制品高度小，因此定心斜度很小。盖子可能滑塌。这会导致堆垛高度不同以及制品垛不稳。为了实现自动化处理，建议安装一个定心边（图 16.6 和 16.7）。这样不但能避免发生滑塌，也能避免盖子卡住。

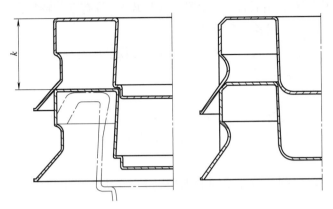

图 16.6　带和不带定心边的盖子设计

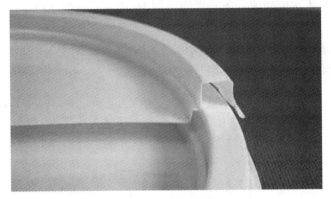

图 16.7　卡扣盖堆垛

16.2　使用交错式堆垛榫舌堆垛制品

带交错式堆垛榫舌的制品，参见图 16.8 和图 16.9（注：原书误印为图 16.9 和图 16.10）。

图 16.8　带四个交错式堆垛榫舌的包装件

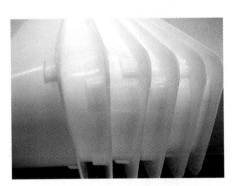

图 16.9　带交错式堆垛榫舌的制品

针对带有交错式堆垛榫舌的制品，有两种堆垛工艺可以选择。

① 成型模具中设有交错式榫舌（俗称 AB 堆垛），具有下列特征：

a. 成型模具具有一个或者多个成型分段；

b. 堆垛榫舌可以驶出；成型模具的各个成型分段装备有活动件，可以移动堆垛榫舌；

c. 这样在堆垛站中就能在一层中"正常堆垛"。

② 成型模具中设有固定式堆垛榫舌，也叫作交错堆垛，具有下列特征：

a. 成型模具采用多穴设计（比如双腔，参见图 16.10，A 和 B）；

b. 各个成型分段（图 16.10 中，A 和 B）具有固定定位在其他位置的堆垛榫舌（堆垛榫舌不移动）；

c. 在堆垛站中，将制品放在不同的水平层上过渡堆垛（水平层 A 和水平层 B，参见图 16.10）；

d. 最后一个堆垛列以外的制品（图 16.10，制品 B），借助推进气缸（参见图 16.10）的一次水平移动，依次排列成一条垂直线（图 16.10，垂直线 A-A），之后垂直进行堆垛移动；

e. 堆垛站在每个模次中进行下列移动：

使用推进气缸水平定位；使用顶针垂直堆垛。

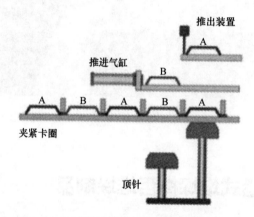

图 16.10　成型模具中设有固定式堆垛榫舌时的交错堆垛——在堆垛站中
将制品推成一条垂直线进行堆垛

第②点中介绍的堆垛方式在不超过四层时普遍适用：A、B、C、D。

17

热成型部件后加工

技术类制品的后加工成本最多可以占到总成本的 60%，有时甚至会占到 80%。如果不能将后加工工序集成到一条机器产线中，就需要额外的处理工作。

后加工工序示例：

■ 分离，切割

■ 去毛刺

■ 连接

■ 增强

■ 表面处理

17.1　分离与切割

使用切割锯锯切

使用水平切割锯只能在水平层中裁切。裁切出的大部分制品必须去毛刺。

切割锯（图 17.1）可以使用不同的刀条：

(a) 水平切割锯

(b) 2个向下夹持器之间的锯条

图 17.1　切割锯

- 条刀（无齿）适用于壁厚不超过 0.5mm 的制品；
- 带锯片（带齿条刀）；
- 金属带锯片。

锯齿、裁切速度、进料、锯条行进方向以及锯条和制品导向装置都会影响制品的裁切质量。

使用带钢裁切刃（切断刀）进行冲裁

带钢裁切刃可以冲裁厚度不超过 4mm 的全金属制品，但是只有厚度不超过 1.2mm 的制品才能"干净"裁切。详细信息参见第 18 章"冲裁热成型制品"。

根据冲裁工序的不同：

- 使用带钢裁切刀冲裁，同时切穿整个裁切刃长度，这种操作在冲压机等机器中普遍应用。
  - 优点：切割轮廓精确，冲裁时间短；
  - 缺点：要求驱动的冲压机具有较高的切割力。
- 连续切穿裁切刃长度，例如使用滚筒冲压机时（图 17.2）。在滚筒冲压机中，带钢裁切刃以及放置在裁切刃中的拉伸件以恒定不变的间距在被驱动的两个滚筒之间穿过。
  - 优点：冲裁装置的切割力小；
  - 缺点：滚动导致切割轮廓的精度较差。

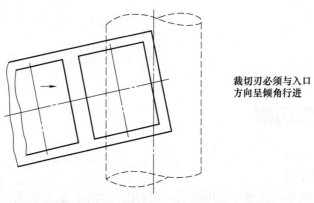

裁切刃必须与入口方向呈倾角行进

图 17.2　将一个拉伸件引导向滚筒冲压机中

使用落料冲模（剪切刀）进行冲裁

与带钢裁切刃一样，落料冲模也可以冲裁厚度不超过 4mm 的金属制品，但是只有厚度不超过 1.2mm 的制品才能"干净"裁切。关于剪切刀冲裁工艺的更多详细信息，请参阅第 18 章"冲裁热成型制品"。

使用落料冲模的切割类型：

- 使用冲切飞剪进行切割；
- 使用对向行进的圆刀进行切割，例如在进料方向用作纵向切刀，对凹凸地垫和冰箱门进行侧切；
- 在落料冲模中切割。

使用锯齿刀进行粗切

使用锯齿刀进行粗切时，将一把厚约 1.5mm 的锯齿形刀片切入一个宽 4 ～ 5mm 的切缝中。也可进行三维切割。相关信息参见图 21.32 和 21.33，第 21 章 "热成型模具"。

- 优点：切割力小，冲裁模具适于使用；
- 缺点：只能用于软或半硬材料，无法形成完美的切割直边。

三维切割

采用下列工艺可以实现三维切割：

- 铣削（参见图 17.3）；
- 水射流切割；
- 激光切割；
- 使用落料冲模进行冲裁；
- 使用锻造而成的冲刀进行冲裁。

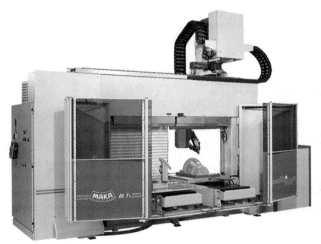

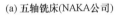
(a) 五轴铣床(NAKA公司)　　　　　　　(b) 铣削主轴

图 17.3　铣削

17.2　去毛刺

使用带钢裁切刃、落料冲模和剪切刀冲裁后无需去毛刺，激光切割后也无需去毛刺。切口不干净时才需要去毛刺，如：

- 使用切割锯锯切之后；
- 完成某些铣削作业之后；
- 完成大多水射流切割作业之后。

既可使用去毛刺刀或电动去毛刺刷手动去除毛刺，也可全自动去毛刺（比如使用多轴机器）。

17.3 连接

焊接

热塑性塑料可以使用多种焊接工艺：

- 旋转焊接；
- 超声波焊接；
- 振动焊接（角焊）；
- 加热元件焊接（镜面焊）；
- 热气焊接；
- 高频焊接；
- 感应焊接。

热成型制品可以使用下列焊接技术：

- 超声波技术；
- 振动技术；
- 高频技术；
- 加热元件焊接。

并非所有塑料都适用超声波焊接和高频焊接。

黏合

黏合时需要使用合适的常见黏合剂。黏合面必须干净且无油脂，此外还应处于粗糙状态。某些具有"防粘性"表面的塑料，比如 PE、PP、POM 等，需要花费高额成本进行表面预处理（焙烧、表面去静电、化学性预处理等）。黏合剂选择提示，参见第 3 章"热塑性片料"，该章节介绍了与各种塑料有关的知识。必要时请咨询黏合剂制造商。

铆接和螺栓连接

由于塑料的强度没有金属那么高，因此应该相应使用较大的直径和承压面，与木头近似。

塑料进行螺栓连接时，需要使用专门的塑料螺栓。

增强

影响制品刚性的几个因素如下：

- 所用塑料（弹性模量）；
- 热成型工艺中实现的壁厚；
- 制品造型（长度、宽度、高度、半径、肋片等）；
- 使用温度。

下列情况下需要进行增强：

① 热成型过程中未达到目标刚性；

② 后期增强成本低于使用更厚更贵原材料所产生的成本；

③ 不通过绝缘、黏合、焊接等后期工艺进行钢化。

增强方式有多种：

- 玻纤层压；
- 使用组合性泡沫或 PU 泡沫加衬里；
- 黏合增强元件；
- 浇铸（比如给薄角浇铸环氧树脂）。

表面处理

制品表面处理包括下面几种类型：

- 打磨，抛光；
- 涂覆涂层；
- 印刷；
- 金属喷镀；
- 电镀；
- 植绒；
- 防静电处理（防静电喷雾、防静电清洗、使用洗涤剂溶液洗涤）。

17.4 回收利用

直接在工厂内回收利用材料，是当前普遍采用的方法。生产片材时的切边以及种类单纯的废料，均可进行再熔化和颗粒处理，然后重新导入片材挤出工序。如果有污物、多类塑料混合在一起或者废料颜色不同，回收利用时会出问题。

多种塑料废料混合在一起，或者收集处的废料，可以通过挤出或挤压工序加工成要求不高的制品，这些制品大多用于园林或景点建造，也可用于工商业等。

大多数片材和板材供应商都回收利用塑料废料。材料询盘或订购产品时，务必就废料回收事宜与供应商达成协议。废料，即便是松散废料，也是具有一定经济价值的次级原材料。

18

冲裁热成型制品

热成型中不但有切割工序还有冲裁工序。在切割过程中，从起点到终点连续性分离。冲裁工序中则只进行一次切割，所有点同时分离。

在包装领域，除了少数例外情况，都是使用冲裁工艺。因此本章只介绍冲裁相关知识。

冲裁工艺主要分为两种：使用刀片切割（切断）和使用剪刀切割（剪切）。

18.1　切断

切断：术语，基本原理

切断相当于使用刀片进行切割。

刀片大多使用带钢制成，称为"带钢裁切刃"。配备带钢裁切刃的切断模俗称带钢冲模。表 18.1 所示为带钢刀片高度公差。

极少情况下使用经过锻造的刀片进行冲裁。

切断刀切割工艺

使用刀片切割时，通过一个切割楔块使塑料分割开来（图 18.1）。

使用冲刀可以完美切割厚度不超过 1.2mm 的塑料。在实际应用中可用切断刀冲裁厚度不超过 4mm 的制品。

切断模的刀片形状和冲裁反向支板

图 18.2 所示为不同的刀片几何形状。厚度多为 1.05mm 或 1.42mm，高度介于 20 ～ 100mm 之间。刀刃经过感应硬化处理，刀刃表面经过刮削或打磨处理。

刀刃高度越大，就越需要进行后期修整来实现均匀的切割深度。所谓修整，是指对刀刃或冲裁板的背面进行衬垫。

图 18.3 所示，为冲裁反向支板，也称为冲裁反向支撑板或冲裁板。

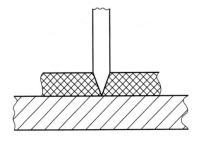

使用切断刀切割坚韧的塑料
切割深度为90%～100%

坚韧塑料举例：PE、聚丙烯共聚物

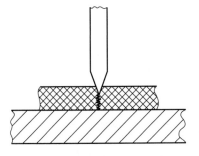

使用刀片切割易碎塑料。切割从挤压
开始，结束于塑料因其成型强度或抗
冲击性较小而断裂

易碎塑料举例：普通PS(GPPS)、OPS、
HIPS、SBS/PS、填充PP

图 18.1　切断刀

表 18.1　带钢刀片高度公差　　　　　　　　　　　　　　单位：mm

刀刃高度	8.00～25.40	25.4～50.80	50.8～76.20	76.20～100
高度公差	±0.020	±0.025	±0.030	±0.035

50°～60° 1	0.4～0.8 8°～10° 2	3	4	30° 0.02−0.02/0
60°刀刃，对称磨片	对称双楔形	60°刀刃，不对称磨片	不对称双楔形	4mm宽刀片30°刀刃对称磨片
针对0.8mm以下厚度材料	针对0.8mm以上厚度材料	无边冲裁，材料厚度8mm以下	无边冲裁，材料厚度0.8mm以上	冲裁崩裂式包装

图 18.2　刀刃几何形状

　　热成型时可以使用不同规格的冲裁反向支板，比如经过硬化处理的冲裁反向支板、冲裁软板、塑料冲裁板（大多仅用于滚筒冲压）等，少数情况下也会使用有橡胶垫板的冲裁硬板。

切断模示例

切断模示例，参见图 18.4～图 18.11。

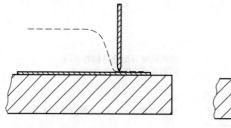 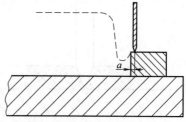

冲裁反向支板用作冲裁板   冲裁框用作冲裁反向支板
                               冲裁框经过硬化和磨削处理

图 18.3　冲裁反向支板

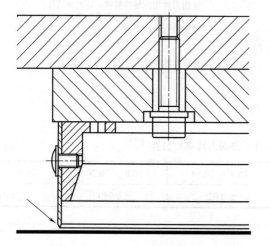

裁切刃(刀片)
– 固定在可调式铝架上；
– 易于更换；
– 可间接加热的切割点，见箭头

图 18.4　切断模（剖面图）

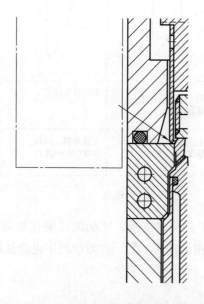

裁切刃(刀片)
– 固定在铝架上；
– 易于更换

切割点见箭头

图 18.5　用于杯子/带钢裁切刃冲裁的成型冲裁复合模
（剖面图：ILLIG – RDK 模具）

切断模示例

(a) 多重切断刀，包在木头中。背面细节参见图18.6(c)

(b) 焊接的接合点(也有铆接的接合点)

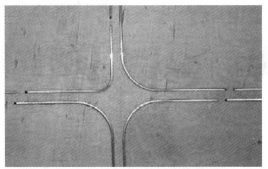

(c) 多重冲模4个角的间距背面细节图，切口位置参见图18.6(a)

图 18.6　切断刀，包在木头中

(a) 多重切断刀
单个切割可调节

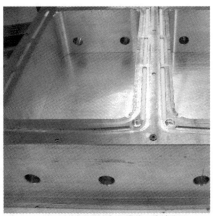

(b) 硬化钢板制成的冲裁反向支板
用于容纳阴模制品的接收位置

图 18.7　切断刀，包在铝中

(a)

(b) 铝支座上带切断刀的冲裁站；
冲裁板对面位置

(c) 带切断刀加热装置的冲裁站

图 18.8 带切断刀的成型冲裁站

(a) 模具上部仰视图(模具打开，带向下夹
持器和带钢裁切刃)

(b) 模具下部俯视图(模具打开，模具成型
部件和冲裁反向支板)

图 18.9 带切断刀的多腔成型冲裁复合模

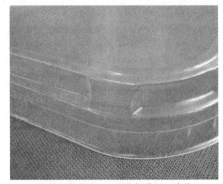

(a) 使用带切断刀的成型冲裁复合模成型和冲裁制成的
PP盖子，堆垛在RDK机器的堆垛站中

(b) 盖子细节图，已用带钢裁切刃冲裁

图 18.10　使用带切断刀的成型冲裁复合模成型和冲裁矩形盖子

(a) 模具上部视图，带预拉伸柱塞和带钢制成的冲刀

(b) 冲刀细节图

图 18.11　用于制造圆形杯子的带切断刀成型冲裁复合模

18.2　剪切

剪切的术语，基本原理

剪切相当于使用剪刀进行切割。带剪切刀的冲裁模俗称落料冲模。

落料冲模由以下两部分构成：

- 冲裁阴模（凹模）是剪切刀刃在外部的模具部分；
- 冲裁阳模（凸模）则是剪切刀刃在内部的模具部分。

剪切刀切割工艺

剪切刀通过剪切使塑料分割开来（图 18.12）。

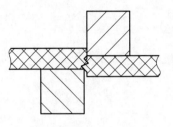

使用剪刀切割易碎塑料。
切割从剪切开始，结束于塑料因其成型
强度较小而断裂

易碎塑料举例：
普通PS(GPPS)、OPS、HIPS、SBS/PS、填充PP

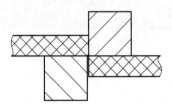

使用剪刀切割坚韧塑料。切割过程
全部由剪切完成

坚韧塑料举例：PE、PP、PET、PVC

图 18.12　剪切刀

工艺技术上力求实现的切缝

表 18.2 所示为带剪切刀冲裁模的切缝。

表 18.2　带剪切刀冲裁模的切缝　　　　　　　　　　　单位：mm

全自动辊式成型机中的成型冲裁复合模	0.005 ～ 0.010
HIPS、PP、PVC 冲裁	0.010 ～ 0.015
PET 冲裁	0.006 ～ 0.008
冲裁具有铝制盖膜的 PS 包装材料	0.008 ～ 0.010
冲裁具有约 12mm PET 层作为盖膜的包装材料	0.003 ～ 0.006

剪切模具的特征

剪切模具类型如下：

■ 两个刀刃平行；

■ 一个刀刃具有顶部磨片，另外一个刀刃笔直。

这两类剪切模具的两个组成部分都是相向运行，刀刃重叠切割。

所有冲模的刀刃都经过硬化处理。

图 18.13 所示，是一个带剪切刀的冲裁模具示例。箭头上方是冲裁阳模（凸模）和向下夹持器，箭头下方是冲裁阴模（凹模）和冲裁后制品的顶料器。

图 18.14 所示，是一个采用剪切刀冲裁工艺制作杯子的成型冲裁模具示例。箭头上方是冲裁阴模（凹模），内置向下夹持器和预拉伸柱塞；箭头下方是成型分段，它同时用作冲裁阳模。

图 18.15 所示，是一个采用剪切刀冲裁工艺制作盖子的成型冲裁模具示例。箭头上方是冲裁阴模（凹模）；箭头下方是内置冲裁阳模的向下夹持器，阳模中装有阳模成型分段。

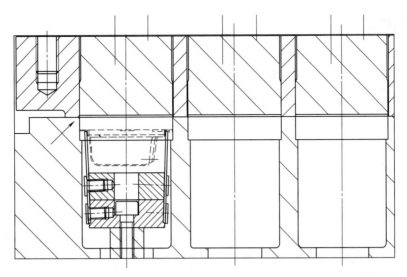

图 18.13　密封包装材料冲裁站的冲裁模具（剖面图：ILLIG-FS 冲裁模具，切边参见箭头）

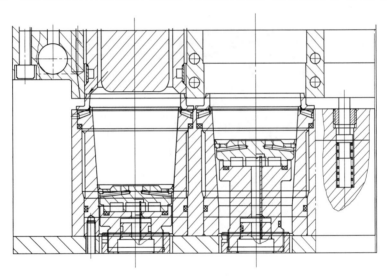

图 18.14　U 形边杯子的成型冲裁复合模（切边参见箭头）

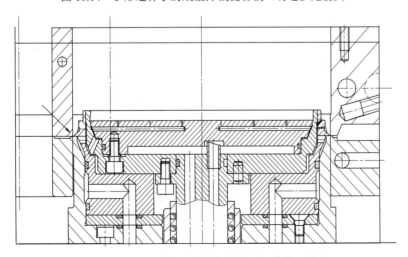

图 18.15　卡扣盖成型冲裁复合模（切边参见箭头）

剪切模具示例

图 18.16～图 18.21 所示为剪切模具示例。

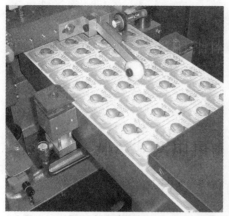 

(a) 运入冲裁站   (b) 从冲裁站运出

(c) 顶料器带着冲裁好的包装从凹模中移出

图 18.16 ILLIG-FFS 成型填充焊接设备中的冲裁站冲裁 HIPS 碗，用铝制盖膜密封

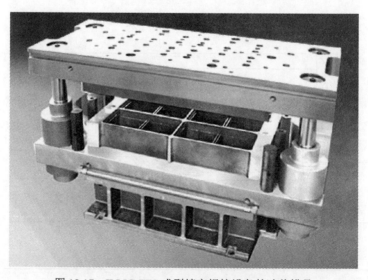

图 18.17 ILLIG-FFS 成型填充焊接设备的冲裁模具

落料冲模可以运行数百万个行程，直至更换落料冲模或者打磨刀刃。八百万次行程后磨损，参见图 18.18。

图 18.18　八百万次冲裁行程后磨损的刀刃

冲裁模近景

切边细节图

图 18.19　剪切模具冲压机，ILLIG-STAL

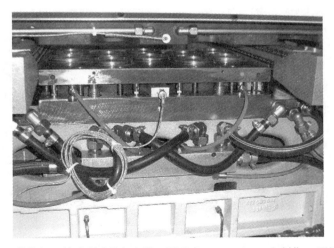

图 18.20　带剪切刀的成型冲裁复合模，用于在 ILLIG-RDM 上制作 U 形边的杯子

(a) 冲裁板(上方)固定，下方成型模具倾斜移动

(b) 下方成型模具翻转着进入堆垛装置中的制品过渡带位置

(c) 上模视图(冲裁阴模、向下夹持器、无上柱塞的上柱塞杆)

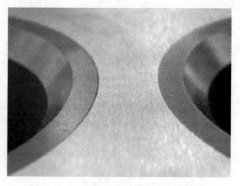

(d) 带向下夹持器的冲裁阴模细节图

(e) 下模视图(带冲裁阳模的成型模具、模具嵌件、冲裁网络的冲压头)

(f) 带模具成型部件的冲裁阳模细节图

图18.21　带剪切刀的成型冲裁复合模，用于在 ILLIG-RDM 上制作圆形盖子

18.3 切断刀和剪切刀对比

切断模和剪切模具对比（表 18.3）

表 18.3 切断模和剪切模具对比

特 征	切 断 模	剪切模具
切割过程	■切断模在整个切割长度内间歇性切割，因此拉伸件离开成型站时在指定断裂位置挂有废料 ■取决于堆垛技术，制品的支杆挂在冲裁格网中；堆垛时制品会从冲裁格网中分裂出来	■剪切模具在整个切割长度内切割时不会出现任何中断 ■取决于堆垛技术，制品可以直接从模具中运出
切割边的切割质量（手感）	■针对堆垛过程，借助刀刃槽口对支杆进行成型：触感明显，有时有障碍感 ■针对堆垛过程，借助冲裁反向支板中研磨入的凹槽对支杆进行成型：几乎感觉不到；仅适用于韧性材料	由于在模腔和冲裁格网之间不要求使用任何支杆，因此可以实现平滑的切边
实现正常冲裁质量的最大厚度约略值	1.2mm	1.2mm
最大冲裁厚度（实际应用中，一般情况）	切断刀最大约 4mm（滚筒冲压机）	剪切刀最大约 6mm（比如冰箱内胆切边）

成型冲裁复合模中的切断刀与单独冲裁模具中的切断刀对比（表 18.4）

表 18.4 成型冲裁复合模中的切断刀与单独冲裁模具中的切断刀对比

特 征	成型冲裁复合模中的切断刀	单独冲裁模具中的切断刀
拉伸件和冲裁格网之间的支杆，用于堆垛工艺	有（取决于机器所用堆垛技术）	
切割边的切割质量（手感）	■触摸时有明显触感和障碍感——如果借助刀刃中的槽口制作堆垛指定断裂位置 ■触摸时几乎无感——如果借助冲裁反向支板中研磨入的凹槽制作堆垛指定断裂位置（仅适用于韧性材料）	
拉伸面	比冲裁面大	比冲裁面大
冲裁错位	无冲裁错位 公差仅受模具制造公差的影响	冲裁错位受片材质量（收缩）和运输精度的影响
无边冲裁	■无法实现无边冲裁 ■使用单侧打磨刀刃时，可以实现最小1mm左右的边宽（从成型分段的边缘测得，即包括拉伸件的壁厚在内）	■无法实现无边冲裁 ■使用单侧打磨刀刃时，根据几何形状的不同，可以实现的最小边宽为0.5mm以上（其中运输公差为±0.3mm）
可调式单个切割	不要求	优点是可以修正冲裁格网的收缩特性
浮动式单个切割	不要求	优点是可以修正冲裁格网的收缩特性（通过使用定心块，或者通过在单个制品的废料区域额外成型结构，以此在制品上进行切割定心）
裁切刀可加热	可以实现，但是成本高昂（特殊解决方案）	可以，最高可达到200℃左右（刀刃可达到170℃左右）
冲裁反向支板可加热	冲裁反向支板不能加热至超过热塑性塑料的软化温度，因为此时冲裁反向支板是成型模具的一部分，温度可以调控	可以，冲裁站上下模台均有加热板可用
冲裁时的塑料温度	脱模温度	薄片材约为室温
形成绒毛（受材料影响）	使用冷刀时不可避免	使用热的裁切刀时很大程度上可以避免
使用寿命	最多两百万次切割，特定条件下最多八百万个冲裁模次	几万至二十万个冲裁模次，取决于模具设计、塑料、修整和冲压机等

成型冲裁复合模中的剪切刀与单独冲裁模具中的剪切刀对比（表 18.5）

表 18.5 成型冲裁复合模中的剪切刀与单独冲裁模具中的剪切刀对比

特　征	成型冲裁复合模中的剪切刀	单独冲裁模具中的剪切刀
拉伸件和冲裁格网之间的支杆，用于堆垛工艺	无（取决于机器所用堆垛技术）	
切割边的切割质量（手感）	比切断模优良，因为不需要形成堆垛指定断裂位置	
可以减小冲裁力的顶部磨片	不可行	可行
拉伸面	与冲裁面一样大	比冲裁面大
冲裁错位	无冲裁错位	冲裁错位受片材质量（收缩）和运输精度的影响
无边冲裁	可行（冲裁阴模＝成型模具中的侧壁）	可行
可调式单个切割	不要求	可实现，可以针对模具驶入进行调整，之后销连接进行生产
冲裁阳模可加热	否	否
冲裁阴模可加热	否	否
冲裁时的塑料温度	脱模温度	薄片材约为室温
形成绒毛	低风险可通过提高片材温度加以改善	有风险可通过轻微去除切边的尖锐部分加以改善
高品质模具的使用寿命	PET：最多一百万至两百万个模次；HIPS：最多两百万至四百万个模次，特定条件下可以达到八百万个冲裁模次	PET：最多一百万至两百万个模次；HIPS 最多两百万至四百万个模次，特定条件下可以达到八百万个冲裁模次

18.4　冲裁影响因素

待冲裁塑料的影响（表 18.6）

表 18.6 待冲裁塑料的影响

特　征	影　响
塑料类型	■单位冲裁力，参见章节 18.7 "冲裁力" ■冲模使用寿命 ■片材中的磨损性填充料和片材上的磨损性印刷颜料会缩短使用寿命 ■形成绒毛

待冲裁制品和成型面设计的影响（表 18.7）

表 18.7　待冲裁制品和成型面设计的影响

特　征	影　响
冲裁位置的材料厚度	冲裁力
总切割长度	冲裁力 此外必须注意下列事项： ■每米的半径数量和大小：小半径可以提高挤压力，从而提高所需的冲裁力。 ■总切割长度中，使用紧密平行排列的裁切刃进行切割的长度（低于 12mm）部分会提高冲裁力
冲裁边公差	选择冲裁工艺
切割质量（手感）	选择冲裁工艺

机器 / 冲裁站的影响（表 18.8）

表 18.8　机器 / 冲裁站的影响

特　征	影　响
冲裁力	冲裁长度 / 成型面设计 / 机器出料量
冲裁面	冲裁长度 / 成型面设计 / 机器出料量
冲裁站刚性	单独冲裁站中的切断刀：影响裁切刃的使用寿命
冲裁速度（切割速度）	刀刃缓慢切割时影响加热后的冲裁刀刃
切断刀调整装置（冲模输送方向的横向和角位置）	冲裁边精度 成型后片材带的歪斜度（变形度）的可调性

18.5　形成绒毛

图 18.22 所示为 HIPS 碗的冲裁边。

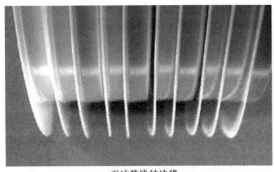
无冲裁线的边缘

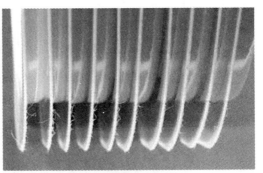
边缘上的冲裁线="绒毛"

图 18.22　HIPS 碗冲裁边，边厚 0.6mm

切断时形成绒毛

图 18.23 所示为使用切断刀冲裁时形成绒毛。

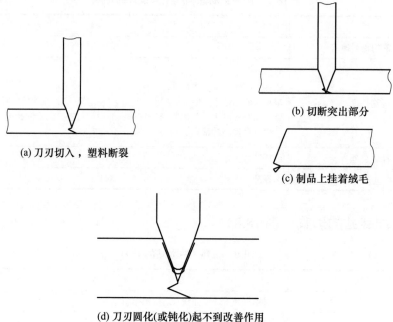

(a) 刀刃切入，塑料断裂

(b) 切断突出部分

(c) 制品上挂着绒毛

(d) 刀刃圆化(或钝化)起不到改善作用

图 18.23　使用切断刀冲裁时形成绒毛

剪切时形成绒毛

图 18.24 所示为使用剪切刀冲裁时形成绒毛。

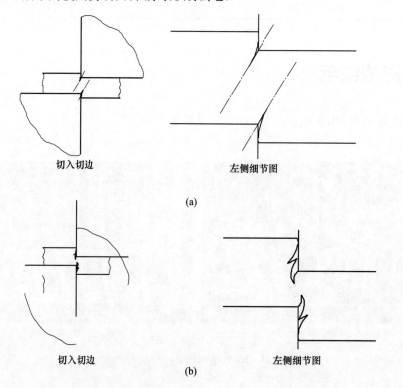

切入切边　　　　　　左侧细节图

(a)

切入切边　　　　　　左侧细节图

(b)

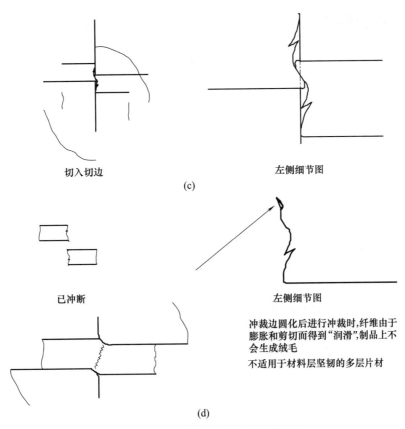

切入切边　　　　　　　　左侧细节图

(c)

已冲断　　　　　　　　左侧细节图

冲裁边圆化后进行冲裁时,纤维由于膨胀和剪切而得到"润滑",制品上不会生成绒毛
不适用于材料层坚韧的多层片材

(d)

图 18.24　使用剪切刀冲裁时形成绒毛

带剪切刀的成型冲裁复合模形成绒毛的细节

图 18.25 所示为在预拉伸器快速运行且向下夹持器压力小时形成绒毛。图 18.26 所示为在向下夹持器凸出时形成绒毛。

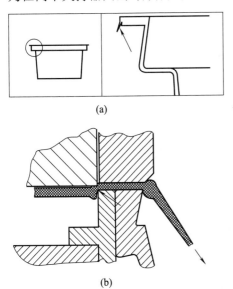

(a)

(b)

图 18.25　在预拉伸器快速运行且向下夹持器压力小时形成绒毛

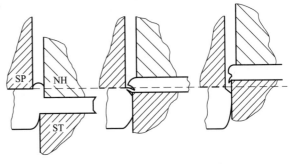

(a) 闭合过程开始　　(b) 闭合位置有裂纹　　(c) 冲裁带有裂隙和绒毛

图 18.26　在向下夹持器凸出时形成绒毛

SP—冲裁阴模（凹模）；ST—冲裁阳模（凸模）；NH—向下夹持器

双重切割形成绒毛

成型站过载时膨胀系数较大，如果冲裁时剩余切割深度较大，会导致发生动态垂直移动。这时切边会在闭合过程中出现短时张开移动。这意味着，切边在切口中属于切割的一部分，因为它在切口中张开少许，之后可以直接完成切割而无需离开切口。这会导致"双重切割"，根据具体切割状态而定，材料及其温度可能导致形成绒毛。

材料倾向于形成绒毛

某些热塑性塑料倾向于形成绒毛，比如：

- HIPS（高抗冲聚苯乙烯）；
- PP（聚丙烯）；
- CPET（结晶性聚酯）。

冲裁时有形成绒毛（EH）的倾向，无关使用哪种冲裁工艺。所有热塑性塑料都具有不同的规格。抗冲击强度越高，就越容易形成绒毛。冲裁过程中所施加的影响相对较小。

具有形成绒毛倾向的材料的典型属性

以 HIPS 为例阐述说明。

- HIPS 由脆性 PS 矩阵及高负荷聚丁二烯构成。其中丁二烯所占比例仅为 3% ～ 5%，但已足够赋予材料可接受的抗冲击性。
- 这两种相位具有截然不同的抗断裂特性和抗冲击性。一个相位"易碎"，另外一个则"具有黏性"。
- 这就是为什么丁二烯含量少的 HIPS 轻轻刮擦就会破裂，而 Styrolux（PS，含 30% 丁二烯）则不易破碎。

18.5.1 切断时减少形成绒毛

- 使用刀刃稍微圆化的切断刀刃。
- 开始调试前，先用油石稍微钝化切断刀的刀刃。
- 加热裁切刃：材料厚度不足 1mm 时，加热刀刃可以显著减少形成绒毛。参考值：刀刃 160℃，不加热冲裁反向支板；或者刀刃 140℃，加热冲裁反向支板。
- 冲裁塑料时，尽量高温冲裁。塑料温度越高，破裂就越晚。
- 切割易裂材料时尽量阻截冲裁行程，避免刀刃到达冲裁反向支板的止挡位置。切开塑料整个厚度的上面大部分厚度，下面小部分厚度借助刀刃弯角形成的分割力使其裂开。这样可以避免刀刃到达冲裁反向支板的止挡位置，进而避免分割断裂不干净和形成绒毛。
- （间接说明：冲压机刚性越强，避免形成绒毛的可能性就越大。）
- 片料厚度较大时，使用尖的切割弯角有利于切割——切断刀带双重打磨，可以延迟断裂和减少形成绒毛。

18.5.2 在成型冲裁复合模中剪切时减少形成绒毛

- 减小向下夹持器第一个压力级的压力。

"上游"向下夹持器在预冲裁（"高温切割"之前）开始前高压挤压密封边。向下夹持器压力减小，会降低高温片材切割区域的挤压体积，从而减少形成绒毛。挤压冲裁阳模切边上方的高温材料块时，导致发生冷却，同时冷却层出现细微裂纹，晚些时候看起来就像绒毛。

■ 修整密封边的流程：理想情况下，冲裁阳模达到预切深度后，向下夹持器应在修边时达到最大压力值。这样可以显著避免修整切边时挤压体积发生流动。针对这类"延迟挤压"，向下夹持器必须达到足够大的力！

当机器和模具的合模力（刚性）过小时，即成型站的弹性膨胀过大，冲裁前向下夹持器卸压导致膨胀系数减小，会导致在冲裁切割前出现额外的相对移动——即"双重切割"。这种双重切边切入导致形成绒毛。也就是说，模具设计也会对绒毛的形成产生影响。

■ 预拉伸柱塞低速运行可以避免形成绒毛。拉伸速度高，并伴有形成冷片材的趋势，这会导致片材在向下夹持器下发生滑落，从而使冲裁阳模切边上的片材出现擦伤。冲裁阴模和向下夹持器齐平时，只要片材滑动，就肯定会在冲裁阳模的切边上滑过，导致下层发生损伤，并在最终制品上显示为绒毛。

■ 延长停留时间（加热过程中，片料温度超过软化温度的时间段，比如 PP 温度超过 $110℃$ 时）可以减少形成绒毛。这时是否延长停留时间和模次时间（减少模次），以及是否在相同模次下延长红外线加热和接触加热无关紧要。比如可以在红外线加热前设置两个辊预加热装置。在这种情况下，要想延长超过软化温度的时间段，必须尽快加热辊预加热装置，从而获得较长的停留时间。

■ 尽可能小的剩余切割深度（大约 0.1mm，冲裁凸轮冲程 0.8mm 的 1/8）可以抑制形成绒毛。相关解释参见深切的影响部分，深切可以有效避免高温物质在切边上发生挤压。

■ 向下夹持器不要凸出。

■ 成型站不要超载，避免发生双重切割。一般规律：成型站刚性越强，切口就越干净，冲裁冲击也就越小。

■ 新开发机器的一般要求：

• 加热时尽量延长停留时间；

• 尽量增加工作站（冲裁用的成型站）的刚性，从而减小有效（可测量的）冲裁行程；

• 动态提高和卸除向下夹持器的压力（有测量数据）；

• 预拉伸柱塞行驶曲线可顺利调整（对于避免形成绒毛来说，单纯的快尚不足以满足要求）。

单独冲裁站内带剪切刀的冲裁模具：

■ 减小成型模具内冲裁位置的片材厚度，可以减小 EH。

■ 轻微钝化（去毛刺）刀刃（凸模和凹模），可以减小 EH。片材断裂，边会"粘连"。

■ 片材厚度超过 0.8mm 时，可以尽量减小冲裁阳模在冲裁阴模中的切入深度，使其不再继续切入，这样就不会切出绒毛。

■ 大切缝可以减少单独的冲裁模具中绒毛的形成。切缝太小且刀刃过于锐利，会切下裂口附近的所有材料。

18.6　切口不干净——形成须发

图 18.27　形成须发

有切口不干净和形成须发倾向的材料

各层组合不利于切割的多层片材倾向于形成不干净的切割效果，在冲裁边上"形成须发"（图18.27）。其中包括带密封层的 PP 杯子，以及具有多层盖膜的 PP 包装材料等。形成须发状痕迹的主要原因是需要冲裁的材料，而不是冲裁工艺。所用冲裁工艺及其参数只能最大程度减少须发痕迹的形成。

具有形成须发倾向的材料的典型属性如下。

■ 情况 1：在接口处，表面大多使用一个比其他待冲裁剩余厚度更为坚韧的薄层（比如厚约 0.01mm 的 LLDPE 密封层，下层是厚度超过 0.6mm 的 PP、HIPS 等制成的片材）。这个坚韧的薄层大多可以轻微膨胀或变薄。最不利的情况是，该层与底层之间附着力不足，甚至该层"脱皮"。

■ 情况 2：在接口处，表面大多使用一个比其他待冲裁剩余厚度坚韧许多的层（比如包含大约 0.02mmPET 的盖膜）。该层切割难度很大。

如果模具切缝超过待切割坚韧层的 30% ～ 50%，会导致切口不干净，形成须发。

使用切断刀冲裁时形成须发的影响

为了避免形成须发，必须使用与新刀刃切割效果相当的刀刃，而且必须将冲模修整到优良效果。

使用剪切刀冲裁时形成须发的影响

为了避免形成须发，必须使用与新刀刃切割效果相当的刀刃。切缝应该很小，尽量不超过 0.010mm。单个分段可以切出 0.003mm 左右的切缝。

在实际应用中，所有切缝都是单侧切出，即绘制一条 0.006mm 的切缝，在实际应用中厚度为 0 ～ 0.012mm。危险度最高的情况，是多腔冲模的温度不可调控，比如采用钢制凹模（冲裁阴模），而冲裁阳模尽管由钢制成，但是固定在铝制成的载体板上。

18.7　冲裁力

切断模的切割力

切断模的切割力 F_s 参见图 18.28。

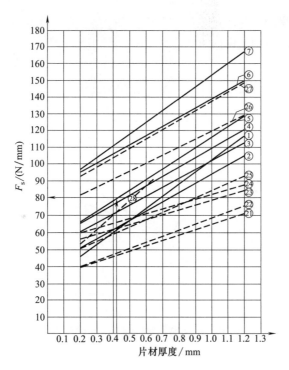

图 18.28 切断模的切割力（非绝对适用）

使用刀片切割时的材料挤压后果

使用刀片切割时的材料挤压后果，参见图 18.29。

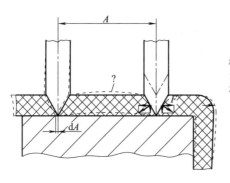

标注的比例：带钢裁切刃
1.42mm宽，A=6mm，
材料厚度1.2mm

图 18.29 使用刀片冲裁时的材料挤压后果

　　使用刀片冲裁时发生材料挤压，会导致待冲裁件发生弹性变形（图 18.29，右侧虚线）。加工薄片材时候会导致中间隔板弯折。加工厚片材时则形成白色裂纹，中间隔板出现塑性变形。塑性变形导致切边歪斜。刀片一侧负载，一侧偏转（图 18.29 中的尺寸 dA），会缩短刀刃的使用寿命。所需冲裁力取决于片材的弹性和塑性变形度。片材变形越小，冲压力就越大。片材和刀刃几何形状对冲裁行程具有抑制作用。切割力提高加之片材阻尼状态，可在特定情况下导致冲裁行程卡住。设置多重切割时（刀刃厚度为 1.42mm），注意平行刀片之间的最小间距是 8mm。

剪切模具的切割力

剪切模具的切割力 F_s 见图 18.30。

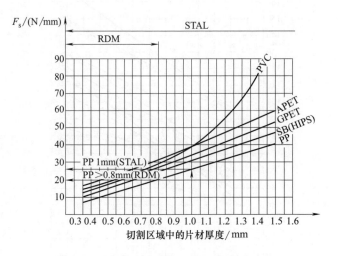

图 18.30　剪切模具的切割力（非绝对适用）

18.8　结论

切断模和剪切模具既可用作成型冲裁复合模，也可单纯用作冲裁模具。

18.8.1　单独冲裁站的切断冲裁复合模

优点

■ 性价比很高的冲裁模。

■ 可快速更换模具。

■ 冲裁时可不形成绒毛。

■ 不影响成型过程。

■ 少量加工的理想之选。

■ 采用高成本技术，可实现较长的使用寿命（加工 APET 两百万至三百万次行程，加工 PP 可达到五百万次行程）。

缺点

■ 需要使用单独的冲裁站。

■ 制品切割精度比不上成型冲裁复合模。如果制品以连贯片材带的形式运输到冲裁站内，片材带中尚未结束的振动过程会在从成型站运输到冲裁站的过程中，对制品的歪斜度产生影响。制品可能出现冲裁歪斜的情况。

■ 手感不如剪切刀加工的效果好。组合使用一个呈线形连接状态的堆垛站时，运输冲裁出的制品时，指定断裂位置必须连有冲裁格网。

18.8.2　单独冲裁站的剪切冲裁复合模

优点

■一般产品具有较长的使用寿命。少量加工时（比如只切割 50000 次），切边不进行硬化处理，可以降低成本。

■手感比切断刀优良。加工脆性塑料时，切割质量（手感方面）略低于带剪切刀的成型冲裁复合模，无支杆或指定断裂位置。

■不影响成型过程。

■使用单独冲裁站进行海量加工时的理想之选。

缺点

■需要使用单独的冲裁站。

■冲裁模具成本相对较高，只能通过较高的总加工量来摊还。

■模具更换成本显著高于切断冲裁复合模。

■制品冲裁边精度比不上成型冲裁复合模。

■无法保证不形成绒毛。在上述对比的所有冲裁工艺中，这种工艺形成绒毛的风险最高。

■剪切冲裁复合模大多不可调温。如果必须在不同于生产温度的环境下工作，而且选择冲裁阴模材料和冲裁阳模载体板时未考虑温度导致的纵向膨胀问题，会导致使用寿命缩短，切割质量降低。

18.8.3　带切断刀的成型冲裁复合模

优点

■不需要额外使用冲裁站。

■组合使用冲裁止挡技术，使用寿命几乎可以与带剪切刀的成型冲裁复合模相媲美。

■可在加工现场快速更换成型冲裁复合模中的带钢裁切刃。

■成型和冲裁工艺决定了制品不必移动，因此制品的切割精度极佳。

■成型模具中的拉伸面比冲裁面大，因此加工时可以使用向下夹持器。

■拉伸面可以比冲裁面大。

■大批量加工的理想之选。

缺点

■模具成本高。

■如果不加热裁切刃，就无法保证冲裁时不形成绒毛。加热裁切刃成本极高，因此很少使用这种方案。

■由于组合使用堆垛工艺，因此冲裁边的手感理论上来说比不上使用带剪切刀的成型冲裁复合模的冲裁效果。但为特定断裂位置指定制造沟槽时可以获得极为优良的效果。

18.8.4 带剪切刀的成型冲裁复合模

优点
- 不需要额外使用冲裁站。
- 使用寿命非常长。（加工 APET 时可以达到大约三百万次行程，加工 PP 时可以达到五百万次行程，加工 PS 时可以达到八百万次行程）
- 所有冲裁工艺中切割精度最高的一种工艺。
- 手感优良。
- 完美的无边冲裁技术。
- 可以通过片材温度和剩余冲裁厚度掌控绒毛的形成。
- 大批量加工和高要求加工的理想之选，前提条件是冲裁面足够大，足以在制作拉伸件时实现良好的材料分布。

缺点
- 模具成本高。
- 与更换带剪切刀的成型冲裁复合模的带钢裁切刃相比，加工切边的成本更为高昂也更费时。
- 一般情况下，成型模具中的拉伸面受限于切割区域。无法扩大拉伸区。

18.9 类似的切割工艺

与切断刀类似的切割模具
图 18.31、图 18.32 所示为与切断刀类似的切割模具。

(a) 总览图　　　　　　　　　　　　　(b) 细节图

图 18.31　包装悬挂孔切断刀

(a) 带锯齿刀的冲裁模上模

(b) 带内置冲裁槽的成型模具

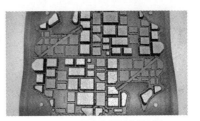
(c)PP发泡片材制成的制品

图 18.32　成型冲裁复合模中用于粗切 PE 或 PP 发泡片材的锯齿切断刀

与剪切刀类似的切割模具

图 18.33 ～图 18.35 所示为与剪切刀类似的切割模具。

(a) 用于处理薄材料的小型冲切飞剪

(b)手工剪上的剪切刀，用于处理厚度不超过 10mm 的材料

图 18.33　冲切飞剪

(a)上部圆刀片(从动)朝向下部圆
刀片，灰剪切刀中切割

(b)下部圆刀片

(c)包含两个圆刀片的细节图

图 18.34　带圆刀片的剪切刀

(a) 用于悬挂孔的冲孔凸模、顶部磨片
(带超前外壁的冲裁阳模规格也包含这个部件)

(b) 用于封闭式悬挂孔的冲孔凸模

图 18.35　冲孔凸模用作剪切模具

19

热成型中的修饰工艺

热成型领域的修饰工艺主要分为三类：
- 片料修饰后成型；
- 在成型模具中修饰；
- 在成型模具外部修饰已成型制品。

片料修饰后成型
① 片料通过共挤出工艺着色，比如上侧和下侧着不同颜色，或者片材卷中着彩色条纹。
② 片料表面哑光处理。
③ 片料植绒。
④ 片料金属喷镀。
⑤ 片料无重复花型印刷，比如上侧和下侧着不同颜色，或者片材卷中着彩色条纹。
⑥ 片料分散印刷，有重复花型。
⑦ 片料扭曲印刷，有重复花型。

在成型模具中修饰（in mold decoration）
① 3D 结构成型。
② 借助压花凸模进行结构压花（主要针对板材成型中的厚壁件）。
③ 层合。
④ 片材后注射。
⑤ 模内贴标（IML-T in mold labeling，IML-T in mold labeling in thermoforming），标签使用塑料或纸张印制而成，有附着层。
⑥ 硬纸筒内成型。硬纸预成型件作为内置件放入成型模具中（FFS 封贴）。

成型后修饰（off mold-decoration）
① 印制盖膜（FFS）。
② 使用硬纸封贴。

③ 硬纸全面积包裹制品（Desto 杯子）。

④ 粘贴胶黏标签。

⑤ 套装（收缩标签）。

⑥ 丝网印刷（tampoprint 公司）。

⑦ 数字印刷。

⑧ 胶版印刷（干胶印）。

⑨ 涂覆涂层。

⑩ 植绒。

⑪ 金属喷镀（电镀，PVD-CVD 镀层 PVD 指物理气相沉积，CVD 指化学气相沉积）。

⑫ 水转印。

以上 25 种工艺的外观、特点和生产相关信息，参见表 19.1。

图 19.1～图 19.25 为以上 25 种修饰工艺加工成的制品，图片编号与表 19.1 中的修饰编号相一致。

图片中显示的所有制品，均使用 ILLIG Maschinenbau GmbH&Co.KG 的机器成型。

图 19.1　单侧全面积印刷片材或共挤出片材制成的杯子

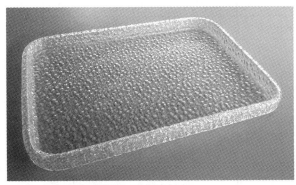

(a) 粗哑光PMMA制成的托盘

(b) PC托盘拉伸后颗粒细节

图 19.2　哑光面片料制成的制品

表 19.1　热成型中的修饰工艺

外观/特点	相关信息 ＼ 工艺	1 通过共挤出工艺着色	2 片料哑光处理	3 片料植绒	4 片料金属喷镀	5 片料无重复花型印刷	6 分散印刷＋重复花型	7 扭曲印刷＋重复花型	8 3D结构成型	9 结构压花	10 层合	11 片材后注射	12 模内贴标(IML-T)	13 硬纸筒内成型·FFS封贴	14 印制盖膜(FFS)	15 使用硬纸封贴	16 硬纸全面积封贴	17 粘贴胶黏标签	18 套装(收缩标签)	19 丝网印刷,(tampo print 公司)	20 数字印刷	21 胶版印刷(干胶印)	22 涂覆涂层	23 植绒	24 金属喷镀(PVD-,CVD-镀层)	25 水转印(Cubic Print)
外观	品质感官（仅限图片）	++	++	++	++	+	+	+	+	+	++	++	++	+	+	+	++	++	+	+	++	++	++	+	++	++
	分辨率（仅限图片）	不相关	不相关	不相关	不相关	++	++	++	不相关	不相关	不相关	不相关	++	+	++	+	++	++	-	++	++	++	不相关	不相关	不相关	不相关
	光泽	++	+	不相关	++	++	++	++	不相关	-	++	++	+	+	++	+	++	++	++	+	++	++	++	-	++	++
	修饰接缝精度	++	不相关	不相关	不相关	++	-	++	++	++	-	-	++	+	不相关	+	++	+	+	-	+	+	+	不相关	不相关	不相关
	侧壁和底部一步成型	++	++	-	+	+/-	+/-	+/-	++	+	-	-	+	+	-	-	++	++	+	-	-	-	+	++	++	++
特点	造型自由度，设计	-	-	-	-	-	++	++	++	-	-	++	++	++	-	++	++	++	++	-	++	++	++	++	++	++
	"Eco-touch"	-	-	-	-	-	-	-	++	-	-	++	++	++	-	++	++	-	-	-	-	-	-	-	-	-
	对潮湿性的影响	-	-	-	-	-	-	-	++	-	-	++	++	-	+/-	++	++	-	-	-	-	-	-	-	-	-
	触摸绝缘性	-	-	-	-	++	++	++	++	++	++	++	++	++	+/-	++	++	++	++	-	-	-	-	-	-	-
	潮湿条件下修饰发生变化，形成冷凝水	++	++	++	-	+	+	++	++	++	++	++	++	++	++	++	++	++	++	+	+	+	++	++	++	++
	修饰成广告面	-	-	-	-	-	+	-	-	-	不相关	不相关	++	++	不相关	-	-	-	++	-	+	+	-	-	-	-

续表

本表工艺编号与名称如下（在成型模具外部修饰已成型制品、模内修饰、片材修饰后成型三大类）：

片材修饰后成型
1. 通过共挤出工艺着色
2. 片料哑光处理
3. 片料植绒
4. 片料金属喷镀
5. 片料无重复花型印刷
6. 分散印刷+重复花型
7. 扭曲印刷+重复花型
8. 3D结构成型
9. 结构压花
10. 层合
11. 片材后注射

模内修饰
12. 模内贴标（IML-T）
13. 硬纸筒内成型，FFS封贴
14. 印制盖膜（FFS）

在成型模具外部修饰已成型制品
15. 使用硬纸封贴
16. 硬纸全面积封贴
17. 粘贴胶黏标签
18. 套装（收缩标签）
19. 丝网印刷（tampo print 公司）
20. 数字印刷
21. 胶版印刷（干胶印）
22. 涂覆涂层
23. 植绒
24. 金属喷镀（PVD-,CVD-镀层）
25. 水转印（Cubic Print）

下表相关信息分为"特点"与"生产"两部分，列项对应各工艺编号（1～25）：

相关信息	1	2	3	4	5	6	7	8	9	10	11	12	13	14	15	16	17	18	19	20	21	22	23	24	25
特点 降低塑料比例	--	--	--	--	--	--	--	-	-	--	--	+	++	-	+	++	-	-	-	-	-	-	-	-	-
单个材料可分离	--	--	--	--	--	--	--	-	-	--	--	--	--	++	++	++	++	++	-	++	+	-	+	-	-
出料量，生产效率	++	++	++	++	++	++	++	++	+	+	--	+	--	++	++	++	++	++	+	++	++	++	++	-	-
修饰更换时间，不更换热成型模具	++	++	++	++	++	++	++	不相关	不相关	++	++	++	++	++	++	++	+	+	-	++	-	+	+	-	-
模具（成型模具）更换包括修饰更换时间	++	++	++	++	++	++	++	不相关	不相关	++	++	++	++	--	+	+	--	+	+	+	--	+	+	-	-
生产 物流	++	++	++	++	++	++	++	++	++	++	--	--	--	--	--	--	+	+	--	--	--	--	-	-	-
挠性	--	--	--	--	+	-	++	++	++	+	+	+	+	+	-	-	+	+	++	++	++	++	++	-	-
废料，过程决定	++	++	++	++	++	++	++	++	++	+	+	+	+	+	+	+	+	+	+	+	++	++	++	-	-
修饰投资	--	--	+	+	--	--	--	++	++	+	--	--	--	+	-	-	+	+	+	-	--	+	+	-	-
修饰成本	+	+	+	+	+	+	-	++	++	+	-	+	+	+	+	+	-	-	+	+	--	+	-	-	-

注：++—优良。
+—良好。
-—较好。
---—不合适或不适用。
不相关—在此工艺内无法实现。

图 19.3　植绒聚苯乙烯片材制成的内衬

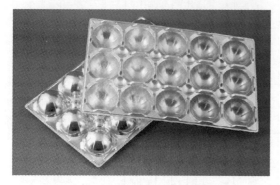

图 19.4　金属喷镀 PET 片材制成的内衬　　　　图 19.5　使用预印制片材成型制出的酸奶多腔
　　　　　　　　　　　　　　　　　　　　　　　　　　　　包装材料

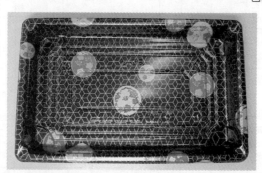

图 19.6　使用分散印刷片材成型制出的碗

(a) PP片材制成的盖子，有重复花型扭曲预印刷　　　(b) PS片材，半地球仪扭曲印刷

图 19.7　使用扭曲印刷片材成型制出的制品

图 19.8　模具内成型的 3D 和表面结构

图 19.9　使用压花凸模压花制成的字标　　　　　图 19.10　层合件（轿车车门把手）

图 19.11　使用预印制片材制成的制品（未切边），已完成成　　　图 19.12　采用 IML-T 贴标工艺的
　　　　　 型，准备进行后注射　　　　　　　　　　　　　　　　　　热成型制品

(a) 多腔包装，FFS封贴，在ILLIG-FFS上制成

(b) 使用"加衬里后的硬纸"制成的容器（塑料在硬纸预成型件中成型）。包装系在ILLIG-RDM-BAK上制造而成

图 19.13　硬纸 - 塑料组合制品。将硬纸放入阴模模具中，并在热成型工艺中加衬里

图 19.14　预印制盖膜

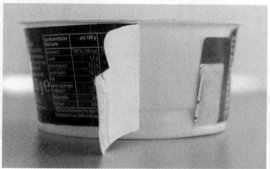

图 19.15　杯子侧壁使用硬纸封贴。杯子系 Greiner Packaging 出品。
在下游的单独机器上张贴硬纸贴

图 19.16　用硬纸全面积（包括底部）包裹
（"Desto 杯子"）。杯子系 Greiner Packaging
出品。在单独的机器上全面积张贴硬纸

图 19.17　使用自粘贴标签（胶黏标签）
为杯子贴标。杯子系 Greiner Packaging
出品。在单独的机器上贴标

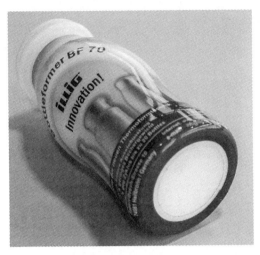

图 19.18 带收缩标签的杯子（套装）。瓶子系采用 ILLIG BF70 制出。在单独的机器上进行套装

图 19.19 后期采用丝网印刷工艺印刷的热成型件

图 19.20 采用数字印刷工艺制成的容器

图 19.21 后期采用干胶印工艺印刷的热成型杯子

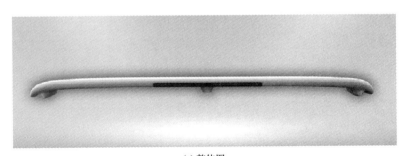

(a) 整体图

(b) 细节图

图 19.22 后期涂覆涂层的热成型扰流板

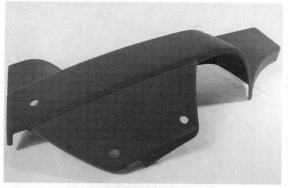

(a) 整体图

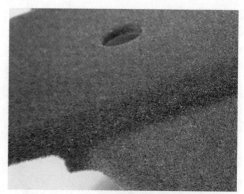

(b) 细节图

图 19.23　后期植绒的热成型件，Schuster-Beflockung 公司（www.schuster-beflockung.de）出品

图 19.24　经过后期加工，之后电镀的热成型件

图 19.25　采用水转印工艺印刷成的热成型件水转印片材，参阅：http://www.lackboerse.de/wtd_folien_start.html

20

热成型制品变形

定义

所谓变形,是指几何形状发生改变,与成型模具规定的造型出现偏差。

变形的外在表现如下:

- 弯折;

- 扭转;

- 长度变化不合比例。

制品制造完成后保持变形,与之后还能变回初始形状的制品可逆性弹性变形,这两者是不同的。

下文只介绍前者,即制品保持变形状态。

20.1 变形影响因素检测

要想确定影响制品变形的主要因素,可以通过一系列测试进行检测。

系列测试

示例测试样品为 ABS 板材,厚度4mm,铝制阳模段上成型,无脱模斜度。

视两侧(模具侧和模具对侧)脱模温度而定,会出现不同的变形情况。

在图 20.1 ~图 20.3 中,各显示一个贯穿制品的切口,图中的成型模具以图解方式清晰显示了所获得的不同效果。

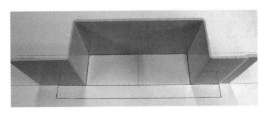

图 20.1 两侧温度相同时脱模,制品未变形成型。模具温度:75℃;两侧脱模温度约略值:80℃;结果:未变形

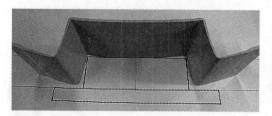 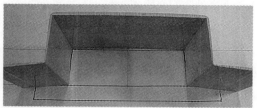

图 20.2　脱模时模具侧温度低于空气侧，制品变　　图 20.3　脱模时模具侧温度高于空气侧，制品变
形成型。模具温度：20℃；上侧脱模温度约略值：　　形成型。模具温度：90℃；上侧（空气侧）；脱模
90℃；结果：变形，阳模成型角变大，阴模成型　　温度约略值：50℃；结果：变形，阳模成型角变
角变小　　　　　　　　　　　　　　　　　　　　　小，阴模成型角变大

20.2　厚部位影响

在冷却过程中一直冷却制品，直至最厚部位的温度降到软化温度以下，即直到制品的最厚部位达到足够大的刚度。

脱模后冷却制品，直至达到室温为止。该规则既适用于脱模温度较高的厚部位，也适用于脱模温度较低的薄部位。由于温度变化会促使长度发生改变，因此高温部位的长度缩短率高于低温部位。冷却时长度变化不同会导致制品发生变形。壁厚分布导致的温差越大，变形度就越高（图 20.4）。

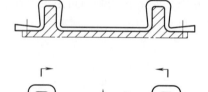

成型模具上的盖子：
盖子凸肩区域壁厚较大，镜面区域壁厚较小

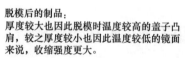

脱模后的制品：
厚度较大也因此脱模时温度较高的盖子凸肩，较之厚度较小也因此温度较低的镜面来说，收缩强度更大。

图 20.4　盖子变形

20.3　片料内应力的影响

热塑性片料大多采用挤出工艺制成，制造过程决定了片料内存有应力。热塑性塑料热成型涉及材料的黏弹特性。挤出片料内的初始应力在加热阶段不会完全散尽。在热成型过程中，拉伸会导致应力增加。成型模具冷却过程中应力被冻结，这时应力依旧存在，但是"不发挥作用"，因为制品本身的刚性会对应力形成抑制。如果制品由于高温储藏或者有针对性的加热而丧失刚性，刚性和冻结应力之间的关系就会发生利于冻结应力的改变，此时制品就会开始变形。

20.4 贴标制品变形

图 20.5 所示为一个贴标面发生变形的示意图。

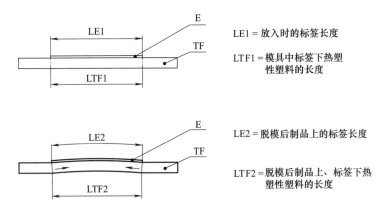

LE1 = 放入时的标签长度

LTF1 = 模具中标签下热塑性塑料的长度

LE2 = 脱模后制品上的标签长度

LTF2 = 脱模后制品上、标签下热塑性塑料的长度

图 20.5　一个贴标面发生变形

20.5 矩形制品的夹持边变形

（1）流程

将一个平滑的板材夹紧在夹持边上，加热板材，夹持边保持低温状态。成型后，将已成型为制品的板材在成型模具上冷却至脱模温度。比如，HIPS 从 180℃左右的成型温度冷却到 90℃左右的脱模温度。

（2）结果

刚脱模后，容器边缘区域出现两个不同的温度：冷夹持边和 90℃的制品面。

在冷却至室温的过程当中，只有容器的高温部分出现收缩现象，而冷夹持边继续保持原有温度，原有长度亦不发生变化。

这种长度的不同变化，导致夹持边发生翘曲。

（3）具体影响

■ 脱模时夹持边温度过低：夹持边向外弯折；

■ 脱模时夹持边温度过高：夹持边向内弯折。

（无修整工艺：无需为制品切割夹持边。）

通过将制品夹持边接触高温夹紧框面升温，从而可以避免采用无修整工艺成型的阳模容器夹持边变形，见图 20.6。

(a)带直边的"无修整"制品——未对夹持边进行后期切割

(b) 笔直夹持边的仰视图

图 20.6　夹持边通过接触高温夹紧框而升温，从而避免采用无修整工艺成型的阳模容器夹持边变形

20.6　非等性收缩变形

如果片料不同厚度部位与表面的收缩率不同，就称之为非等性收缩。

如果长纤维增强型片料的纤维如图 20.7 所示，平行于表面嵌入片料之中，该片料就会出现非等性收缩变形问题。在此例中，变形度可以根据嵌入的纤维进行计算。

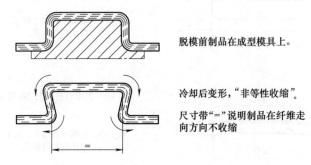

脱模前制品在成型模具上。

冷却后变形，"非等性收缩"。

尺寸带"="说明制品在纤维走向方向不收缩

图 20.7　纤维增强型热塑性塑料不同长度和厚度部位的收缩率不同导致发生变形

变形参考图如图 20.7 所示，示意图与计算方法参见图 20.8。

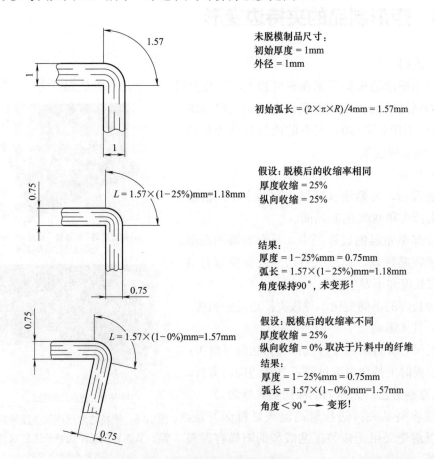

未脱模制品尺寸：
初始厚度 = 1mm
外径 = 1mm

初始弧长 = $(2 \times \pi \times R)/4$mm = 1.57mm

假设：脱模后的收缩率相同
厚度收缩 = 25%
纵向收缩 = 25%

$L = 1.57 \times (1-25\%)$mm=1.18mm

结果：
厚度 = 1−25%mm = 0.75mm
弧长 = $1.57 \times (1-25\%)$mm=1.18mm
角度保持90°，未变形！

假设：脱模后的收缩率不同
厚度收缩 = 25%
纵向收缩 = 0% 取决于片料中的纤维
结果：
厚度 = 1−25%mm = 0.75mm
弧长 = $1.57 \times (1-0\%)$mm=1.57mm
角度＜90°→变形！

$L = 1.57 \times (1-0\%)$mm=1.57mm

图 20.8　非等性收缩导致变形

20.7   结论与变形原因

■制品在未脱模前尚与成型模具保持接触状态，拥有成型模具的结构，即尚未发生变形。

■从成型模具中脱离后制品立刻开始冷却，温度变化引发长度变化。脱模后的制品发生收缩。

■如果脱模时制品所有部位的脱模温度相同，那么所有尺寸就会发生相同比例的收缩，在这种情况下，制品会顺利冷却到室温，而不会发生变形。

■但在实际应用中，所有制品都存在温度差异。

■因此高温部位的长度变化要比低温部位剧烈。

■长度变化程度不同，是制品发生变形的根本原因。

这意味着：

① 变形的主要原因是制品内部脱模温度不相同。

② 如果片料为多层结构，或者制品壁由多层构成，比如采用 IML 工艺时，在这种情况下，各层的热膨胀系数不同会对变形产生影响。

20.8   变形提示与注意事项

一般提示信息

■片料加热时形成起伏度大的波纹，会导致片料内温度分布不均。这会影响制品内的温度分布并导致发生变形。

■加热不均匀的片料也是相同的情况，比如输送链或夹紧框附近片料温度过低。

■如果红外线加热时，片材在到达成型站前经历了多次进料过程，则在成型站中，片材的各个点就应该使用相同的频率加热（因为加热停留时间相同），或者必须通过不同的辐射器设置对片材温度进行修正。

■塑型不精确的制品，有些部位接触不到模具（模具阴模半径经常是这种情况），脱模时这些部位的温度就会比其他部位高。后果就是导致某些点的收缩率高并引发制品发生变形。

■冷却痕迹处和厚部位（壁厚分布差）也是脱模温度较高的部位，最终因高收缩率而导致制品发生变形。圆形件上形状呈现连贯均匀状态的厚部位，比如圆形杯子上的边缘隆起部分等，这些部位收缩率高但不会变形——如果不是由于片料内张力导致形成。

■机器的加工速度越来越快，脱模温度也越来越接近上限值。由于表面温度测量装置检测不到制品内核的最高温度，因此过快过热脱模具有风险性，这不但会导致加工收缩率提高，还会引发变形。

使用成型模具和冷却风扇进行冷却的机器注意事项

■注意贯穿不同壁厚"对称"冷却！

■ 成型模具温度过低，加上空气冷却装置性能差，会导致不同壁厚之间存在温差，进而使表面形成拱形。

■ 成型模具温度和空气冷却强度过高时会出现相同的结果，形成倒拱形。

■ 对于一些复杂结构，人们无法一眼看出温差和长度变化之间的简单关系。如果来自多个方向的不同振动力相互作用，可以通过冷却装置/模具温度的极端设置"非常热"或"非常冷"以及开关冷却风扇来实现正确操作。

■ 如果怀疑无法掌控冷却过程中由于变化而导致的变形，可以将制品放置在辅助装置中进行冷却。

使用通过成型模具冷却、无冷却风扇的机器时的注意事项

■ 由于静止的空气几乎起不到冷却作用，因此所有使用成型模具进行单侧冷却的机器在各个深度的冷却都是不对称的。

■ 只能单侧冷却的面，比如扁平边（密封杯）的半径区域或矩形盒等，由于不同厚度之间的脱模温度不同，总是会遇到变形问题。辅助措施只能是有针对性地改变模具结构。（制造变形的成型模具，使制品在收缩后形成与图纸相符的形状。）

21

热成型模具

21.1　概念和定义

成型分段是热成型模具的成型部分。

分段载体板拧在成型分段下方，它的尺寸决定了夹紧框的净跨（如果像板材成型机或某些全自动辊式成型机一样配备了该部件，比如 ILLIG-RV、-RD、-RDKP、-RDK 型号机器）。

底座（也称为成型底座）是模具的组成部分。分段载体板和成型分段固定在底座上。最后，底座还是成型模具装入某些机器的接口。因此不同制造商生产的机器大多需要使用不同的底座。

预拉伸柱塞（也称为预拉伸器，俗称上柱塞）是凹模的组成部分。预拉伸柱塞的作用是对加热后的片料进行预拉伸。预拉伸是一个预成型过程，也是真空或气压塑型前可以根据实际需要决定是否采纳的一个工序，该工序有助于改善制品的壁厚分布。预拉伸柱塞大多借助支持板/载体板固定在机器的凹模模台上。

样式部件是指在相应机器生产线中生产产品所需的所有其他部件，比如下列操作所需的部件：

- 用一个吸盘或吸气板提取片料；
- 预加热时将片料固定在一个支撑框中；
- 在成型站中将片料夹持在上下夹紧框之间；
- 使用堆叠笼、堆叠架和推料器堆垛制品；
- 其他样式部件——取决于具体功能。

只要样式部件能够调校，而且始终处于机器内，这些部件就不属于模具套件的组成部分，而是属于机器装备的一部分。

模具套件是指所有与样式部件有关的部件（成型模具、框架等），更换模具时需要更换这些部件才能在机器内生产产品。

模具包是模具的组成部分，模具放置在包内。

热成型制出的部件，称为**制品**。制品俗称"拉伸件"。

成型模具这个概念，不同公司有不同的定义。大多数情况下，成型模具是指成型分段及其分段载体板和所属预拉伸柱塞。这些部件储存在模具仓库中，有需要时作为"机动模具"重复投入使用。

提示：

很多时候，人们把成型模具作为一个笼统的概念来使用。其具体含义根据上下文来确定。

成型面设计参数决定一个模次制造多少个制品。

有些客户将成型分段称为**模型**。

21.2　成型分段材料

使用下列材料制造成型分段：

■ 非增强型石膏和玻纤增强型石膏（大多仅用于制作设计模型）；

■ 木头，用于少数样本件；

■ 浇铸型聚氨酯（PU），用于制作模型和样品；

■ 环氧树脂，制作的生产模具可用于少量加工；

■ 环氧树脂填充铝制成的透气型板材；

■ 塑料块材料 KBM；

■ 铝制板材，陶瓷精密铸件或砂型铸件；

■ 钢（制成成型冲裁复合模），用作切边。

成型分段材料及性能见表 21.1。

表 21.1　成型分段材料及性能

性能 ＼ 材料	石膏，木头	PU 或环氧树脂，KBM	铝	调温铝
玻璃般透明	与材料层合	普通	—	高调温性，抛光
颗粒仿制		—		高调温性
冷却时间短				正常

木制模具

所有木头都可用于制作原型。制作样品成型模具时，需要使用硬度大的细孔实木，而且要求木头在热作用下形成裂纹的概率较小，比如可以使用枫木等。木制预拉伸柱塞和成型模具的底座则使用层压板制造。结构材料采用实木板。（实木板为通过酚醛树脂将榉木面板交错粘接而成的材料，也称为胶合板）。木制模具不需要涂层。而是使用软皂涂覆模具表面，作为保养剂和脱模辅助措施。

树脂模具

树脂混合物浇铸在模型的"阴模"中，树脂适用于 $2000cm^3$ 以下容积和不超过 40mm 的模具高度。"阴模"可使用下列材料制造：塑料——比如热成型件等，石膏、木头或者硅橡胶。

树脂具有下列优势：

■ 原则上生产模具既可使用环氧树脂制作，也可使用铝制作。
■ 使用树脂可以实现较高的塑型精度。
■ 树脂易于加工而且加工速度快。

树脂的劣势：

■ 树脂容易断裂，因此不适于制作薄隔板和挡板。
■ 树脂导热性极差（这意味着冷却时间和循环时间比较长）。
■ 树脂难以调温（很多热成型机在树脂制成的成型分段中浇铸冷却盘管，但是实际效果远远比不上温度可控的铝）。
■ 树脂强度在热作用下会减弱。
■ 填充铝粉不能显著改善导热性。

树脂表层带衬里或层合结构

（质量足以制造样品）。

模型的阴模部分覆盖一个树脂表层，之后使用多孔夯实材料夯实。在模型（阴模）上覆盖层压板。之后根据具体规格，回填层压板壳体并使其稳定。

树脂正面铸件涂层

先制作一个内核，用作正面树脂层的载体。载体需使用多孔夯实材料制作。之后将内核与阴模或初始模型组装在一起。与金属铸件一样，使用树脂浇铸材料填充正面铸件的空腔。

树脂或金属模型带金属喷镀层

使用不同的工艺制成模具之后，采用金属喷镀工艺给模具喷镀一层薄的金属层。喷镀金属层的目的是形成一个"粗喷砂"表面，从而保证良好的抽气效果。这种工艺使用得相对较少，只有少数几家公司掌握这种技术。

金属喷镀壳和树脂衬里

在金属喷镀工序中，为阴模完整喷镀一层厚度不低于 1mm 的金属层，之后使用填充有金属的树脂回填阴模。所用树脂不能具有收缩性。

铝制模具

铝是最常用于制作热成型模具的材料。用铝制作模具，优点是可以获得良好的导热性和可加工性。

用于制作成型分段的铝材料：

■ 3.35.47.07 用于制作分段；
■ 3.43.65.71 用于满足高强度要求（高载荷螺纹）；
■ 3.3547 模板用于制作分段载体板、模具更换板和平板。

得益于现在的计算机辅助铣削技术，铝已成功用于少量加工。只有当切削加工不具经济性时，铝模具才会使用砂型铸件或陶瓷铸件。操作时，注意浇铸模型一般必须采用铣削工艺制成。

铝 - 陶瓷精密铸件

成型分段制造工艺流程：

■ 制作一个模型（大多使用木头制作）；

■ 使用模型制作陶瓷铸型；

■ 向陶瓷铸型中倒入高品质铝合金，用以制作模具。

铝 - 陶瓷精密铸件具有下列优势：

■ 铝内核带来良好的调温性；

■ 塑型精度高，机器成本低；

■ 可轻松改变模具。

铝 - 陶瓷精密铸件的劣势：

■ 为了实现良好的导热性，要求树脂层必须尽量薄且厚度分布均匀；

■ 要求铝内核和树脂之间的连接必须极为优良。

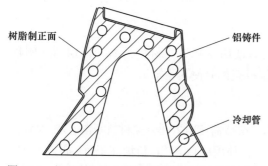

图 21.1　低温铝内核上喷涂有树脂正面铸件涂层的
模具构造

铝带树脂正面铸件涂层

低温铝内核上喷涂有树脂正面铸件涂层的模具，其构造如图 21.1 所示。

成型分段制作工艺流程：

■ 使用原型制作一块层压板（GFK）；

■ 制作一个浇铸铝内核用的模型；

■ 浇铸铝内核（砂型铸件），大多通过"临时的"泡沫模型；

■ 将正面树脂铸件安装在铝内核上（层压板作为阴模），形成成型模具的最终几何形状。

钢制模具

有鉴于钢的强度，主要用钢制作成型冲裁复合模。强度具有决定性意义的应用示例：冲裁阴模、冲裁阳模、导向螺栓、锯齿刀冲裁槽。如果对于一个成型冲裁复合模来说，模具两个组成部分之间的膨胀和切缝需要保持在若干微米（μm）范围内，则钢 - 钢材料对就具有优势。

透气型板材材料（METAPOR）

填充有铝粒的环氧树脂是一种透气型板材。这种材料的优势是，不需要留排气孔（真空孔）。成型和脱模时，肋条形结构尤其可能导致模具损坏。冷却性和导热性大约相当于未配备冷却装置、填充铝粒的环氧树脂模具。

镍电铸版

高品质的昂贵模具可以使用多孔镍电铸版制作。制作过程是采用特殊工艺，将多孔的镍电铸版制成厚度不超过2mm的材料。之后将这些壳体回填，必要时安装调温板或调温管。

铜铍合金

某些特殊情况下要求必须在极短的时间内完成冷却，这时可以使用高强度铜合金制作模具，比如铜铍合金。

21.3　模具材料和款型选择帮助信息

如果制品热成型时有多种成型模具规格可供选择，则根据每个生产小时获得的收益来选择使用哪种模具。

每个生产小时所获收益的计算方法

每个生产小时获得的收益，相当于每个制品的售价与生产成本之差，再乘以每小时生产的制品个数。

从表21.2中可以看出，每个制品的片料成本和模具成本之和，大约相当于生产成本的75%。也就是说，用每个制品的片料成本与模具成本之和乘以1.33，就可以计算出每个制品的生产成本。技术类部件以单个部件为单位计算成本，包装件则以1000件制品为单位计算成本。

表 21.2　用于计算每个生产小时所获收益的相关数据

项目	单位	数值 / 备注
待加工件数	件	分摊模具成本时需要用到此数据
成型面设计	每个模次的件数	决定了一个工作模次内生产多少个部件
模具套件成本	欧元	
模次时间	s	模次时间 =60/ 模次数（模次 /min）微量加工时此参数无足轻重，大批量加工时具有决定性意义
片料长度	mm	用于计算片料成本
片料宽度	mm	用于计算片料成本
片料厚度	mm	用于计算片料成本
片料密度	g/cm³	用于计算片料成本
模具驶入模次	件，进给	用于计算片料成本
每千克片料的价格	欧元	用于计算片料成本
每个制品的售价	欧元	每个制品的售价是指可行的市场售价。计算收益时需要用到此参数

21.4　阳模成型或阴模成型

选择阳模成型还是阴模成型的一般定律如下。

① 最终制品图纸的尺寸标注情况（如果正确）决定了制品哪一侧必须接触成型分段。正

确的热成型件图纸始终标注在成型模具的接触侧。如果与实际情况不符，必须咨询委托方！

② 如果第①点不重要，则各个细节处的塑料可拉伸性具有决定性意义，而目的大多是为了实现最佳壁厚分布。

③ 如果第①点和第②点都不能决定成型方式，则根据当前成型分段制作情况做出决定。

④ 在做出最终决定之前，务必要充分考虑机器技术参数和可能的制作过程等问题。具体涉及下列几个方面：

    a. 考虑机器的最大拉伸深度（阴模或阳模）；

    b. 检查成型模具的外部尺寸是否小于允许的机器安装室最大尺寸；

    c. 检查成型模具的重量是否超过允许的最大重量；

    d. 检查能否在不做任何改变的前提下完成机器或机器产线中的成型过程（比如成型流程、成型和脱模松动件控制等）。

21.5 成型面设计

成型面设计非常重要。因为它决定了：

- 机器产能（出料量）；
- 每个制品产出的废料；
- 壁厚分布；
- 使用阳模模具时的间距。

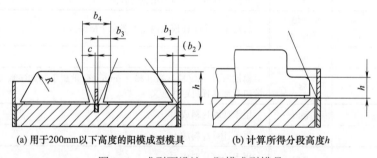

(a) 用于200mm以下高度的阳模成型模具   (b) 计算所得分段高度 h

图 21.2 成型面设计，阳模成型模具

阳模成型分段间距

针对高度不超过 200mm 的阳模成型分段（图 21.2），可通过下列方式确定所需间距：

$$b_1=b_3=(0.25 \sim 0.33)\times h \tag{21.1}$$

h 是"计算所得"模具高度，可以绘制出来，如图 21.2（b）所示。计算所得高度 h，相当于从夹紧层到成型分段之间绘制一条正切线，h 为这条切线与模具结构相接触的成型分段位置的高度。因此，计算所得高度 h 不一定是成型分段的实际总高度。

$$b_2 > 1.5\times \text{片料厚度} s（在特殊情况下 b_2 > 1\times \text{片料厚度} s） \tag{21.2}$$

$$b_4=2b_3+c \tag{21.3}$$

式中，c 为向下夹持器的厚度，根据实际载荷情况，为 5 ~ 10mm。

总高度在 20 ～ 30mm 范围内的扁平成型分段，可以放弃使用向下夹持器，前提条件是间距 b_4 满足下列条件：

$$b_4 > 1.5h \tag{21.4}$$

如果具有相关经验或者实验结果，可以不考虑分段高度，直接选择较小的间距。

如果阳模成型分段高度 h=500mm，一个侧壁斜度为 0.3°，获得的壁厚分布效果良好，则可接受一个间距 b_2=20mm（冰箱内胆）。

在板材成型机上生产手提箱外壳时，阳模成型时与夹紧框之间保持较大的间距（$0.5h \sim 0.6h$）可以实现良好的壁厚分布，在需要避免角上形成冷却痕迹时尤其应该注意这一点。

使用预印制 PMMA 片料制作扁平灯槽时，为了尽量轻度拉伸印刷图案，人们将与夹紧框之间的间距保持在 $1.5h$。这时不需要预吹塑。使用预拉伸柱塞可以避免角上形成褶皱。

提示：

阳模分段与夹紧框之间间距大，必定导致底部半径缩小。

阳模分段距离夹紧框越近，拉伸强度就越小，底部半径的壁厚也就越大。缺点：成型面越小，平均拉伸度就越大，制品的侧壁也就越薄。

阴模成型分段和阴模模槽的间距

如果阴模成型分段的温度不可调控，则成型分段壁厚取决于其强度。

如果阴模成型分段和模槽的温度可调，则成型分段壁厚取决于其冷却性。

阴模成型分段间距参见图 21.3：

■ $b_1 > 1.5 \times$ 片料厚度 s；

■ b_2 不受限。

提示：

如果 b_1 和 b_2 受壁斜度影响，形成的模具壁厚过薄，会对冷却时间和模次时间造成负面影响。

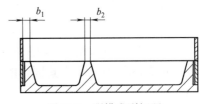

图 21.3　阴模成型间距

制作阳模结构隔板

将一个结构隔板固定在上夹紧框的底侧或角中，就能在使用阳模成型时减小拉拔范围，进而影响壁厚分布和褶皱形成。

图 21.4（a）所示是将一个结构隔板固定在夹紧框中。

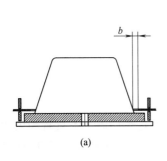 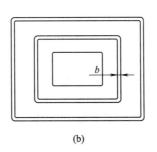 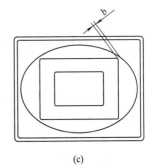

(a)　　　　　　　(b)　　　　　　　(c)

图 21.4　结构隔板的规格

结构隔板的规格

针对在夹紧层中具有矩形横截面的阳模，使用椭圆形结构隔板［图 21.4（c）］可以避免在夹紧层的成型模具角中形成褶皱。

间距 b 的关系式：

■ $b=1.5 \times s_1+(3 \sim 6)$，mm；

■ $s_1=$ 片料初始厚度，mm。

椭圆形结构隔板的优点是可以侧向扩大拉拔范围。

缺点是拉拔范围内厚度分布不均，参见图 21.5。

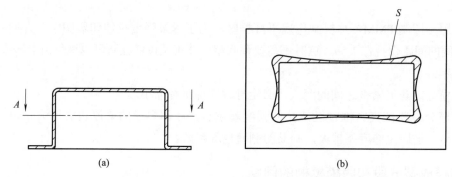

图 21.5 切割层 AA 中的壁厚分布，针对具有椭圆形拉伸面的阳模模具，如图 21.4（c）所示

结构精确的隔板［图 21.4（b）］与四周成型分段结构之间的距离相同。这种解决方案可以应对要求制品边缘厚度均匀的情况（比如阳模成型制作泡罩等）。

间距 $b=1.5 \times$ 片料厚度 $s+(3 \sim 6)$，mm。

结构精确的隔板，其缺点是拉拔范围小以及隔板内部区域拉伸深度高。

所有隔板在一个夹紧框内的优点，是片料加热效果非常好，可以一直加热到隔板凹口边缘。

阳模成型模具压力箱和大型隔板的间距

使用带预吹塑或预抽气（向一个压力箱抽气）的阳模成型时，压力箱和成型模具之间的间距推荐采用如下数值：

■ $a=(0.12 \sim 0.15) \times$ 成型分段高度 H

大型椭圆形隔板也可使用该值。

21.6 加工收缩率

获得加工收缩率数值的几种方式如下所示。

■ 询问片料供应商，多数情况下答复不具约束力。

■ 使用表 3.2"热成型机表格"中的数值，但是这些数值只是平均值，不具有约束力。

■ 通过测试来确定加工收缩率是最好的解决方案。如不注意下列事项，测算出的数值也可能出现错误：

- 测试模具的结构（尺寸、拉深度）必须尽量与生产模具的结构一样。
- 测试时制品的脱模温度必须与生产中的脱模温度相同。
- 放置大约 24h 后，在制品大约 23℃、成型分段大约 23℃时才能测算数值。
- 不可在变形制品上测量数值。如果发生变形，必须对数值进行相应的修正。

■ 如果制品在脱模后短短数秒钟内，在其处于温热状态时进行冲裁，那么在这种情况下，冲裁后制品的冲裁尺寸会由于冷却到室温而缩小。这种由于温度而导致的尺寸变化，在冲裁、铣削、黏合等所有后期加工工序中必须引起重视。

示例：

一个 PP 制品在 100℃时脱模，60℃时冲裁。PP 的线膨胀系数为 $150 \times 10^{-6}℃^{-1}$（参见表 3.2 "热成型机表格"）。室温始终设为 23℃。

→为了达到制品的理想最终尺寸，比如室温下 500mm，就必须考虑冷却所产生的影响，对冲裁尺寸进行长度变化补偿。

$$\Delta L = L \times \alpha \times \Delta T \qquad (21.5)$$

式中　ΔL——温度变化引起的长度变化，mm；

　　　L——初始长度，mm；

　　　α——长度变化系数，参见表 3.2；

　　　ΔL——温度变化。

以 PP 为例：L=500mm，α=$150 \times 10^{6}℃^{-1}$，ΔT=30℃ –23℃，计算结果如下：

ΔL=500×150×10^6×(60–23)mm=2.77mm。

也就是说，要得到 500mm 的最终尺寸，必须选择 500mm+2.77mm=502.77mm 的冲裁尺寸。加热后成型分段的线膨胀影响可以忽略不计。

提示：

关于成型分段多步骤制作过程的其他收缩，此处不做赘述，比如可能使用的过渡模型（陶瓷、硅橡胶）的阴模收缩、浇铸成型分段时铝的收缩率等。

21.7　确定片料规格

片料规格确定方式有以下两种。

■ 模具设计师根据制品规格和收缩率计算出成型分段规格，之后计算与夹紧框之间需要多少间距，并在考虑夹持边的前提下计算片料规格、片材卷宽度和进给速度。

■ 规定片料规格：

- 当片料宽度一定时，会规定片材卷的规格。
- 当热成型企业储存了一定数量的某些规格的下料件时，会规定板材的片料规格。在这种情况下，会根据现有片料规格和成型分段规格，计算和确定间距。

提示：

将成型分段对准片料挤出方向这一点很重要，在一些订单中客户会做相关规定。原因主要是片料表面的哑光设计。

21.8 底座

热成型万用模具原理图参见图 21.6。（带剪切刀的成型冲裁复合模除外，比如 ILLIG 公司出品的 RDM 型号。）

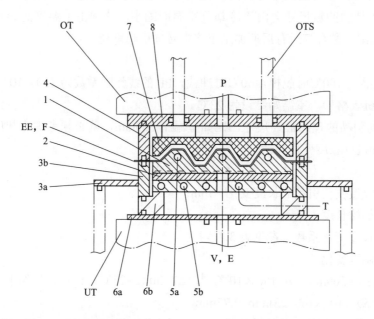

1	模具成型分段	EE	夹紧层
2	分段载体板	F	片材
3a	下夹紧框	OT	机器上模台
3b	朝向吹风箱的密封板	UT	机器下模台
4	上夹紧框	P	成型空气(压缩空气)接口
5a	模具成型部件中的冷却装置	OTS	上模台(预拉伸器)带单独驱动
5b	冷却板	V	接口，用于真空和脱模空气
6a	模具支架板		
6b	带通道的型材，用于 冷却板5b的冷却接口		
7	预拉伸柱塞		
8	成型空气(压缩空气)密封板		

图 21.6 热成型万用模具原理图（具有所有功能的理论情况）

底座具有下列功能（见图 21.6）。

■ 将分段载体板定位在夹紧层（EE）上；

■ 将模具固定在机器模台（UT）上；

■ 引导冷却和调温管路（T）的间隔件；

■ 引导真空（V，在真空成型机中）从机器模台到分段载体板（2）或下夹紧框（3a）；

■ 密封，防止真空度下降（真空成型机，轮廓 6b 中的密封件）；

■ 向一个调温型机器模台（UT）导热；

■ 在间接调控成型分段温度时调温。

　　成型分段很少直接固定在成型机模台上。一个成型分段始终配备一个规格与成型面相匹配的分段载体板。绝大多数情况下，会在成型工作台和分段载体板之间安装一个底座。

　　以 ILLIG 机器为例阐述底座的共同点，参见表 21.3。

表 21.3　各类 ILLIG 机器的底座

	从万用成型模具到机器专用成型模具	真空成型	气压成型	示例1 SB机器，真空成型不调温	示例2 RV机器，真空成型直接调温	示例3 UA机器，真空成型，间接调温	示例4 RDKP机器，气压成型间接调温，预拉伸器
模具 1	成型分段	x	x	x	x	x	x
2	分段载体板	(x)	(x)	x	x	x	—
3a	下夹紧框	(x)	(x)	x	x	x	x
3b	密封板	x	(x)	x	x	x	—
4	上夹紧框	(x)	(x)	x	x	x	x
5a	直接调温						
5b	间接调温冷却板	(x)	(x)	—	—	x	x
6a	底板	(x)	(x)	—	x	x	x
6b	成型分段调温装置和/或高度定位装置套管间隔型材	(x)	(x)	—	x	x	x
7	预拉伸柱塞	(x)	(x)	—	—	—	x
8	压缩空气压力箱/压缩空气板	—	x	—	—	—	x
机器 B	吹风箱	x	—	x	x	x	x
D	压缩空气						x
E	脱模空气			x	x	x	x
EE	夹紧层	x	x	x	x	x	x
F	片材（夹紧层）			x	x	x	x
OT	机器上模台	(x)	x	(x)	(x)	(x)	x
OTS	压缩空气压力箱内预拉伸柱塞单独驱动	—	(x)	—	—	—	(x)
UT	机器下模台	x	x	x	x	x	
V	真空	x	(x)	x	x	x	x

注：x ——需要。

　　(x)——根据具体情况决定。

　　— ——不需要。

21.8.1 模具结构原理图

图 21.7 ～图 21.13 所示为上文表 21.3 中所述示例机器的模具结构。

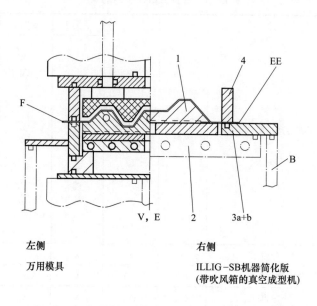

左侧

万用模具

右侧

ILLIG-SB机器简化版
(带吹风箱的真空成型机)

图 21.7　ILLIG-SB 机器模具结构（在夹紧层上方真空成型）

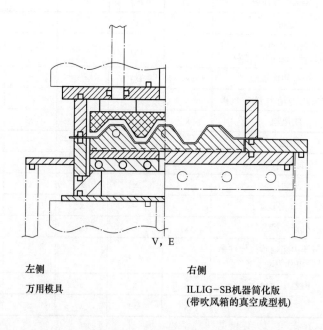

左侧

万用模具

右侧

ILLIG-SB机器简化版
(带吹风箱的真空成型机)

图 21.8　ILLIG-SB 机器模具结构（在夹紧层上方和下方阴模 - 阳模成型）

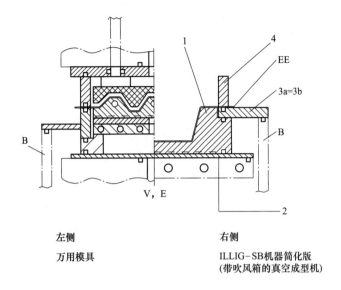

左侧　　　　　　　　　　　　　　右侧

万用模具　　　　　　　　　　　　ILLIG-SB机器简化版
　　　　　　　　　　　　　　　　（带吹风箱的真空成型机）

图 21.9　ILLIG-SB 机器模具结构（阴模成型，在夹紧层下方）

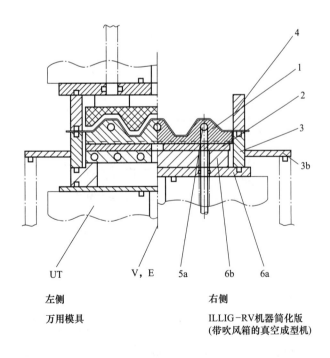

左侧　　　　　　　　　　　　　　右侧

万用模具　　　　　　　　　　　　ILLIG-RV机器简化版
　　　　　　　　　　　　　　　　（带吹风箱的真空成型机）

图 21.10　ILLIG-RV 机器模具结构（成型分段配备直接调温装置）

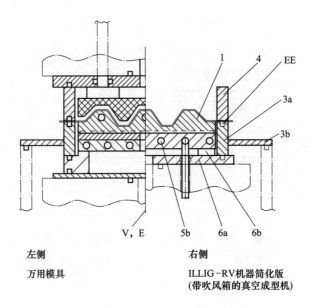

左侧

万用模具

右侧

ILLIG-RV机器简化版
(带吹风箱的真空成型机)

图 21.11　ILLIG-RV 机器模具结构（成型分段通过一个冷却板间接调温）

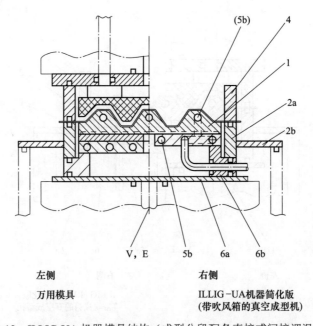

左侧

万用模具

右侧

ILLIG-UA机器简化版
(带吹风箱的真空成型机)

图 21.12　ILLIG-UA 机器模具结构（成型分段配备直接或间接调温装置）

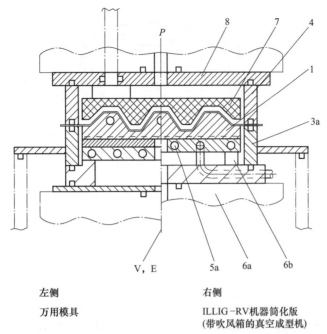

左侧

万用模具

右侧

ILLIG-RV机器简化版
(带吹风箱的真空成型机)

图 21.13　ILLIG-RDKP 机器模具结构（成型分段配备间接调温装置）

21.8.2　板材成型机可调式底座

图 21.14、图 21.15 所示为可调式成型底座。

图 21.14　可调式成型底座，带成型模具快速夹紧装置

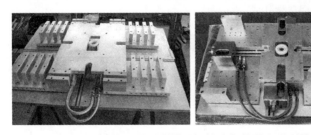

图 21.15　可调式成型底座，带成型模具间接冷却装置和成型模具快速夹紧装置

21.8.3　固定格式底座与可调式底座差异

固定格式底座与可调式底座对比，参见图 21.16。不同 ILLIG 板材成型机底座对比见表 21.4。

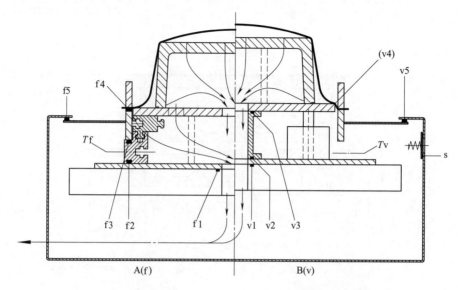

A(f)——带固定式底座以及密封点
f 1、f 2、f 3、f 4、f 5 的成型模具。
用于调温管路 Tf 的通道已密封

B(v)——带可调节式底座和密封点 v1、
v2、v3 和(v4)的成型模具。
用于调温管路 Tv 的通道已密封

图 21.16　ILLIG 板材成型机各底座密封点对比

表 21.4　不同 ILLIG 板材成型机底座对比

指标	固定格式底座	可调式底座	温控型可调式底座
抽气量	必须将整个底座抽真空	只将连接套管抽真空（大约 0）	只将连接套管抽真空（大约 0）
中心机械支撑	需要（抑制挠曲）	不需要，由抽气套管支撑	不需要，由抽气套管支撑
角 / 外部机械支撑	由轮廓支撑	由止动螺栓支撑，必要时使用辅助螺栓	由止动螺栓支撑，必要时使用辅助螺栓
橡胶密封件	三个，加密封型材	两个，在连接套管中	两个，在连接套管中
固定格式框架可用	是，带下夹紧框密封件	是，带片料密封件或上夹紧框密封件——上夹紧框必须小于下夹紧框	是，带片料密封件或上夹紧框密封件——上夹紧框必须小于下夹紧框
成型模具间接调温	额外配备受样式影响的调温板	否	是，配备，可调
成型模具直接调温	管道穿过底座传送	管道穿过底座传送	直接调温传送 + 保留间接调温

21.9　热成型模具构造细节

21.9.1　侧壁斜度

侧壁斜度目标值设计方向如下。

■ 侧壁斜度应该尽量大。

■ 阳模模具使用 3°斜度可以正常工作。

■ 0.4°（24 分）是高的阳模模具能够接受的最小侧壁斜度值。

■ 满足特殊前提条件时，可以实现侧壁斜度为 0°，这时阳模制品的脱模难度大于阴模制品。侧壁斜度为 0°时，满足下列条件即可将成型分段上的阳模制品脱模：

· 机器必须能够通过设置项调整 0°斜度脱模（两步脱模，从成型分段上松开制品）。这意味着，在 0°脱模斜度下脱模阳模件实际上取决于机器，而非模具。

· 将最大拉伸深度限制在 200mm 左右。

· 由于脱模时间稍微延长，因此延长模次时间。

■ 阴模多穴模具适用阳模成型模具的数值。

■ 哑光阴模成型模具的最小壁斜度取决于磨砂深度，因为磨砂相当于小型凹槽。

提示：

由于一般假定成型模具标注脱模斜度，因此图纸通常明确标注侧壁和部件区域的斜度为 0°。

21.9.2 表面粗糙度

一般提示信息

热成型模具一般必须采用粗糙的表面，这样才能在塑型时尽量避免有空气封闭在制品和模具表面之间——这一点既适用于真空成型，也适用于气压成型。封闭在片料和成型分段表面之间的空气，只有在粗糙表面的轮廓尖端之间找到通向下一个排气孔的排气通道时，才能逸出。

如果模具表面过于平滑，排气孔或排气槽会很快被高温片料封锁，导致空气被锁住。

表面粗糙可以防止塑料滑动——适用于成型工艺有此要求的情况。

在某些情况下，比如阳模模具拉深度大时，可以增大粗糙度，尤其在阳模角上，这样可以在预成型时获得较大的静摩擦力，同时角的粗糙度也能当作一种拉伸辅助措施使用。

抛光面是一种例外情况，只有制作透明制品时才会用到。这时为了避免接触模具表面，可以接受夹杂空气这种状态。而夹杂空气导致冷却效果差，进而引发制品变形，这一缺点也须忍受。

木制模具提示

木制模具不可涂覆涂层！平滑的涂层会导致空气被锁住，造成不利的滑动。厚涂层会开裂和剥落。

表面粗糙度 R_a 和 R_z 定义

轮廓平均算术偏差 R_a（mm） 是单个测量区间 l_r 内粗糙度曲线纵坐标值的算术平均值。该值显示曲线与平均线之间的平均偏差。

平均粗糙度 R_z（mm） 是单个测量区间 l_r 内最高波峰高度和最低波谷深度的总和。一般 R_z 是五个测量区间所得结果的平均值。总体来说，R_z 相较于 R_a，对表面结构变化的反应更为灵敏。

图 21.17 所示为 R_a 与 R_z 的换算。

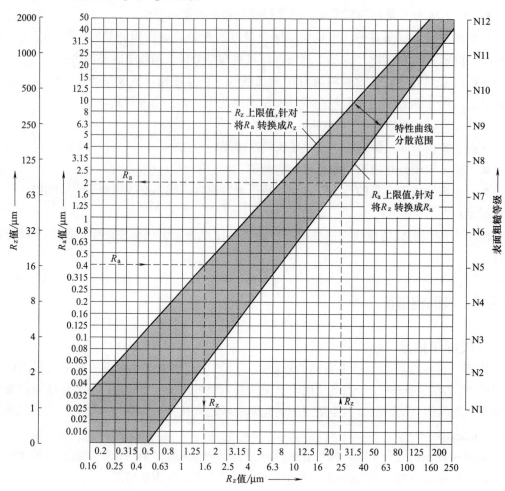

图 21.17　R_a 换算为 R_z，以及后者换算为前者（摘自：DIN4768 第 1 部分）

粗糙度提示 / 定律 / 对比

■ 粗糙度为 R_z=5mm（R_a=1mm）时，眼睛能看到，但是指甲感觉不到。

■ 正常热成型模具的表面粗糙度与 120 目的砂纸类似，大约为 R_z=10mm（R_a=2.5mm）。

粗糙度推荐值见表 21.5。通过加工可以实现的粗糙度见表 21.6。

表 21.5　粗糙度推荐值，根据 ISO 4288（DIN 4768）标准

制品要求	粗糙度
对外观无特殊要求	R_z=100mm（有加工条纹） R_z=35mm（磨砂面） R_z=10mm（粗糙度小）
制品微暗透明	R_z=3.5mm（抛光）
透明制品	R_z=1mm（高亮抛光）

提示：

■ 加工发泡片材时，车削 / 铣削加工使表面显现出明显的加工条纹。

■超大粗糙度可以手工实现：将粗砂纸（60～80目）放在模具表面，之后用锤子敲击。使用板材成型机加工时，在阳模的角上设置超高的拉伸度。

表 21.6 通过加工可以实现的粗糙度

粗糙度	加工过程
R_z=100mm	车削铣削显现出明显的加工条纹
R_z=35mm	车削＋粗喷砂（＋阳极氧化） 铣削＋条纹拉伸＋喷砂
R_z=10mm	车削＋硬化涂层 车削＋阳极氧化 细侵蚀 车削＋硬化涂层带特氟龙衬料（可以达到 R_z=7mm） 铣削＋条纹拉伸＋硬化涂层（可以达到 R_z=15mm） 铣削＋磨削＋阳极氧化（可以达到 R_z=11mm）
R_z=3.5mm	细车削， 车削＋抛光（大约 15min） 车削＋侵蚀＋手工抛光 车削＋涂覆＋抛光 铣削＋手工抛光 铣削＋抛光＋涂覆＋抛光
R_z=1mm	"超级抛光" 车削＋手工抛光 车削＋侵蚀＋手工抛光

21.9.3 半径

选择阴模区域的半径 R 时，应使塑料在塑型过程中全面积接触模具，如图 21.18 所示。

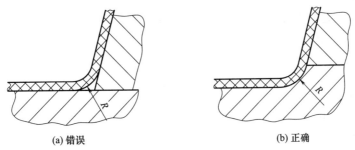

(a) 错误   (b) 正确

图 21.18 阴模区域的半径 R

原理

"不接触模具"［图 21.18（a）］意味着在不接触模具的区域，散热会大幅度减弱。冷却时间过短时，这会导致变形；如果要避免变形，必须延长冷却时间——比与模具接触时长。如果制品在"阴模半径"中未接触到模具，就不会有可再现的制作半径。作为厚度超过 2mm 片料的参考值，半径 R 相当于塑型精度平均值：

$$R=1.5 \times 片料初始厚度 \tag{21.6}$$

阴模区域内小半径 R（0.2～0.5mm）成型的前提条件如下（与片料厚度无关）：

- ■ 拉伸度相对较小（成型比 H : B 不超过 0.4 : 1）；
- ■ 塑料温度高；
- ■ 模具温度尽量高；
- ■ 气压成型时塑型压力大占优势，但一般不是必要条件。

以下塑料难以精确塑型，而且需要避免出现小的阴模半径：APET、PC、浇铸成型的 PMMA。

21.9.4 模具排气与排气截面

排气孔个数必须够多，直径必须够大，排气槽必须够宽，这样才能达到快速排气（抽气）的目的。此外不得在制品塑料内做任何标记。

孔

孔直径 0.3 ~ 0.4mm：

- ■ 适用于塑型精度超高的阴模模具；
- ■ 细磨砂面；
- ■ 适用于 PP 和 PE 气压成型。

孔直径 0.5 ~ 0.6mm：

- ■ 气压成型通用；
- ■ 适用于 PP 和 PE 真空成型；
- ■ 适用于真空成型中的灵敏可见面，比如高光泽面或粗磨砂面。

孔直径 0.8mm：

- ■ 真空成型通用。

孔直径 1.0mm：

- ■ 适用于厚度超过 6mm 的厚板材，但不可用于 PE 和 PP。

孔直径 1.0 ~ 2.0mm：

- ■ 适用于软泡沫。

缝隙式喷嘴

直径为 6mm 的缝隙式喷嘴：

- ■ 适用于面抽气。

直径为 8mm 的缝隙式喷嘴：

- ■ 适用于超大抽气量，比如拉伸深度大且具有全成型面的阴模模具。

槽

0.2 ~ 0.3mm 的槽：

- ■ 适用于所有厚度的 PE 和 PP 片料，可见面接触模具；其他厚度不超过 0.5(0.8)mm 的片料。

0.5mm 槽：

- ■ 通用数值。

0.6 ～ 0.8mm的槽：

■ 适用于极快速抽气，主要用于快速运行的全自动辊式成型机中的模具，不适用于PE 和PP。

排气孔或排气槽是从成型模具背面由较大的孔（直径4 ～ 10mm）或更大的截面扩展而来（图21.19）。模具表面排气孔 d_1 在 2 ～ 4mm 后转到更大的直径 d_2 以及更大的排气通道系统宽度 d_3 中。排气孔 d_1 过长（过深）会降低抽气速度，而且小直径会导致钻孔成本增加。

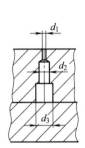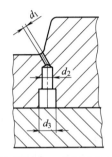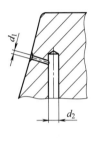

图21.19　排气孔，从排气孔 d_1 穿过集气孔 d_2，进入排气通道 d_3

排气通道系统设计

如果从模具表面到出气孔（真空接口）未由于截面狭窄而出现气体堵塞，就说明排气通道系统设计正确。设计排气通道系统支路时，必须扩大空气流动方向的排气通道截面总面积。

全样式设计时，模具表面的截面总面积必须大于热成型机模台的真空接口截面。

表21.7 所示为推荐的排气孔和排气槽。

表 21.7　推荐的排气孔和排气槽　　　　单位：mm

材料族群 1	HIPS,ABS,OPS,ASA,SAN,PVC-U,PMMA,PC,PPO,PA6GF15Z,PA12,APET,GPET,CPET, PSU,PES,PPS,CA,PVDF,PEI,PLA				
材料族群 2	PP,PEHD,TPE,PAN,PAR,POM,COC				
热成型工艺，塑型	真空成型	真空 OFF	气压成型 （<2bar）	气压成型 （2 ～ 6bar）	气压成型 （>6bar）
材料族群 1 排气孔	0.8	0.6	0.6	0.5	0.4
材料族群 1 排气槽	0.50	0.30	0.30	0.30	0.30
材料族群 2 排气孔	0.6	0.5	0.5	0.4	0.3
材料族群 2 排气槽	0.30	0.20	0.20	0.20	0.20

注：OFF= 表面成型。

计算所需排气截面

$$A=4\times\frac{F_v}{0.5}\times\frac{100}{拉伸深度}\times\frac{抽真空体积}{专属抽气时间}\times F_r\times F_k \tag{21.7}$$

式中　A——所需排气截面，mm^2；

F_v——体积流量因数：

■ 0.4 适用于真空成型，阴模成型，使用预拉伸器；

■ 0.5 适用于真空成型，阳模或阴模成型，都不使用预拉伸器；

■ 0.75 适用于气压成型，使用预拉伸器阴模成型；

■ 0.90 适用于气压真空组合成型，使用预拉伸器阴模成型；

■ 2bar 时 0.6；4bar 时 1.2；6bar 时 1.7；8bar 时 2.2；气压成型不使用预拉伸器；

■ 2bar 时 0.8；4bar 时 1.3；6bar 时 1.8；8bar 时 2.2；气压真空组合成型不使用预拉伸器。

拉伸深度（单位 mm）：

■ 第一步针对总体积；

■ 第二部针对各区域，由片材接触模具壁的情况决定。

抽真空体积（单位：L）。

专属抽气时间（单位 s/100mm）：

■ 每 100mm 拉伸深度 0.15～0.20s，适用于每分钟超过 35 个模次的机器；

■ 每 100mm 拉伸深度 0.20～0.30s，适用于每分钟少于 35 个模次的机器；

■ 每 100mm 拉伸深度 0.40～0.50s，适用于板材成型机。

F_r——空气通道系统内的排气倒流因数：

■ 1.0～2.0，小数值针对从模具中逸出的极短行程，大数值针对复杂的排气通道系统。

F_k——排气截面边缘的执行质量因数：

■ 1.0～2.0，小数值针对无毛刺的干净通道，大数值针对有毛刺的排气截面阻碍排气的情况。

计算示例

初始数值：

■ 板材成型机配备真空成型系统；

■ 阴模模具配备预拉伸器（配备预拉伸柱塞）；

■ 拉伸深度 250mm；

■ 成型分段抽气量 200L；

■ 通过底部槽口抽气装置排气；排气槽 0.5mm，排气槽长度 1900mm。

其他假设：

■ 多级排气通道系统（回流因数 1.5）；

■ 排气槽边缘干净；因数 1.0，针对边缘质量。

得出结果：

■ 选择的排气截面；

■ 1900mm×0.5mm=950mm²；

■ 将上述数值代入式（21.7），所需排气截面：

$$A=4\times\frac{0.4}{0.5}\times\frac{100}{250}\times\frac{200}{0.5}\times1.5\times1mm^2=768mm^2$$

结果：

- 所需排气截面 1900mm×0.5mm=950mm²;
- 计算得出排气截面 768mm²。
→选择的排气截面足够大。

21.9.5 空腔

注意:
- 必须抽真空的空腔(比如使用大型阳模模具进行真空成型,也包括底座);
- 必须充满压缩空气的腔室(气压成型时)。

大型阳模模具等的空腔应该填充材料(木头等)来占据内部体积,从而缩小需要抽真空的体积,进而缩短抽气时间。

视成型模具壁的厚度而定,空腔必须加固。也就是说,必须考虑成型真空或成型压力引起的面载荷!(1m² 有效面积上的全真空大约相当于承载 10000kg 重物,32cm×32cm 有效面积相当于承载 1000kg 重物)

至少在大批量加工时,有必要填充空腔,这样可以在真空成型时缩小需要抽真空的体积,在气压成型时减少压缩空气用量。填充空腔所需的最高成本,可以通过能源计算程序计算出来。

21.9.6 预拉伸柱塞材质

用于制作预拉伸柱塞的材料,必须具备下列特性:
- 导热性差。(必须尽量少吸收高温塑料的热量。抓握时必须感觉到温热。)
- 耐热性足够高。(耐热性差会导致使用寿命过短,但是摩擦性会在温度不断升高时发生剧烈变化。)
- 强度足够大,能够承受预拉伸过程中形成的相对较高的载荷。
- 加工性优良,利于车削和铣削。
- 抛光性优良(适用于制作透明制品)。
- 摩擦性适于高温塑料。(摩擦力过低会导致拉入底部的材料过少。摩擦力过高则导致拉伸到底部的材料过多,且 / 或侧壁壁厚分布不均,会从厚底部陡然进入过薄的侧壁区域。)

推荐使用的预拉伸柱塞材料,可以参考表 3.2 "热成型机表格"。

在实际应用中,热成型领域也会使用其他材料制作预拉伸柱塞。

木头是最常用来制作板材成型机预拉伸柱塞的材料。实木可以在实现最佳滑动性的同时,最大程度降低形成痕迹的概率。推荐使用枫木和榉木。骨架模具经常使用 Obo 硬木(一种符合 DIN 7707 标准的合成树脂胶合板)制作。

推荐注意纤维走向,见图 21.20。

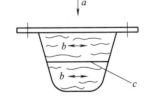

图 21.20 用木头制作预拉伸柱塞时,
需注意纤维走向
a—预拉伸方向;b—纤维走向;
c—必要时胶合

层压板优点：强度高，稳定性优良；缺点：在全真空环境下加工时，各层会在塑料上留下痕迹。使用木制柱塞与一层软材料（比如手套材料）层合在一起可以减少形成疤痕，同时改善滑动性。手套材料层合缺点：易磨损，使用寿命短。

毛毡造价比木材高，但是可以省略手套材料的层合。未进行过硬化处理的毛毡，可以深度浸入木材底漆中进行硬化，从而改善其形状稳定性和表面抗磨损性。

复合泡沫塑料（Syntac 350,Hytac B1X,Hytac XTL）是制作预拉伸柱塞的通用材料。复合泡沫塑料具有多种密度和成分。大多数复合泡沫塑料用树脂填充，并添加空心玻璃球——部分添加特氟龙，制成密度为 $0.65g/cm^3 \sim 0.95g/cm^2$ 的圆棒或板材。基于价格方面的考量，这种材料主要用于全自动辊式成型机。

树脂，也填充滑石粉用以改善滑动性，在预拉伸柱塞造型极其复杂时使用。根据经验，聚氨酯（PU）使用效果最佳。柱塞可以全部使用树脂制成，也可使用树脂和木头组合制作。

金属，大多使用铝，一般在下列情况下用作预拉伸柱塞材料（铝等）：

■ 如果对于木头或树脂来说，机械载荷过大。

■ 如果以压紧框或压花模具形式出现的预拉伸柱塞必须具备调温功能（比如用于 PMMA）。

■ 如果预拉伸柱塞作为多腔界面塑型，泡罩成型时需要通过片料四周的冷却痕迹获得厚度均匀的泡罩边。

■ 如果需要加热预拉伸柱塞。由于金属预拉伸柱塞的加热和调温成本很高，因此只有特殊情况下才使用加热后的金属预拉伸柱塞。

PTFE 聚四氟乙烯（杜邦公司 Teflon 等商标品牌）仅适用于在成型温度极高的特殊情况下制成预拉伸柱塞来加工聚烯烃 PE 或 PP。PTFE 不可用于成型温度在正常或偏低范围的片料成型，因为 PTFE 的静摩擦过小。

POM 聚甲醛经常被制成柱塞来加工透明制品，因为这种材料非常适于抛光。

21.9.7　阴模成型的预拉伸柱塞结构

预拉伸柱塞（预拉伸器）的结构受下面几个因素影响：

■ 成型分段结构；

■ 片料类型（PP、PET、ABS 等），多层片料则主要取决于接触预拉伸柱塞的层；

■ 表面摩擦力或表面涂层（防粘层等）；

■ 片料成型温度；

■ 预拉伸柱塞材质；

■ 预拉伸柱塞温度；

■ 预拉伸柱塞和成型分段随时间推移而变化的移动轨迹；

■ 预拉伸柱塞和片料之间形成的压力大小，取决于成型分段中的排气截面总面积和预拉伸柱塞的移动轨迹。

板材成型机的模具预拉伸柱塞的结构参见图 21.21。

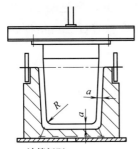
计算间距 a
$a=1.5s_1+x$
$s_1=$ 片料的初始厚度，mm；
$x=1$ 针对厚度达约1mm的薄片料
$x=2$ 针对厚度为 $1\sim4mm$ 的片料；
$x=3$ 针对厚度为约4mm以上的片料

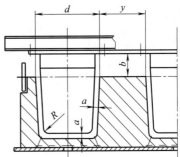
计算尺寸 b
$b=0.25y$
$b=$ 多穴成型或多腔成型情况下，
成型模具和预拉伸柱塞
固定板之间的间距

半径 R 的值：   单位：mm

s_1	<1	1	2	3	4	5	6	7	8	9	10
$d=10$	1	1	1								
$d=20$	1	2	2,5	3	3	3					
$d=30$	1,5	2,5	3	4	4	4	4	4			
$d=40$	2	3	4	4	4	4	4	4	4	4	
$d=50$	2,5	4	4	5	5	5	5	5	5	5	5
$d=60$	3	4	5	5	5	5	5	5	5	5	6
$d=70$	3,5	5	5	5	5	5	5	5	5	6	6
$d=80$	4	5	5	5	5	5	5	5	6	6	6
$d=90$	4,5	5	5	5	5	5	5	6	6	6	6
$d=100$	5	5	5	5	5	5	6	6	6	6	6

注：对于 PP 等熔体强度较小的材料，表中的数值要乘以 $2\sim3$。

图 21.21　测定预拉伸柱塞的结构

示例 1：
- ABS 片料；
- 厚度 5mm；
- 成型分段内部尺寸或内部宽度 $d=80mm$；
- $a=1.5\times s_1+x$；
- $a=1.5\times5mm+3mm=10.5mm$；
- 半径 $R=5mm$，参见图 21.21。

示例 2：
- PET 片料；
- 厚度 0.4mm；
- 成型分段内部尺寸或内部宽度 $d=80mm$；
- $a=1.5\times s_1+x$；
- $a=1.5\times0.4mm+1mm=1.6mm$；

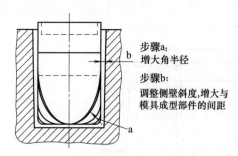

步骤a:
增大角半径

步骤b:
调整侧壁斜度,增大与
模具成型部件的间距

图 21.22　改动预拉伸柱塞结构

■ 半径 R=5mm，参见图 21.21。

预拉伸柱塞直径 d<20mm 时，上柱塞可以塑型成圆柱形。

此处推荐的预拉伸柱塞结构（间距和半径）只是初始结构，可以根据驶入模具时的实际情况进行修正。

改动柱塞结构的一般操作方法如图 21.22 所示。

提示：

只有改变移动轨迹（柱塞速度、柱塞行程、成型空气使用时间点）无法实现预期效果时，才会改动预拉伸柱塞的结构。只有当机器调节功能受限时，才会以高昂成本为代价调整预拉伸柱塞的结构。

预拉伸柱塞构造示例参见图 21.23。

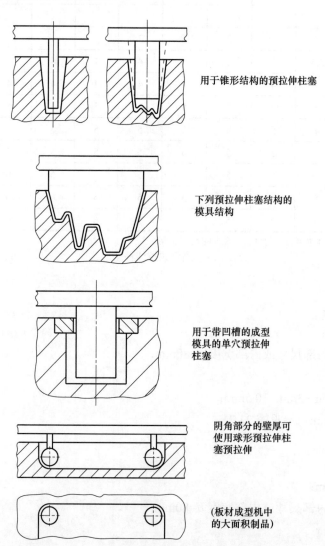

用于锥形结构的预拉伸柱塞

下列预拉伸柱塞结构的
模具结构

用于带凹槽的成型
模具的单穴预拉伸
柱塞

阴角部分的壁厚可
使用球形预拉伸柱
塞预拉伸

（板材成型机中
的大面积制品）

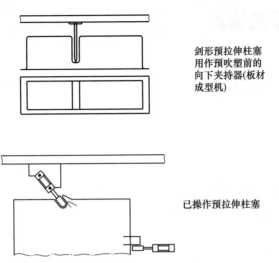

剑形预拉伸柱塞
用作预吹塑前的
向下夹持器(板材
成型机)

已操作预拉伸柱塞

图 21.23　阴模预拉伸柱塞结构示例

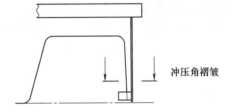

冲压角褶皱

所有公司都会委派经验丰富的专业人员
来确定预拉伸柱塞的结构设计。在这其中，
一部分需要套入公式进行计算，还有一部分
纯粹根据经验判断。

21.9.8　阳模模具的预拉伸柱塞

对于阳模模具来说，使用预拉伸柱塞主
要是为了避免形成褶皱（图 21.24）。在这种
情况下，应该尽量减小柱塞与成型分段上拉
伸件之间的间距，同时注意制品塑型完毕后
不能与柱塞发生接触。

为了避免形成冷却痕迹，也可使用压力
箱模形式的柱塞（图 21.25）。

此时可如下计算间距 a：

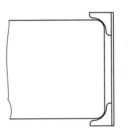

冲压角褶皱(俯视图)
始终选择圆形结构的预拉伸
柱塞！如果使用直形结构的
柱塞，褶皱可能会被推移到
侧边

图 21.24　借助柱塞避免角上形成褶皱

$$a=(0.12 \sim 0.15)\times H \tag{21.8}$$

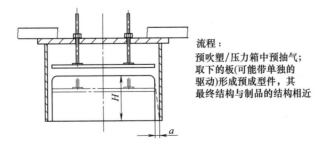

流程：
预吹塑/压力箱中预抽气；
取下的板(可能带单独的
驱动)形成预成型件，其
最终结构与制品的结构相近

图 21.25　压力箱和悬挂的底板

21.10 带凹槽的模具

21.10.1 无活动件凹槽脱模

小型凹槽脱模时无需使用活动件。

示例：杯子、碗、包装盖。

条件是塑料处于弹性范围内，即制品在脱模温度下具有足够的强度。

不使用活动件脱模大型凹槽时，如果制品负荷比在弹性范围内高但未损毁，会导致制品发生变形。有些塑料如在脱模时超负荷，会形成白色裂纹并导致变色。

21.10.2 凹槽脱模活动件（滑块）

活动件类型如下，根据触发方式划分。

被驱动型活动件（气缸驱动等）

应用示例：通用结构型式，许多带活动件控制装置的模具。

优点：可以调整驶出和驶入时间。

缺点：必须有配套的机器装备，模具成本高昂。

类型划分：

■ 预成型时活动件处于驶出状态（"标准活动件"）；

■ 预成型时活动件处于驶入状态，塑型时驶出（"真空活动件"）。

这两种活动件都必须在脱模时驶入（拉回）。

适用于两种类型：

■ 活动件无电力需求。

■ 活动件有电力需求。如果发生功能失灵的风险过高（维修、停产），就会安装这种类型的设备。

可伸缩型活动件，通过弹簧获得回弹力

应用示例：运输托盘，上边缘区域的凹槽。

优点：不需要控制装置。

缺点：不具备辅助控制功能。

■ 活动件在脱模时通过相对移动从机器模台到达制品处，脱模时张开。

■ 脱模后借助弹簧力回到初始位置。

活动件借助重量移动

（自重，通过拉索或类似手段进行重量平衡。）

应用示例：冰箱内胆。

优点：不需要控制装置。

缺点：不具备辅助控制功能。

■ 活动件在脱模时通过相对移动从机器模台到达制品处，脱模时张开。

■ 脱模后借助自重或重量平衡回到初始位置。

弹性活动件（使用聚硅氧烷等制成）

应用示例：地暖敷设板。

优点：占地面积极小，不需要触发。

缺点：使用寿命可能较短。

■ 松动件在脱模时变形。

■ 脱模后恢复初始结构。

21.11 扁平制品低拉伸度模具构造

开始设计以低拉伸度制作制品的成型模具之前，必须先了解片料加热时的垂料。

■ 垂料大意味着片料加热后形成的表面大。

■ 拉伸度小（扁平制品）意味着成型模具表面小。

如果片料加热后表面比成型模具表面大，制品表面肯定会形成褶皱。

解决方案：成型分段必须设在夹紧层上方较高处，使形成的表面比挠曲片料的表面大一些。

确定所需的成型分段高度

必须进行实际测试，评估片料的膨胀和垂料特性。

提示：

如果片料膨胀系数高，而且同时在夹紧层对片料进行空气支撑，就会在片料中形成褶皱。配备空气支撑装置的板材成型机在加热时会发生这种情况。

21.12 透明件成型模具

尤其在透明件成型时，模具制造商必须对加工工艺有所了解。相关信息请参阅第 12 章"透明件热成型"。

板材成型机中的模具

类型划分：

■ 成型模具不接触透明区域，比如骨架模具等；

■ 成型模具根据需要接触透明区域。

成型后片料与成型模具之间导热性差（空气、毛毡、聚硅氧烷）对透明度有利。

铝制模具并非一定是透明件的最佳成型选择——即便加热时也不是！

模具材料选择优先级——不接触透明区域类型：

① 木制骨架模具；

② 合成树脂压缩木材制成的骨架模具；

③ 钢制骨架模具（出于稳定性考虑）。如果不能调温，则在开始生产前加热钢制骨架模具（使用工业风扇等）。

模具材料选择优先级——接触透明区域类型：

① 木制模具（枫木或榉木），层合手套材料；

② 木制模具层合硅胶布；

③ 铝制可调温模具，透明区域层合毛毡、纤维网、硅胶布；

④ 铝制模具，不层合透明面，必须尽量调高温度，表面必须抛光。

适用于上述两种类型：预拉伸柱塞必须满足与成型分段相同的条件。

全自动辊式成型机中的模具

全自动辊式成型机一般用于大批量加工。透明件成型的一般规则也适用于此。

所需如下：

■ 成型分段，表面抛光的模具嵌件；

■ 表面抛光的预拉伸柱塞；

■（如果可能）加热后的预拉伸柱塞。

提示

理想状态是透明区域没有排气孔。只有当透明区域边缘粗糙，空气能从粗糙边缘逸出时，才能实现这种状态。

如果有排气孔，则需要注意下列事项：

■ 将排气孔设置在边缘区域。

■ 如果排气孔必须分散布设在整个透明面上，则尽量安排多个小孔。

■ 在抛光面上布设大直径排气孔有很明显的缺点：排气孔很早就会被高温片材封死，导致制品中封住大量空气，排气孔留下清晰的痕迹，制品透明面不平整，即重度变形。此外制品中封锁住空气会导致冷却时间延长。

21.13　双片成型模具

设计开始前的检查步骤如下。

■ 制作的两部分双片成型模具（无预拉伸柱塞）能否实现良好的壁厚分布？（大多数请求满足不了这项要求。）

■ 能否避免形成褶皱？（不使用辅助柱塞推开褶皱。）

■ 对焊缝有什么要求？焊接类型和边缘决定了所需的挤压压力，参见表21.8。

■ 图纸或图案要求的总焊接面积有多大？

■ 根据挤压压力和焊接面积，可以计算出所需的合模力。

■ 计算出的合模力必须与机器提供的合模力进行对比。

■ 如果机器合模力过小，则必须在模具中（使用模具锁闭装置等）实现合模力。这是制造模具时必须满足的一项要求。

- 如果机器能够提供足够大的合模力，就不需要使用模具锁闭装置。如果机器不能提供足够大的合模力，就必须通过模具来满足这一要求。

- 如果解决方案是必须使用锁闭的模具，就一定要估测模具的重量，之后检查机器的模台力是否足够移动锁闭的重模具（足够快）。（必要时请咨询机器制造商。）

表 21.8　焊缝和双片成型所需挤压压力

原理图	挤压压力	焊缝类型，备注
	0.15MPa（1.5kg/cm²）	点焊缝无材料挤压。 制品上的边缘 α 有必要，这样就不会留缝
	0.5MPa（5kg/cm²）	焊缝无隆起，材料挤压度微小。 制品上的边缘 α 有必要，这样就不会留缝
	5MPa（50kg/cm²）	材料挤压导致焊缝有隆起。 需要无边切割
	15MPa（150kg/cm²）	焊缝有隆起，挤压出分隔边。 不需要切边，因为边缘可以轻松分离
	15MPa（150kg/cm²）	焊缝有隆起，挤压出分隔边。 不需要切边，因为边缘可以轻松分离

- 有一点很重要，就是确定在两部分模具真空成型过程中，空气流向哪里，比如环形焊缝能断开的位置。极少情况下，两部分制品先成型，之后立刻焊接。这时空气不得流

动，即焊缝不能断开，为此，从机器中取出双片成型制品之后，必须立刻钻孔，使空气流入封闭的腔室内，避免制品在冷却过程中爆开。

提示：

关于双片成型中的壁厚分布：

敷设焊接面可以减少拉伸。相关信息参见图 21.26。

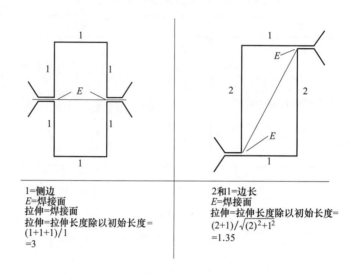

1=侧边
E=焊接面
拉伸=焊接面
拉伸=拉伸长度除以初始长度=
$(1+1+1)/1$
$=3$

2和1=边长
E=焊接面
拉伸=拉伸长度除以初始长度=
$(2+1)/\sqrt{(2)^2+1^2}$
$=1.35$

图 21.26　通过敷设焊接面来减少成型模具内的拉伸

样式部件：装备手动送料装置的机器上的双片成型样式部件

详细信息参见章节 8.5.2 中的"双片成型工艺流程"内容。

- 下夹紧框与正常的下夹紧框完全相同。
- 上夹紧框与正常的上夹紧框完全相同。
- 中间夹紧框挂在上夹紧框的后部横向隔板上。

图 21.27 所示为手动送料机器的夹紧框。

夹紧框打开：
打开上夹紧框时中间框(可通过
铰链上的止挡调节)保持翻转状
态,可以用手打开中间框以及用
手取出或拉出制品

图 21.27　手动送料机器的夹紧框

装备半自动送料装置和自动运输装置的机器上的双片成型样式部件

（ILLIG 规格款型，参见图 21.28）

针对图 21.28 所示机器类型，需要使用下列样式部件。

■ 下夹紧框是一个"正常的"下夹紧框。

■ 上夹紧框底侧设有夹爪，可以将手动放入的上板材夹在上夹紧框中，并通过上夹紧框的打开移动提升板材，从而提升材料运输装置将下板材运入。

■ 将双片中间框挂入材料运输装置中，放置时注意使其能在出口侧自动打开。（运出成型后的双片制品时，在出口侧打开中间框的横向隔板并提升材料运输装置。）

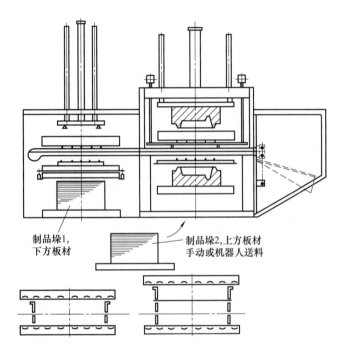

图 21.28　装备四个加热装置（加热两个板材）和制品自动运输装置的机器上的双片成型

双片模具特点

加热时进行空气支撑

图 21.29 所示为加热时对两个板材进行空气支撑。

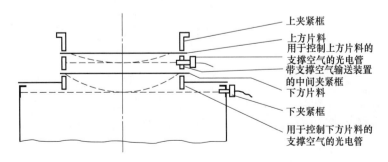

图 21.29　加热时对两个板材进行空气支撑

真空塑型时，在模具的两部分中间输送空气

图 21.30 所示为断开的焊缝，用于在双侧真空成型时使空气可流动。

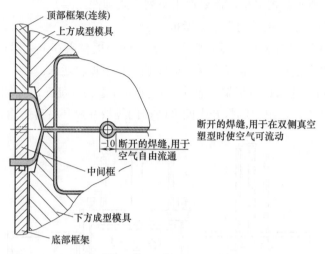

图 21.30　断开的焊缝，用于在双侧真空成型时使空气可流动

图 21.31　双片模具包带运输保险装置；成型冲裁复合模用于发泡片材制成的空气通道，用于 ILLIG 双片成型机 UAR 155g

使用风针冷却

冷却时关闭一个双片模具。为了能从内部冷却双片制品，可以通过模具内移动安装的尖风针吹送冷却空气——当然，空气必须能够逸出才行。

无夹紧框机器的模具

有些机器不使用夹紧框和中间框，比如 ILLIG 双片成型机 UAR 155g，该款机器将两个片材卷加工成型为双片制品，如图 21.31～图 21.33 所示。

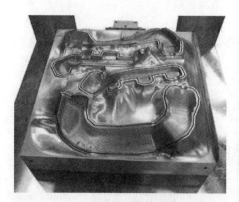

图 21.32　四通道模具下部，带用于通过锯齿刀进行切割的环形槽

图 21.33　带锯齿刀的模具上部，冷空气切入针处于驶出状态

21.14　薄膜铰链和卡扣模具

薄膜铰链可以采用三种工艺制成：

■ 阴模热成型；

■ 开槽；

■ 冲裁。

卡扣的规格款型如下：

■ 加工成型的锁闭榫舌彼此插接在一起；

■ 加工成型的凹槽用于卡扣；

■ 冲裁制成锁板。

带薄膜铰链和卡扣的包装原理图参见图 21.34。

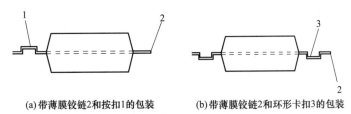

(a) 带薄膜铰链2和按扣1的包装　　　(b) 带薄膜铰链2和环形卡扣3的包装

图 21.34　带薄膜铰链和卡扣的包装原理图

采用热成型工艺制成的铰链规格款型，参见图 21.35（a）～（e）。

图 21.35（a）所示，是一个相对较硬的铰链。

半径 R 适用：

$$R=(5 \sim 6) \times 片料厚度 s \tag{21.9}$$

片料厚度 s=0.4mm 时，半径 R=2.5mm。

图 21.35（b）所示，是一个比图 21.35（a）弹性更好的铰链的尺寸。适用：

$$h:b=5:8，其中 b=(15 \sim 25) \times 片料厚度 s \tag{21.10}$$

片料厚度 s=0.35mm 时，b=7mm，h=4.5mm。

图 21.35（c）所示，是一个铰接效果非常好的薄膜铰链。适用：

$$h:b=5:8，其中 b=(10 \sim 20) \times 片料厚度 s \tag{21.11}$$

片料厚度 s=0.4mm 时，b=5mm，h=3mm。

图 21.35（d）所示，是图 21.35（c）所示铰链的另外一种款型。如果对半个包装的距离有要求，则按照图 21.35（e）所示数据进行设计。同样适用式（21.11）。

图 21.36 所示，是在热成型过程中通过开槽来制作铰链。图 21.37（a）是铰链的正确操作方法，而图 21.37（b）中错误弯折会限制铰链的移动范围。

图 21.38 所示，是一个恰当的开槽刀刃几何形状示例。

折叠式包装原则上可以阳模成型或阴模成型（图 21.39）。为了实现 180°的弯折角，必须在阳模成型［图 21.39（a）］时将开槽刀刃装在凹模中，比如装在预拉伸柱塞或向下夹持器中。阴模成型［图 21.39（b）］时装在阴模模具中。与带钢裁切刃类似，所有模具都应具备修整高度的功能。

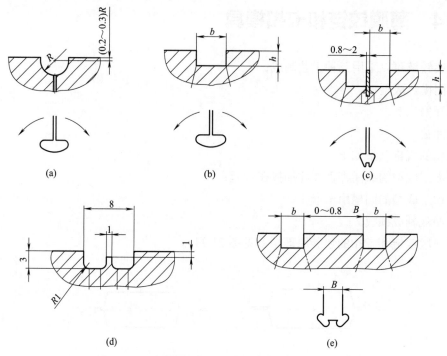

(a)　　　　　　(b)　　　　　　(c)

(d)　　　　　　　　(e)

图 21.35　包装铰链结构

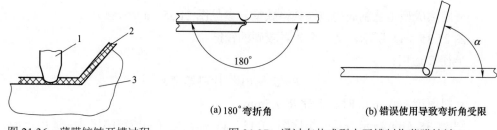

图 21.36　薄膜铰链开槽过程
1—开槽刀刃；2—片材；3—成型分段（铝）

(a) 180°弯折角　　　(b) 错误使用导致弯折角受限

图 21.37　通过在热成型中开槽制作薄膜铰链

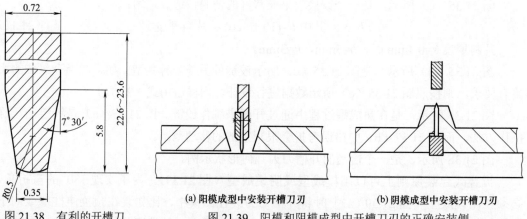

图 21.38　有利的开槽刀
刃几何形状

(a) 阳模成型中安装开槽刀刃　　(b) 阴模成型中安装开槽刀刃

图 21.39　阳模和阴模成型中开槽刀刃的正确安装侧

最大开槽长度取决于下列几个因素：

- 片材类型；
- 片材厚度；
- 开槽过程中的片材温度；
- 成型站的合模力；
- 直接参与开槽过程的动力能（上柱塞、框架或模台等的重力和闭合速度）。

根据经验，所需开槽力 F 可以套用下列公式计算出来：

$$F=F_s \times L \times k_T \qquad (21.12)$$

式中　F——所需开槽力，N；

F_s——单位开槽力，N/mm（图 21.40）（1mm 铰链长度所需开槽力）；

L——待开槽铰链长度，mm；

k_T——片材温度系数（图 21.41）。

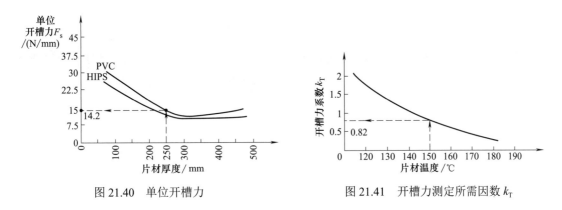

图 21.40　单位开槽力

图 21.41　开槽力测定所需因数 k_T

铰链也可冲裁制成（图 21.42）。这种制作方法的一个缺点，是制出的铰链不适于频繁开合。

折叠式包装的卡扣的细节

图 21.43 所示，为卡扣（"按扣"）热成型时的理想壁厚分布。模具相关尺寸如图 21.44 所示。根据经验，下列数值可以获得良好效果：

- $H : D = 0.5 : 1 \sim 0.8 : 1$；
- $D = 6 \sim 10$mm；
- $d = D - 1.6 \times$ 片材厚度。

将阳模成型的按钮按入阴模成型的凹槽后，就可以实现锁闭。

其他锁闭榫舌构造参见图 21.45。

借助冲裁所得结构实现锁闭，见图 21.46。

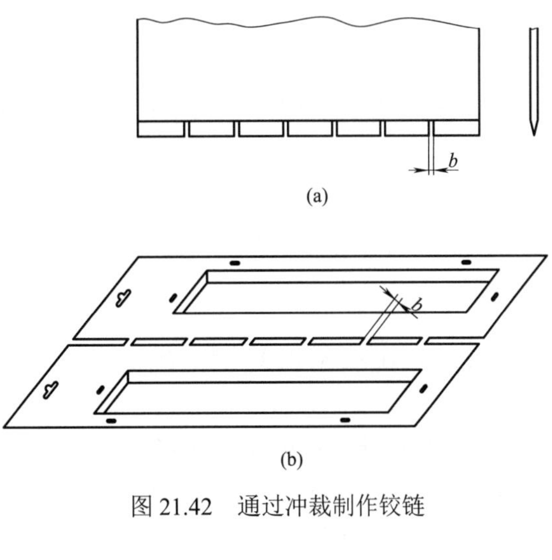

图 21.42　通过冲裁制作铰链

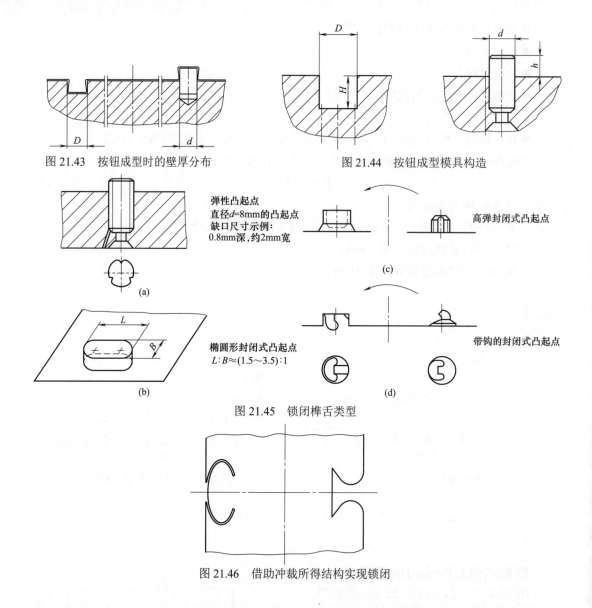

图 21.43　按钮成型时的壁厚分布　　　　　　图 21.44　按钮成型模具构造

图 21.45　锁闭榫舌类型

图 21.46　借助冲裁所得结构实现锁闭

21.15　全自动辊式成型机中带切断刀的成型冲裁复合模

切断刀，也称为"带钢裁切刃"，在全自动辊式成型机中既可在组合式成型冲裁复合模中使用，也可与独立式冲裁站一起使用。但是冲孔大多使用带剪切刀的冲孔模（"落料v冲模"）完成。

示例：配有带钢裁切刃的成型冲裁复合模作为碗模具

图 21.47（a）所示，是运入片材时打开的模具。成型过程参见图 21.47（b）。模具闭合；夹紧框使用空腔密封件密封起来，与上模具隔绝；带钢裁切刃处于片材上方或者准备冲裁。预拉伸柱塞进行预拉伸，产品成型。冲裁过程见图 21.47（c）。冲裁过程中固定挡块会限制冲裁行程。这时密封系统对冲裁行程进行补偿。之后模具打开，脱模框为脱

模过程提供支撑，见图 21.47（d）。

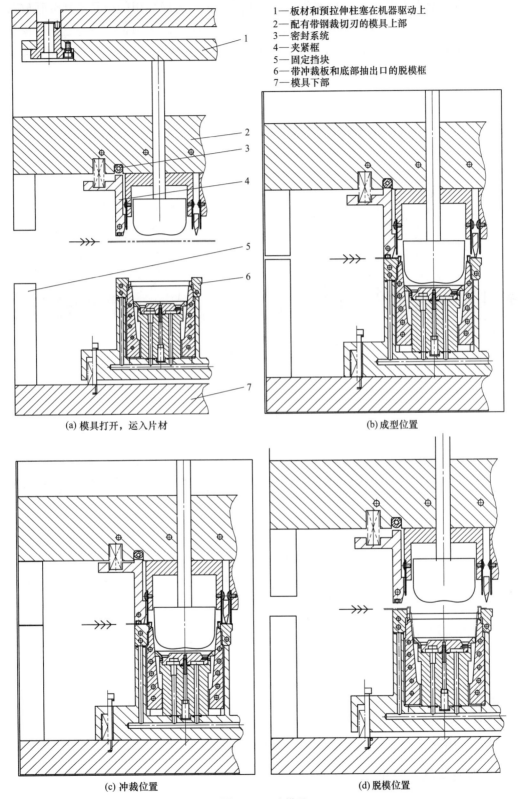

1—板材和预拉伸柱塞在机器驱动上
2—配有带钢裁切刃的模具上部
3—密封系统
4—夹紧框
5—固定挡块
6—带冲裁板和底部抽出口的脱模框
7—模具下部

(a) 模具打开，运入片材

(b) 成型位置

(c) 冲裁位置

(d) 脱模位置

图 21.47　碗模具

示例：配有带钢裁切刃的成型冲裁复合模作为盖子模具

使用盖子模具时，为了脱模时省力且不发生翘曲，将成型用的模具部件分开放在一个外部成型分段和一个内部成型分段中。成型过程参见图 21.48（a）。片材运入，模具闭合，使用压缩空气成型。成型后和冲裁前，借助模具中安装的气缸拔出外部成型分段，见图 21.48（b）。冲裁完成后，模具打开。

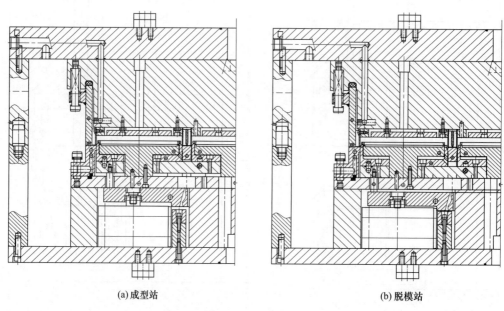

(a)成型站	(b)脱模站

图 21.48　盖子模具

21.16　全自动辊式成型机中带剪切刀的成型冲裁复合模

剪切刀，也称为"落料冲模"，在全自动辊式成型机中既可与成型冲裁复合模组合使用，也可在独立式冲裁站的冲裁模具中使用。

图 21.49 和图 21.50 所示，为 ILLIG 公司 RDM 机器的一般成型冲裁复合模结构。

插入式模具（图 21.50 和图 21.51）与紧凑型模具存有差异。

插入式模具的特征

- 模具嵌件和冲裁阳模是单独的部件。模具嵌件"插在"冲裁阳模当中。
- 直径规格统一。
- 模具嵌件、顶料器底部和预拉伸柱塞均可更换，冲裁阳模保持不变。
- 样式切换不但简单而且快速。
- 制品由铝制成，表面经过处理（涂覆，硬度大约 60HRC）。

紧凑型模具的特征

采用紧凑型结构的成型冲裁复合模，模具嵌件和冲裁阳模由一个"紧凑型"部件构成。这种结构是带剪切刀的组合式成型冲裁复合模的雏形。

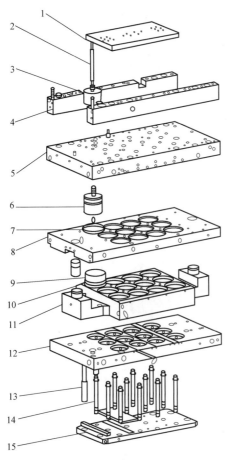

图 21.49　RDM 模具，带预拉伸柱塞

1—预拉伸柱塞桥；2—预拉伸柱塞杆；3—预拉伸柱塞；4—
分配架；5—上模板；6—向下夹持器；7—冷却套筒；8—冲
裁阴模（凹模）；9—制品；10—冲裁阳模（凸模）；11—冷却
壳体；12—下模板；13—顶料器导向装置；14—顶料器杆；
15—顶料器板

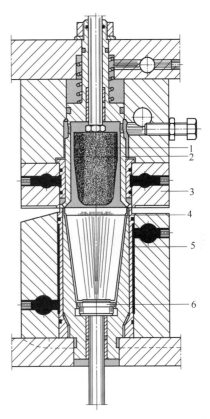

图 21.50　插入式成型冲裁复合模，
单腔

1—预拉伸柱塞；2—向下夹持器；
3—冲裁阴模；4—冲裁阳模；
5—模具嵌件；6—顶料器底部

图 21.51　插入式成型冲裁复合模（下部）

杯子边缘成型示例参见图 21.52。

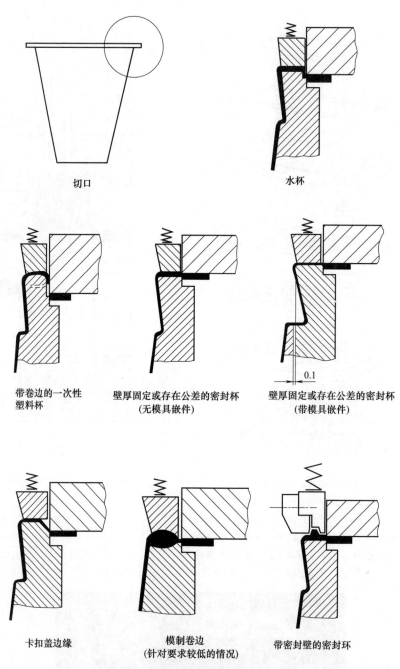

图 21.52 杯边示例（成型模具的结构）

冲裁阳模

■ 冲裁阳模的功能：

提升模具下部时，会挤压冲裁阳模（模具下部）和冲裁阴模（模具上部）之间的高温塑料片材并进行切割。切割部位形成密封件，隔绝制品成型用的成型空气。未切割制品冷却结束后，冲裁阳模将制品从冲裁格网上分离开来。切割移动（冲裁行

程）从模具下部开始；冲裁阳模因此额外向冲裁阴模（模具上部的一部分）移动一个
0.8mm 的行程。

■ 切割间隙和使用寿命：

剪切时，冲裁阳模（凸模）和冲裁阴模（凹模）必须十分精确地相互匹配在一起。
两个切边（切隙）之间的间距只有几微米。冲裁阴模和冲裁阳模使用碳含量极高的高品
质钢材制成，冲裁阴模的硬度约为 58HRC，冲裁阳
模约为 60HRC。

加工 HIPS 时，使用寿命可以达到五百万个行程
以上。之后需要重新研磨冲裁阴模上的切边。完成研
磨后，可以重新获得至少五百万个行程的使用寿命。
如果加工材料时需要使用较大的切割力，这种情况下
使用寿命会缩短。

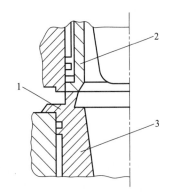

■ 覆盖凸肩：

制作成型冲裁复合模的冲裁阳模时，肯定会制作
覆盖凸肩（图 21.53）。覆盖凸肩可以防止高温材料挤
压到冲裁凸模和冷却块中间的缝隙中。不论是圆形件
还是矩形件，都可以安装覆盖凸肩。安装在矩形件上
时，还能提高冲裁阳模侧壁的刚性。

图 21.53　带覆盖凸肩的冲裁阳模
1—覆盖凸肩；2—向下夹持器；
3—冲裁阳模

■ 冷却冲裁阳模：

通过水洗方式冷却冲裁阳模。水持续流入冷却壳体和冲裁阳模之间的空间内。

模具嵌件

■ 概述：

模具嵌件快速更换技术具有成本优势——如果只需制作模具嵌件就能获得一个新模
具。只需几步手动干预，无需大量模具更换操作，短时间内就能以相同的切割尺寸作用于
新的制品。建议使用系列部件，匹配组成一个基础模具。

■ 冷却模具嵌件：

通过接触冷却后的冲裁阳模和单独配备冷却回路的底部部件，借助热传导来冷却模
具嵌件。

■ 半径：

边角部分尽量使用大半径。

■ 表面：

一般应用会对表面进行粗糙处理或喷砂处理。只有必须制作透明件时，才会对较大
平面的边和面进行抛光。

■ 排气截面（孔和槽）：

恰当的排气截面，应使高温片材能够顺畅均匀成型，而不会在预拉伸柱塞插入时形
成过高的背压，此外排气孔和排气槽也不会在制品上留下痕迹。片材在塑型过程中，以
及接触到模型之前，不得出现冻结现象。关于排气截面的规格，请参考表 3.2 "热成型

机表格"。

■ 模具嵌件中的凹槽：

为了能够堆垛制品，需要在拉伸件的上边缘或下边缘成型制出一些凹槽作为堆垛边。成型冲裁复合模中的大部分凹槽需要强制脱模。强制脱模时，需要利用塑料的弹性、凹槽自身的部件构造和片材在成型模具中的加工收缩率。拉伸件顶料时，凹槽中会形成摩擦。为了避免摩擦粉尘堵塞排气孔，可以通过定期吹扫来清洁成型模具。

■ 模具嵌件表面：

成型表面（与片料接触的面）一般必须处于粗糙状态，这样才能将废气从排气孔或排气槽中排出。针对平滑表面，存在模型与片料之间封住空气的风险，这会对冷却造成负面影响，甚至可能由于夹杂空气而在制品上形成痕迹。制造透明制品是例外情况。这时需要抛光表面，即抛光模具嵌件和预拉伸柱塞。

■ 在冲裁阳模和模具嵌件之间构造分隔边：

冲裁阳模和模具嵌件之间的分隔边可以固定在堆垛边或平边内（图21.54）。如需成型一个U形边，就要将分隔边设在堆垛边中。如果U形边的斜度超过15°，应该在边缘区域的向下夹持器中设置一个按压凸肩。这样可以改善上部区域的模具嵌件冷却效果（图21.55）。

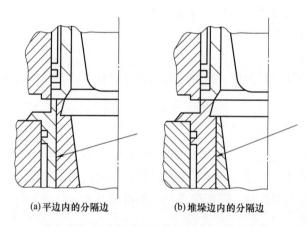

(a) 平边内的分隔边   (b) 堆垛边内的分隔边

图21.54   冲裁阳模和模具嵌件之间的分隔边

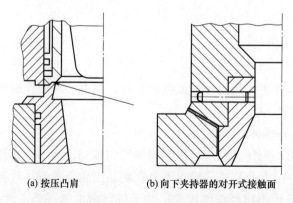

(a) 按压凸肩   (b) 向下夹持器的对开式接触面

图21.55   针对密封墙成型，构造向下夹持器的接触面

■ 密封墙成型：

如果需要在密封杯边缘设置一面密封墙（图 21.52），就需要通过向下夹持器使其成型。这样可以实现高度的均匀统一，而且不会封住空气。将向下夹持器在接触面区域分成两部分，就可以达到上述目的，同时会形成一条排气缝（图 21.55）。

向下夹持器

■ 向下夹持器具有下列功能：

在预拉伸柱塞插入时按压裁切的杯边，借此固定片料；构建杯边结构（修边和形成密封墙）；冷却杯边；从冲裁阴模中压出完成切割的制品（脱模辅助）。

■ 通过压缩弹簧操作向下夹持器：

采用传统结构型式的模具一般配备通过压缩弹簧操作的向下夹持器。这样只能得到一个由弹簧力确定的"压力级"。

■ 通过压缩空气操作向下夹持器：

向下夹持器组合安装在一块板的上方，每个向下夹持器都可以向上自由移动，在板的上方向下移动则必须同步进行（同时制作两个杯子时需要此项功能）。可以从上述指定位置，在定义的时间点放置向下夹持器。一般规格的设备，压缩空气在成型过程中从两侧作用于向下夹持器。向下夹持器压力从上方作用，成型空气从下方作用。如果两侧压力一样大，则面积差决定向下夹持器的力。

■ 向下夹持器气动提升的优点如下：

精确按照规定时间放置和提升所有向下夹持器；可以使用两个指定压力级，将向下夹持器压在杯边上；杯边塑型和壁厚分布具有再现性。

向下夹持器压力级如图 21.56 所示。

■ 向下夹持器压力级"预冷却"：

使用极小的压力就能给密封边修边。这个压力小到无法压花，但能最大程度降低杯子发生隆起的概率。

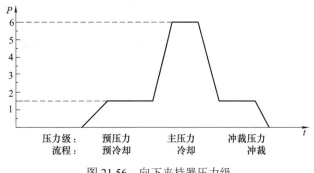

图 21.56　向下夹持器压力级

■ 向下夹持器压力级"冷却"：

使用该压力级无法改变密封边的厚度，因为材料在前一个压力级已经部分冷却。

■ 向下夹持器压力级"冲裁"：

减小冲裁凸轮上的压力负载。实现最长密封边冷却时间，由此避免密封边发生倾斜。

■ 压力增强型向下夹持器：

如果向下夹持器的力不足，可以使用压力增强型设备。有两种方式可以实现这个目的：在机器侧或模具侧增强压力。

如果在机器侧增强压力，需要增压一次（比如增加到 12bar 或 16bar 等）。增压大多通过高压压缩机实现。

模具侧增压见图 21.57。上模板中的固定式密封垫片（9）对向下夹持器上方的空间进行划分。垫片不可移动，用于密封成型空气舱。与预拉伸柱塞杆连接在一起的高压活塞（7）可以承受向下夹持器空气（6）。环境中的空气（4）可以进入高压活塞和密封垫片之间的空间。

模具底部

■ 模具底部具备下列功能：杯底成型，以及加盖时间戳。首先冷却杯底，然后提出或顶出制成的杯子。

■ 底部区域的真空接口特征如下：

有些模具在底部区域设有真空接口，这样在模具处于打开和 / 或翻转状态下，可以利用真空吸起杯子（图 21.58）。在底部区域设置真空接口，具有提高杯底冷却效率的优势。除此之外，还可避免杯子在转运到堆叠架或板材转运设备吸气板时掉落。

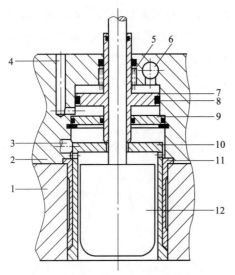

图 21.57　模具上部，带增压器

1—冲裁阴模；2—上模板；3—成型空气；4—开放式换气；

5—向下夹持器弹簧；6—向下夹持器空气；

7—高压活塞；8—密封件；9—密封垫片；10—向下夹持器；

11—冷却套筒；12—预拉伸柱塞

图 21.58　40 腔成型冲裁复合模，用于制作
150cm³HIPS 酸奶杯（ILLIG 公司的 RDM 75k 机器）

■ 快速更换底部：

如果使用相同的成型模具制作填充量不同的容器，会给模具装备底部快速更换装置。

预拉伸柱塞

表 21.9 所示为预拉伸柱塞材质。

针对具有 PE 外层的多层片材，如果 PE 侧接触预拉伸柱塞，则应该使用 PTFE 柱塞。柱塞常用材料的特性见表 21.10。

表 21.9　预拉伸柱塞材质，专用于此类模具

片材材料	预拉伸柱塞材质		
	POM	硬化毛毡	复合泡沫塑料①
HIPS		x	x
Styrolux,K-Resin	x		x
PP	x		x
"透明" PP	x		
PVC		x	x
"透明" PVC			x
PET(GPET,APET)	x		x
"透明" PET	x		

① 微型空心玻璃球，连接在环氧树脂中。

表 21.10　柱塞常用材料的特性

特性		POM	Syntac 350	硬化毛毡
耐热性	/℃	80 ～ 100	176	80 ～ 90
抗拉强度	/（N/mm²）	70	45	6.5
导热性	/［W/（m²·K）］	0.35	0.12	
密度	/（g/cm³）	1.42	0.6	0.6
布氏硬度	/（N/mm²）	160		

各种预拉伸柱塞材质特性

■ 聚甲醛（POM）：

长期温度负荷能力在 110 ～ 120℃。绝大多数情况下，每隔 30 ～ 100 个工作小时，必须对表面进行一次粗糙处理。与 PS 片材组合使用时，如果预拉伸柱塞温度低，骤冷会形成启动速度。POM 是一种可以顺利加工的低价位预拉伸柱塞材料。POM 是制作透明件的最佳材料，但是不适合 PVC。

■ 硬化毛毡：

可以使用板材厚度不超过 80mm 的硬化毛毡。厚度超过 80mm 的未经硬化处理的毛毡板材，无法进行表面硬化。这里推荐使用的各种材料当中，毛毡价格最高。使用 PS 和 PVC 片材时，不会有任何启动问题。硬化毛毡不适合透明材料使用，因为会在拉伸件上留下明显的痕迹。这种材料也不适合 PP 使用，因为会粘在片材上。可以简单连接预拉伸柱塞杆。

■ 复合泡沫塑料：

复合泡沫塑料是一种使用空心玻璃球填充的环氧树脂。这种材料应用广泛，只是于透明拉伸件轻微受限。切削加工时会生成粉尘。复合泡沫塑料可以浇铸加工。

图 21.59 所示是实际应用中的预拉伸柱塞结构示例。

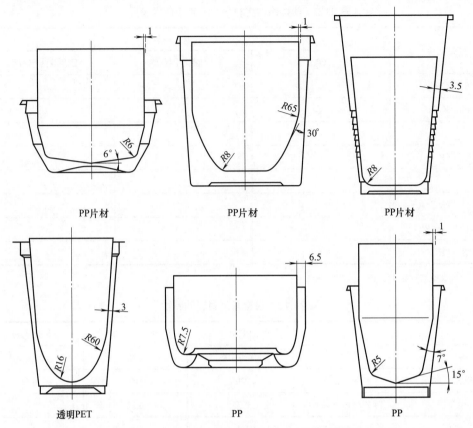

图 21.59　全自动辊式成型机中用于加工 PP 片材的预拉伸柱塞结构示例

带剪切刀的成型冲裁复合模减少成型空气

减少成型空气原理如图 21.60 所示。运行使用成型空气较少的模具时，上柱塞配备一个闭锁装置来接收反应力。闭锁装置位于预拉伸柱塞在顶桥的延长部分，通过气动方式触发。

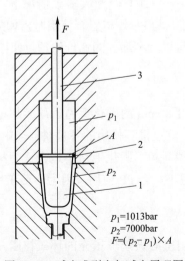

p_1=1013bar
p_2=7000bar
$F=(p_2-p_1)\times A$

图 21.60　减少成型空气减少原理图

1—预拉伸柱塞；2—密封件；3—预拉伸柱塞，伺服电机驱动，配备用于减少成型空气的闭锁装置；p_1—预拉伸柱塞后面的压力；p_2—成型空气压力；A—接收成型压力的面；F—闭锁装置承受的反应力

21.17　成型模具预防性检修

木制模具

特殊情况下，需要使用木制模具成型数千个制品。

由于木制模具表面大多用软皂或滑石粉处理过，因此排气孔很快就会被堵住。除此之外，由于排气截面内壁上的木纤维会移动，因此截面会慢慢收缩。

如果吸气时间或成型时间延长，就必须对排气孔进行扩孔处理。

铝制模具

只有加工蒸发性强的塑料时，才需要花费成本检修铝制模具。因为这时模具表面会形成沉积物。排气孔也会发生收缩。在模具表面涂覆特氟龙有助于避免沉积。可在大型超声波清洗池中清洁铝制模具，也可手动清洁。

水冷热成型模具防腐

对调温型铝制模具采取防腐措施，是为了保持它的调温性能。热成型模具中会注入温度为 5 ～ 150℃的水。这些水一般会在调温回路中接触不同的金属，比如铝（模具、冷却板）、钢（螺纹接头）、铜（管路）、黄铜（连接器、螺纹接头）等。

视水质、温度、流速和接触金属的情况而定，会发生沉积和 / 或侵蚀，导致热流逐渐减小，甚至损毁模具。也就是发生腐蚀。

热成型模具防腐提示信息

■设计和制作模具时，注意避免水回路中的铝和铜发生直接接触。接触腐蚀会导致铝件损坏。铜和铝之间需要用不锈钢或塑料搭建至少 30cm 长的分隔段。

■如果模具壁（分隔壁，单个部件）薄——全自动辊式成型机的成型冲裁复合模常常是这种情况，建议在模具水回路中安装一个镁制成的牺牲阳极。

■设计冷却系统时选择尽量大的截面，尽量使水的流速不超过 2.5m/s。因为高流速意味着污物和沉积物，会形成腐蚀和侵蚀。在铝件中，水速切勿超过 2.5m/s。水速过高会形成气穴腐蚀。

■开始调试模具之前，必须格外细致地清洁水道。尽量先从两个方向吹扫，之后注水检查密封性，然后冲洗。使用过滤器这一点很重要，这样可以避免切屑或密封剂残余物留在模具或泵的回路中。之后进行干燥吹扫。

■清洁后应该立刻连接模具，最晚也应在采取防腐措施时连接。

开始生产热成型模具前建议执行下列操作步骤。

■检查水质；注意下列数值（参考值）：

• 20℃时的 pH 值：7.0 ～ 9.0。

• 总硬度：<30° dH。

• 20℃时的电导率：<250mS/m。

■水一定要低盐分、清澈，无沉淀，无异味。

■如果使用开放式调温回路，对水还有其他要求，需要告知模具制造商。

■ 如果使用封闭式调温回路，必须在水中混入防腐剂（阻化剂），尽量使其提供深入的防腐效果。

■ 每年必须至少检查水质两次，至少每年清洁一次冷却和温度控制装置的容器。

■ 如果确定水容器中存有沉积物，必须安装精度为 $80\mu mm$（0.080mm）的过滤器。

■ 如果模具装有镁制防护阳极，应该每三个月检查一次防护阳极，必要时进行更换。

■ 拆下的模具只能进行干燥处理，不可存放水。

无论是干燥的铝，还是铜都会形成密封氧化层，但钢不会。如果将模具存放在湿热环境中，或者通过航运运输模具，务必要采取防腐措施。

22

热成型模具调温

22.1 概述

为了保证恒定的制品质量，除了加热和成型工序之外，每个成型模次的冷却过程都应使用相同的参数进行。为此必须调控成型模具的温度。

22.1.1 调温相关概念

输送热量称为加热，提取热量称为冷却。所谓调温，是指通过输送或提取热量，在从开始生产到结束生产这一整套生产循环中，尽量使模具中的一个或几个部位，恒定保持在规定的温度或者恒定保持规定的温度曲线，并使上述参数可以再现。

以在板材成型机上成型 5mm 厚的 HIPS 板材为例，可以直观看到温度调控过程。成型模具（大多用铝制成）使用水来调温。开始生产前，用热水将成型模具加热到 75～80℃。在生产过程中进行冷却，是为了从高温塑料上释放出一定热量，直至成型后的塑料具有足够的刚性可以脱模。冷却时使用温度为 75～80℃ 的热水，这样可将模具最高温度控制在 80～85℃。在生产过程中，模具温度在每个模次都按照相同的温度曲线变化。

再举一个例子，在全自动辊式成型机上成型 1mm 厚的 HIPS 片材。用水调控铝制模具的温度。开始生产前，将成型模具冷却到 15～25℃。在生产过程中，使用温度为 15～25℃ 的冷水进行冷却，这样可将模具温度控制在 15～25℃。在生产过程中，模具温度在每个模次都按照相同的温度曲线变化。模具表面和冷却水难以到达的部位，温度会比较高。成型冲裁复合模某些位置的温度可以达到 45℃ 左右。

22.1.2 模具温度的影响

模具温度越低，冷却时间就越短，模次时间也就越短。此外模具温度还会影响制品的变形度。也就是说，模具温度变化会影响变形情况。模具温度越不均匀，之后制品变形就越严重。模具温度影响制品的抗冲击性。如果在温度过低的模型上成型 PC 等材料，制品易裂。结晶结构和结晶度（非无定形塑料）也会受到模具温度的影响。CPET 成型时，模具温度必须在 165℃ 左右。模具温度低于或超过该温度，都会导致制品中预期的结晶速度降低。模具温度升高，会改善成型模具表面结构的塑型精度（OFF 表面成型。）模具温度升高，可以改善表面光泽度和透明件的透明度。模具温度对加工收缩率的影响微乎其微。脱模温度升高会导致收缩率变大，成型温度升高导致收缩率降低。

22.1.3　省略模具调温的条件

模具成本根据制成部件数进行分摊。

制作技术类部件时，待制成的件数往往较少。这时必须尽量使用低价模具。

如果出于强度或质量原因不考虑使用木制模具、树脂模具或塑料块模具，可以使用不具备调温功能的金属模具。微量加工时，可以在热风循环炉中加热，或者采用辐射加热模式，将铝制模具加热到生产温度。

加工超过多少件时，创造的附加价值值得投入调温装置，可以借助一个程序来计算生产成本而得出结论。

为此需要比较两种方式（有和没有调温装置）下每小时的产品制造成本和利润值。主要区别在于冷却时间（模次时间）和模具成本，也可能涉及估测的废品。

调温型成型模具在小批量加工和大批量加工时都可缩短模次时间。但是由于调温型成型模具成本较高，因此只能在大批量加工时提高利润。

小批量加工时使用昂贵的成型模具是错误的做法，这甚至可以说是投资失误，会造成损失。

如果成型工艺要求达到某种质量水平或者要求缩短模次时间，这时主要使用铝来制造模具并调控温度。

22.2　调温介质

热成型模具主要用水作为调温介质。只有极少数情况用油作介质。表 22.1 汇总了水和油两种材料的相关数据。

表 22.1　水和油两种材料的相关数据

材料	密度		沸腾温度	20℃时的热导率	0～100℃ 温度范围内的平均比热容	使用温度
	g/cm³	温度条件 /℃	℃	W/(m·K)	kJ/(kg·K)	℃
蒸馏水	1	4	100	0.60	4.19	6～140
变压器油	0.87	15	170	0.13	1.88	
机油	0.91	15	390	0.125	1.80	不超过160℃
硅油	0.94	20	—	0.22	1.09	

热导率（也称为导热能力）表示水与油在温度比和面积相同的前提条件下，在相同时间内能够传导的最高热量。

比热容（也称为比热）表示水与油在质量和输入输出温差相同时能够传输的最高热量。加热或冷却一定量的水需要耗费大部分能量。

22.3 制作调温型热成型模具的材料

制作调温型热成型模具的重要材料如表 22.2 所示。

表 22.2　制作调温型成型模具的材料

材料	重要特性
铝	最常用的材料 ■ 导热极佳 ■ 轻便 ■ 易于加工 ■ 强度足够 ■ 耐温能力强
钢	仅用于冲模（嵌件）
填充铝粒的浇铸树脂	ILLIG 不推荐使用 ■ 导热差 ■ 易于加工 ■ 强度低 ■ 耐受温度不超过 100℃
铜铍合金	极少使用的一种材料 ■ 导热优于铝 ■ 易于加工 ■ 强度足够 ■ 耐温能力强 ■ 用作食品包装模具时，表面必须镀铬 / 镀镍 ■ 并非所有国家都允许用作食品包装模具

22.4 冷却回路类型

闭式和开式调温回路

闭式回路中始终循环泵入相同的调温介质（水），比如当成型模具（通过机器管路）直接接入冷却设备时。

开式调温回路则始终使用新的调温介质，比如从水井或水池中通过模具泵入水。

直接或间接冷却模具

所谓直接冷却模具，是指在回路中，经过冷却的水直接从冷却设备泵入模具中，之后再从模具重新回到冷却设备中。水在模具和冷却设备中循环流动。

采用间接冷却模具这一方式时，始终有两个被一台热交换机分隔开的回路。一个回路在冷却设备和热交换器之间，另外一个回路在热交换器和模具之间。

直接、间接和组合式成型分段冷却

直接冷却成型分段，是指调温介质（水）直接穿过成型分段。间接冷却成型分段时，调温介质不会穿过成型分段。与成型分段之间的热传导只通过接触调温冷却板进行，即对冷却板进行冷却。组合式成型分段冷却方式，是组合使用直接和间接这两种冷却方式。

热成型机回路示例

热成型机回路类型和装置简化示意图分别见表 22.3～表 22.5、图 22.1 和图 22.2。

表 22.3　闭式回路

类　　型	说　　明
一个闭式回路	■ 闭式回路敷设在成型模具和冷却设备之间，通过机器管路和连接软管构建而成 ■ 闭式回路敷设在成型模具、温度控制装置和冷却设备之间，冷却设备"采用直接冷却方式"
两个相互分隔开的闭式回路	模具通过温度控制装置加热，通过冷却设备冷却，冷却设备"采用间接冷却方式" ■ 第一个回路：模具－温度控制装置 ■ 第二个回路：温度控制装置－冷却设备 两个回路通过温度控制装置的热交换器分隔开

表 22.4　模具闭式回路，间接冷却开式回路

类　　型	说　　明
一个闭式回路和一个开式回路	使用间接冷却式温度控制装置加热模具，使用另外一个开式回路（冷却塔，水井）冷却模具

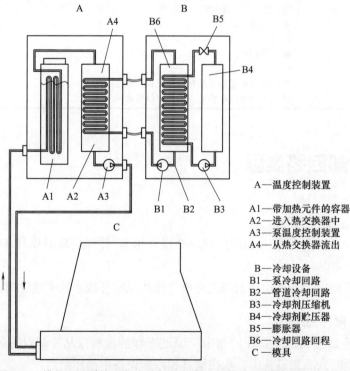

A—温度控制装置
A1—带加热元件的容器
A2—进入热交换器中
A3—泵温度控制装置
A4—从热交换器流出

B—冷却设备
B1—泵冷却回路
B2—管道冷却回路
B3—冷却剂压缩机
B4—冷却剂贮压器
B5—膨胀器
B6—冷却回路回程
C—模具

图 22.1　模具调温系统配备直接加热装置和间接冷却装置的简化示意图

表 22.5　开式冷却回路

类　型	说　明
一个开式回路	■ 使用直接冷却式温度控制装置加热模具，在开式回路（冷却塔，水井）中冷却模具 ■ 只使用水池、冷却塔或水井等中的水冷却模具

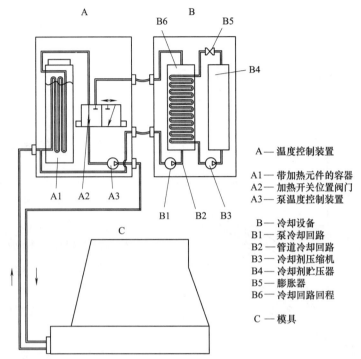

A1 — 温度控制装置

A1 — 带加热元件的容器
A2 — 加热开关位置阀门
A3 — 泵温度控制装置

B — 冷却设备
B1 — 泵冷却回路
B2 — 管道冷却回路
B3 — 冷却剂压缩机
B4 — 冷却剂贮压器
B5 — 膨胀器
B6 — 冷却回路回程

C — 模具

图 22.2　模具调温系统配备直接加热装置和直接冷却装置的简化示意图

22.5　冷却工艺

连续冷却

连续冷却是热成型领域的标准工艺。在此工艺下，使用恒定不变的体积流量对模具进行冷却。冷却介质或模具温度通过一个热电偶进行调控。调控简单易实现。

脉冲冷却

脉冲冷却，也称为间歇性冷却，采用这种冷却方式时，按照统一的额定温度对模具进行冷却。控制变数是调温介质的体积流量。借助电磁阀，形成指定长度的冷却脉冲。只有当冷却通道和模具表面之间的间距较小时，这种冷却模式才具有优势。脉冲冷却最高可在一个循环内，将模具表面的温度波动降低 20%。缺点是难以实现稳定调控，而且寻找测量点的难度较大。老款全自动辊式成型机采用脉冲冷却方式来调控带剪切刀的成型冲裁复合模的温度，以此来控制上模具和下模具的温差。

动态冷却

动态冷却是一种温度曲线随时间而不断变化的冷却方式。大多数情况下，开始冷却时温度设置较高，这有利于高温片料非常精确地塑型，结束冷却时温度则会大幅度降低。动态冷却与水冷方式组合使用，只在壁厚极薄的模具位置可以实现。开始冷却时，电加热元件加热某个区使其升温。之后关闭元件，区冷却至冷却时间结束。由于成本高，因此很少使用动态冷却。应用示例：双片成型中焊点处的电加热元件，薄壁管道中带双回路调温装置的无修整框架。

22.6 热成型制品的冷却需求

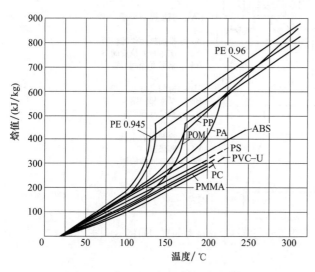

图 22.3 若干热塑性塑料的焓值曲线

22.6.1 焓值图表

焓值图表（图 22.3）显示了热量与温度之间的关系。以 ABS 为例，从成型温度 220℃ 冷却到脱模温度 80℃，释放出的热量为：(380kJ/kg–165kJ/kg)=215kJ/kg

成型和软化温度（＝脱模温度）参见表 3.2 "热成型机表格"。

22.6.2 焓值表

表 22.6 显示常见热塑性塑料真空成型和气压成型时在成型温度和脱模温度下的焓值差 DH。

表 22.6　常见热塑性塑料焓值差

片料	HIPS	ABS	PVC	HDPE	PP	PMMA	PC	GPET	PA 12
密度 / (g/cm^3)	1.05	1.05	1.39	0.95	0.92	1.18	1.2	1.27	1.02
DH/(kJ/kg)，真空成型	198	215	202	484	356	195	195	170	165
DH/(kJ/kg)，气压成型	148	161	151	363	267	146	146	128	124

22.6.3 所需模具冷却性能

在接触模具的一侧，热量释放到铝制调温型成型模具中；在不接触模具的一侧，热量传导到空气中。

成型模具吸收剩余热量

■ 有些机器具备空气冷却功能，比如 ILLIG UA 和 SB 型机器，它们可以将 40% ～ 50% 的热量导入空气中。这时成型模具必须吸收掉剩余的 40% ～ 50% 热量。

■对于不具备空气冷却功能的机器来说，比如 ILLIG 公司的 RDM、RDKP、RDK 和 FS 型机器，成型空气由于量小（因为处于静止状态）而无法吸收热量。这时成型模具必须吸收 100% 的热量。

■有些机器同时使用成型空气进行冲洗，这种情况下的空气冷却贡献度取决于空气量和空气温度。

表 22.7 所示为不同冷却类型的冷却时间。

表 22.7 冷却时间对冷却类型的影响 单位：s

1mm HIPS 的参考冷却时间	无成型模具	木制成型模具，KBM（KBM = 塑料块材料）	填充铝粒的浇铸树脂制成的成型模具	铝制成型模具	调温型铝制成型模具
无冷却风扇	44	37	36	24	14
只有冷却风扇	25	20.5	20.5	15	9
冷却风扇和风淋	22	18.5	18	12	7
冷却风扇和喷嘴	22	18.5	18	12	7
冷却风扇、喷嘴和风淋	20	16	15	9.5	4.2

22.7 成型模具调温装置布局

调温装置布局包括两种类型：
■开始生产前的热成型模具调温（加热或冷却）能量需求；
■生产过程中的调温（多为冷却）能量需求。

根据经验，生产过程中用于冷却的能量，要高于生产前加热或冷却到生产温度所需的能量，因此会规划成型模具调温装置用于在生产中进行冷却。这样就能根据需要，利用这种布局来检测开始生产前的加热时间或冷却时间。

22.7.1 待冷却材料量（材料吞吐量）

$$m = L \times B \times s_1 \times \rho_m \times \frac{3600}{T_z} \times 10^{-6} \qquad (22.1)$$

式中 m ——每小时的材料吞吐量，kg/h；

L ——长度（进给长度或板材长度），mm（注意：仅为待冷却长度，无需冷却的夹持边不包含在内）；

B ——宽度（片材宽度或板材宽度等），mm（注意：仅为待冷却宽度，无需冷却的夹持边不包含在内）；

s_1 ——片料初始厚度（片材或板材），mm；

ρ_m ——片料密度（片材或板材），g/cm³；

T_z ——模次时间，s。将每分钟的模次数换算成模次时间：$T_z = \dfrac{60}{每分钟的模次数}$。

示例

L=1200mm；

B=800mm；

s_1=5mm；

ρ_m=1.05g/cm³；

T_z=65s 时，

$$m=1200\times800\times5\times1.05\times\frac{3600}{65}\times10^{-6}\text{kg/h}=279.14\text{kg/h} \tag{22.2}$$

22.7.2 生产过程中所需冷却性能

$$Q=m\times\Delta H\times k\times S \tag{22.3}$$

式中　Q——冷却性能，kJ/h；

　　　m——每小时的材料吞吐量，kg/h；

　　ΔH——冷却过程中的焓值差，kJ/kg（参见图 22.3 中的图表，或者表格中的数值）；

　　　k——接触成型模具的冷却贡献度因数（无空气冷却）：

- 针对不具备空气冷却功能的机器（RDM、RDKP 等），k=1；
- 针对具备空气冷却功能的机器（UA），k=0.5～0.7；

　　　S——考虑热量流失的因数：

- 针对模具温度 15～50℃，S=0.1～0.95；
- 针对模具温度 50～100℃，S=0.95～0.85；
- 针对模具温度 100～140℃，S=0.85～0.75。

模具温度非常高时，模具的部分热量会流失在环境中。因此必须降低冷却水对模具的冷却性能。

示例（续）

m=279.14kg/h；

ΔH=198kJ/kg；

k=0.6；

S=0.9 时，

$$Q=m\times\Delta H\times k\times S$$
$$=29.845\text{kJ/h}=8.3\text{kW} \tag{22.4}$$

现在可以借助算出的冷却性能检查现有冷却设备提供的冷却性能。如果成型模具的热量不直接通过冷却水释放出来，而是通过温度控制装置的热交换器释放出来，也可以根据此值对热交换器进行检查。配备热交换器的温度控制装置会在"冷却性能"下标注相关信息。如果通过两台或多台温度控制装置释放所有热量，就必须考虑这一点。

22.7.3 模具冷却水需求

可套用下列公式计算冷却水需求：

$$V= \frac{1}{60 \times \Delta T_{M}} \times \frac{Q}{c_{M} \times \rho_{M}} \tag{22.5}$$

适用于水：

$$V= \frac{1}{250.8} \times \frac{Q}{\Delta T_{M}} \tag{22.6}$$

式中　V——冷却水总体积流量，L/min；

　　　Q——冷却性能，kJ/h；

　ΔT_{M}——冷却介质输入输出温差（水），℃：

　　　　■ 针对成型冲裁复合模（RDM），$\Delta T_{M}=1 \sim 2$℃；

　　　　■ 针对其他成型模具（UA、RV、RDKP 等），$\Delta T_{M}=3 \sim 10$℃；

　　　c_{M}——热载体的比热容，kJ/（kg·K）：

　　　　■ 针对水，$c_{M}=4.18$kJ/（kg·K）；

　　　ρ_{M}——冷却介质密度，g/cm³：

　　　　■ 针对水，$\rho_{M}=1$g/cm³。

示例（续）

$Q=29.845$ kJ/h；

$\Delta T_{M}=7.5$℃时，

$$V= \frac{1}{250.8} \times \frac{Q}{\Delta T_{M}} \tag{22.7}$$

$$=15.9 \text{L/min}$$

22.7.4　冷却水所需接触面积

可套用下列公式，计算冷却水的接触面积。计算仅适用于干净无沉积物的冷却通道。

$$A= \frac{Q}{3600\alpha} \times \frac{1}{\Delta T_{MF}} \tag{22.8}$$

式中　A——冷却水接触面积，m²；

　　　Q——冷却性能，kJ/h；

　　　α——传热系数，kW/（m²·K）；

　　■ 针对水，$\alpha=2.3 \sim 3.5$kW/（m²·K）；

　ΔT_{MF}——模具表面与热载体温差，℃。

　　　　温差受模具材质、模具表面与冷却通道间距、冷却时间与模次时间比例的影响。推荐的热成型模具温差，板材成型机为 $8 \sim 15$K（0K=-273.15℃），全自动辊式成型机为 $12 \sim 25$K（0K=-273.15℃）。

此外针对圆形通道可以计算乘积 $d \cdot l$：

$$d \cdot l_{总}= \frac{Q}{3.6 \times \pi \times \alpha} \times \frac{1}{\Delta T_{MF}} \tag{22.9}$$

式中　$d \cdot l_{总}$——辅助量，mm·m，其中 d 代表冷却通道直径，mm，$l_{总}$代表冷却通道的总长度，m；

　　　Q——冷却性能，kJ/h；

α——传热系数，kW/(m² · K)：

■ 针对水，α=2.3 ～ 3.5kW/(m² · K)；

ΔT_{MF}——模具表面与热载体之间的温差，℃。

示例（续）

Q=29.845kJ/h；

α=3.2kW/(m² · K)；

ΔT_{MF}=10℃（假设用于板材成型机）时，

$$d \times l = \frac{Q}{3.6 \times \pi \times \alpha} \times \frac{1}{\Delta T_{MF}} \tag{22.10}$$
$$=82.5mm \cdot m$$

22.7.5　冷却通道总长度

所需冷却通道总长度：

$$l_总 = \frac{d \times l}{d} \tag{22.11}$$

式中　　$l_总$——所需冷却通道总长度，m；

$d \cdot l_总$——辅助量，mm · m；

d——所选调温通道直径，mm（冷却通道直径 d 推荐值如下）。

■ 针对成型重量 /kg　　　<60　　　　60 ～ 120　　　120 ～ 250　　　>200

■ d_{eff} 推荐值 /mm　　　10　　　　　12　　　　　　14　　　　　　15

示例（续）

$d \times l$=82.5mm · m；

d=15mm 时，

$$l_总 = \frac{d \times l}{d} \tag{22.12}$$
$$=5.5m$$

22.7.6　水速

根据所需冷却水流量 V、所选冷却通道直径 d 和并联冷却通道数量 i，可以算出单个通道的水速：

$$w = \frac{4V}{6 \times \pi \times i \times d^2} \times 10^2 \tag{22.13}$$

式中　w——水速，m/s；

V——冷却水总体积流量，L/min；

d——所选调温通道直径，mm；

i——并联调温回路数量

（1 表示一体式，2 表示 2 分式，3 表示 3 分式，以此类推），

推荐：更改 i，直至 w<2.5m/s，

前提条件是所有通道的直径和长度都相同。

示例（续）

V=15.9L/min；

d=15mm；

i=1 时，

$$w= \frac{4V}{6\times\pi\times i\times d^2}\times 10^2$$

$$=1.5\text{m/s}$$

（22.14）

冷却水速度尽量不要超过 2.5m/s。水速过高的主要后果是会造成机械性侵蚀和水力气穴侵蚀。一旦发生机械性侵蚀，水中会形成小粒污垢，导致出现研磨效应。尤其在转向区域，成型模具会受到水中小粒污垢的摩擦。铝等相对较软的材料，薄壁部分短短数月就会断裂。而一旦发生气穴侵蚀，会从成型模具接触表面分裂下来很多极小的材料部分。水速高时，应该使用细过滤器，这样至少能最大程度减少机械性侵蚀。

22.7.7　模具中形成压降

$$\Delta p_{\text{WZG}}= \frac{1}{i} \times \frac{l}{i} \times \frac{\left(\dfrac{V}{i}\right)^n}{d^m} \times k$$

（22.15）

式中　Δp_{WZG} —— 模具中的压降，bar；

$l_{总}$ —— 冷却通道总长度，m；

i —— 并联调温回路数量；

V —— 冷却水总体积流量，L/min；

d —— 所选调温通道直径，mm；

n 和 m —— 表格数据。

d=10mm	12mm	14mm	15mm
n=2.03000	2.22656	2.50088	2.67125
m=2.65000	2.75000	3.23431	3.44790

计算（必要时）n 和 m：

n=1.76+2.7$\times 10^{-4}\times d^3$（适用于通道直径 d 为 4 ～ 20mm）；

m=2.75–0.1$\times$（11–d）$^{1.2}$（适用于通道直径 d 为 4 ～ 11mm）；

m=2.75+0.12$\times$（d–11）$^{1.27}$（适用于通道直径 d 为 11 ～ 20mm）。

k —— 转向数量和类型修正值成型模具中每米冷却通道。

- 适用于每米 3 个直角转弯，k=1；
- 适用于带弧形转向的回转式冷却盘管，k=0.6 ～ 0.8；
- 适用于每米 3 个以上直角转弯，k>1。

示例（续）

$l_{总}$=5.5m；

i=1；

V=15.9L/min；

d=15mm；

n=2.67125；

m=3.44790；

k=1.5 时，

$$\Delta p_{\text{WZG}}=\frac{1}{i}\times\frac{l}{i}\times\frac{\left(\dfrac{V}{i}\right)^{m}}{d^{m}}\times k$$ （22.16）

$$=1.17\text{bar}$$

提示：出于简化公式的目的，假设同一通道只有一种并联分配方式。

图 22.4 所示为一个回路的多种划分方式。

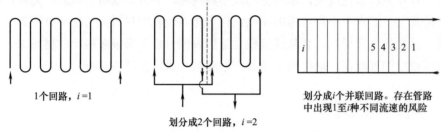

图 22.4　一个回路的多种划分方式

划分成 i 个并联回路。

存在管路中出现 1 至 i 种不同流速的风险。

22.7.8　成型模具接入机器时形成压降

模具必须在热成型机成型站中接入调温回路。连接方式参见表 22.8 和图 22.5。

表 22.8　连接方式对比

特征	无螺纹连接	多重连接	快速连接	螺纹连接
工作原理	贴靠两个面，预定心，通过 O 形环密封	连接器和内接头，各自固定在相应的一半上，预定心后放置模具时驶入彼此	连接器和内接头，一部分固定在模具侧，另外一部分位于机器侧的灵活软管上，手动插接	像固定式套管连接或螺纹连接一样，接口需要螺纹接头（锁紧螺母）
连接时的手动操作	无	无	插接，快速锁紧	手动拧紧
清空模具	需要	如果两侧均为自密封，就不需要	如果两侧均为自密封，就不需要	需要
密封件	多在机器模台上使用 O 形环	连接器中使用密封件	连接器中使用密封件	螺纹连接
泄漏风险	小	脏污或有水垢时存在泄漏风险	脏污或有水垢时存在泄漏风险	螺纹接头必须密封
对模具更换时间的影响	模具排空时间	不影响	连接时间微乎其微	模具排空时间和螺纹连接时间
压降	理想状况下不形成压降	取决于截面和连接器规格	取决于截面和连接器规格	压降极小

(a) 无螺纹连接带O形密封圈的侧面

(b) 多重连接

(c) Stäubli快连接器双侧闭锁，RMI12

(d) 螺纹连接

图 22.5　调温回路接口

快速连接压降示例

连接器中的压降非常重要。不同制造商生产的连接器在相同标称宽度下压降情况差异极大。表 22.9 所示为 Stäubli 快速连接器数据示例。

表 22.9　Stäubli 快速连接器数据示例

技术数据	Stäubli 快速连接器两侧锁定 RMI 09	Stäubli 快速连接器两侧锁定 RMI 12
工作压力 /bar	16	16
标称宽度 /mm	9	12
横截面 /mm²	63.60	113
连接器中的压降 Δp_K / bar	$\Delta p_{1K}=3.07\times10^{-3} \cdot V^{1.7}$ 其中 V= 流量（L/min）（根据 Stäubli 图表计算得出）	$\Delta p_{1K}=8.5\times10^{-4} \cdot V^{1.68}$ 其中 V= 流量（L/min）（根据 Stäubli 图表计算得出）
提示	需要两个连接器（入口和出口）两个连接器的压降相当于一个连接器的双倍压降 $\Delta p_{2K}=2\times3.07\times10^{-3} \cdot V^{1.7}$	需要两个连接器（入口和出口）两个连接器的压降相当于一个连接器的双倍压降 $\Delta p_{2K}=2\times8.5\times10^{-4} \cdot V^{1.68}$

示例（续）

针对使用两个连接器 RMI 12 连接模具的情况（输入和输出）：

$$V=15.9\text{L/min 时，}$$

$$\Delta p_{2K}=2\times8.5\times10^{-4}\times V^{1.68}$$

$$=0.18\text{bar}$$

（22.17）

22.8 机器管路中的压降

冷却水从冷却设备或温度控制装置以及机器管路中泵出。机器管路中的压降受下列因素影响。

- 管道截面。
- 管道长度。
- 直角或弧形布局。
- 管路内壁表面粗糙度。
- 管道状态：

脏污、生锈、水垢都会导致沉积和截面变窄。

- 并联回路数量：

小型机器有一个入口和一个出口，大型机器大多有两个入口和两个出口，即有两个温度不同的并联回路。特种设备可以布局多个回路。

提示：如果总流量 V（L/min）分入两个或多个回路，计算时可将模具看作两个或多个模具。如果模具划分不均、截面不同或者阻力不同，就会出问题。这时会有流量不同的冷却水通过各个回路流出。

一旦发生这种情况，建议使用流量计。

视机器和管路而定，会形成一定的压降。

ILLIG 公司生产的大多数机器具有图形化显示压降或将其作为数学函数显示的功能。

示例（续）

针对 ILLIG UA155/4g 机器，

$$V=15.9\text{L/min}$$

机器管路中的压降：

$$\Delta p_{\text{MA}} \approx 1\text{bar} \tag{22.18}$$

22.9 整个调温回路中的压降

$$\Delta p=\Delta p_{\text{WZG}}+\Delta p_{\text{K}}+\Delta p_{\text{MA}} \tag{22.19}$$

式中 Δp ——整个调温回路中的压降（模具＋连接器＋机器管路）；

Δp_{WZG} ——模具中的压降；

Δp_{K} ——模具连接器中的压降；

Δp_{MA} ——机器管路中的压降。

知晓系统内的总压降后，必须检查连接的设备是否具有足够的输送性能，足以泵入流过调温回路的所需水量。

示例（续）

$\Delta p_{\text{WZG}}=1.17\text{bar}$；

Δp_K=0.18bar；

Δp_{MA}=1bar 时，

$$\Delta p=\Delta p_{WZG}+\Delta p_K+\Delta p_{MA}$$
$$=2.35bar$$

（22.20）

22.10　检查所连接的温度控制装置或冷却设备的输送功率

泵功率是否足够，可以通过对比整个调温回路的压降和接入模具调温装置的设备输送功率来检查。输送功率可以根据调温或冷却设备的设备特征曲线计算出来。

大多数调温和冷却设备制造商的技术数据只提供泵功率，或者公布泵特征曲线。但是检查整个系统时除了泵特征曲线之外，还必须知道设备的内部压降情况。绘制设备特征曲线时已考虑到设备内的压力损失情况。图 22.6 所示，为温度控制装置的泵特征曲线和设备特征曲线。

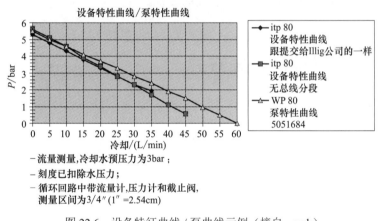

图 22.6　设备特征曲线 / 泵曲线示例（摘自：gwk）

图形化显示的特征曲线可以转换成数学函数。为此需要在图 22.6 所示的设备特征曲线中选择两个点：

■ 点（5.5，0）对应每分钟 0L 时 5.5bar；

■ 点（0，50）对应每分钟 50L 时 0bar。

计算公式：

$$P=5.5-\frac{5.5}{50}\times V$$

（22.21）

式中　P——泵压力，bar；

　　　V——冷却水总体积流量，L/min。

使用 grafo 分析法检查泵的情况

在图表中输入水量 V（L/min）。之后可以根据特征曲线检查泵压力 P 是否高于调温回路总阻力 Δp（bar）。

使用分析法检查泵的情况

如果要对调温系统的布局情况进行编程设置，以及检查输送功率，可以使用这种方法。

分析法包括三个步骤：

① 将图形显示为函数；

② 数学对比；

③ 评估结果。

22.11　评估检查结果

如果 $P>\Delta p$，说明泵可以提供所需功率。

如果 $P<\Delta p$，可以采用下列解决方案。

■ 减小压降 Δp_{wzg}。

■ 克服压降 Δp_K，操作方法是通过螺纹接头连接模具，而不通过快速连接器连接。

■ 将温度控制装置换成一台泵功率更高的设备。

22.12　热传导结构布局方式

冷却通道构造

图 22.7 所示为成型模具中冷却通道的多种布局方式。热传导有效系数越高，水与模具壁的接触面就越大。

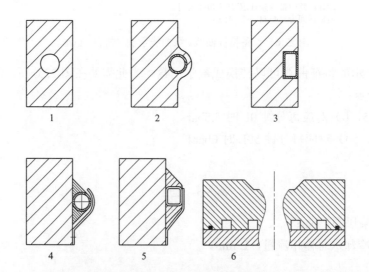

图 22.7　热量通过冷却通道传导到模具壁中

1—深钻孔；2—浇铸式冷却管；3—囊括式冷却管；4—套装式圆形冷却管，使用浇铸树脂和卡夹固定；
5—套装式矩形冷却管，使用浇铸树脂和卡夹固定；6—铣削式冷却通道，只在外部四周密封

22.13　空气冷却对模具冷却的影响

在热成型工艺中，制品大多只有一侧与成型模具接触。但是制品两侧都可散热，模具侧通过接触散热，模具对侧通过传导散热。

模具侧散热受模具材质、模具温度以及成型塑料与模具之间接触强度的影响。模具材料导热性越好，冷却强度就越大。

模具对侧则是通过空气散热。

空气流速越高，温度越低，冷却强度就越大。

如果制品两侧的冷却效果不同，那么制品刚脱模后两侧的温度就会不一样。因此在制品完全冷却到室温之前，制品两侧的温度损失会不同。这会对线膨胀（缩短）造成不同的负面影响，也是导致变形的主要原因。

详细信息参见第 20 章"热成型制品变形"。

22.14　预防性检修

木制模具
特殊情况下，需要使用木制模具成型数千个制品。

由于木制模具表面大多用软皂或滑石粉处理过，因此排气孔很快就会被堵住。除此之外，由于排气截面内壁上的木纤维会移动，因此截面会慢慢收缩。

如果吸气时间或成型时间延长，就必须对排气孔进行扩孔处理。

铝制模具
只有加工蒸发性强的塑料时，才需要花费成本检修铝制模具。因为这时模具表面会形成沉积物。排气孔也会发生收缩。在模具表面涂覆特氟龙有助于避免沉积。可在大型超声波清洗池中清洁铝制模具，也可手动清洁。

水冷热成型模具防腐
对调温型铝制模具采取防腐措施，是为了保持它的调温性能。热成型模具中会注入温度为 5 ～ 150℃的水。这些水一般会在调温回路中接触不同的金属，比如铝（模具、冷却板）、钢（螺纹接头）、铜（管路）、黄铜（连接器、螺纹接头）等。

视水质、温度、流速和接触金属的情况而定，会发生沉积和／或侵蚀，导致热流逐渐减小，甚至损毁模具。也就是发生腐蚀。

提示：针对热成型模具防腐，有如下注意事项。

设计和制作模具时，注意避免水回路中的铝和铜发生直接接触。接触腐蚀会导致铝件损坏。铜和铝之间需要用不锈钢或塑料搭建至少 30cm 长的分隔段。

如果模具壁（分隔壁，单个部件）薄——全自动辊式成型机的成型冲裁复合模常常是这种情况，建议在模具水回路中安装一个镁制成的牺牲阳极。

　　设计冷却系统时选择尽量大的截面，尽量使水的流速不超过 2.5m/s。因为高流速意味着污物和沉积物，会形成腐蚀和侵蚀。在铝件中，水速切勿超过 2.5m/s。水速过高会形成气穴腐蚀。

　　开始调试模具之前，必须格外细致地清洁水道。尽量先从两个方向吹扫，之后注水检查密封性，然后冲洗。使用过滤器这一点很重要，这样可以避免切屑或密封剂残余物留在模具或泵的回路中。之后进行干燥吹扫。

　　清洁后应该立刻连接模具，最晚也应在采取防腐措施时连接。

　　开始生产热成型模具前建议执行下列操作步骤。

　　■ 检查水质；注意下列数值（参考值）。

　　• 20℃时的 pH 值：7.0 ～ 9.0；

　　• 总硬度：<30° dH（编辑注：° dH 为德国度，1° dH=1L 水中含有相当于 10mg 的 CaO，也是我国目前普遍使用的一种水的硬度表示方法。）

　　• 20℃时的电导率：<250mS/m。

　　■ 水一定要低盐分、清澈，无沉淀，无异味。

　　■ 如果使用开放式调温回路，对水还有其他要求，需要告知模具制造商。

　　■ 如果使用封闭式调温回路，必须在水中混入防腐剂（阻化剂），尽量使其提供深入的防腐效果。

　　■ 每年必须至少检查水质两次，至少每年清洁一次冷却和温度控制装置的容器。

　　■ 如果确定水容器中存有沉积物，必须安装精度为 80μmm（0.080mm）的过滤器。如果模具装有镁制防护阳极，应该每三个月检查一次防护阳极，必要时进行更换。

　　■ 拆下的模具只能进行干燥处理，不可存放水。

　　■ 无论是干燥的铝，还是铜都会形成密封氧化层，但钢不会。如果将模具存放在湿热环境中，或者通过航运运输模具，务必要采取防腐措施。

23

热成型能耗

23.1 概述

热成型领域的所有能量形式，包括功（力 × 行程的乘积）、动能（也称为"移动能量"）、热能（加热阶段）等，均由电能转换而来。就连压缩空气也是使用电动压缩机制成。

电能与机械功的不同之处在于，转换成机械功或热功的电能称为有效功 P（kW·h）（实际功）。由于在交流电网和电感性用电器（电动机）中，电压电流与功率相位不同步，因此视在功 S（VA·h）定义为电压和电流的几何乘积。之后可以算出无效功 Q（kvarh）——视在功 S 与有效功 P 二次方之差的根。

$$Q = \sqrt{S^2 - P^2} \tag{23.1}$$

具体对于机器运营方来说，就是从供电公司购买的电量要比机器生成有效功所用的电量多。通过采取相应措施，比如安装专门的整流器，可以对机器内的无效功进行补偿，防止其从电网进入，从而避免为之付费。

能量单位
能量单位及其换算关系（摘要）：
- 1J=1Ws=0.2388cal=1N·m=1kg·m^2/s^2；
- 1kW·h=3600kJ=859.85kcal；
- 1kJ=0.0002777kW·h=0.2388kcal；
- 1kcal=4.18kJ=0.001163kW·h。

口语中一般使用"度"（kW·h）作为能耗单位（家庭用电计量单位）。食品中的能量，则以"千卡"(kcal) 为计量单位。

比能耗
比能耗与使用能量制成的最终成品有关。也就是说，比能是所用能量与产品重量之间的比例关系（kWh/kg），或者所用能量与产出制品数的比例关系（kWh/ 制品数）。

功率（机械）

功率定义为单位时间内的能量。

功率单位及其换算关系：

- 1W=1J/s=0.856kcal/h=1N・m/s；
- 1kW=1.36PS=1000N・m/s=856kcal/h；
- 1PS=75kg・m/s。

机器功率单位俗称"千瓦"（kW），轿车使用"千瓦"（kW）和"公制马力"（PS）这两个单位，小型电气设备使用"瓦"（W）作为计量单位。

23.2 热成型中的比能耗

SEC 值

SEC= specific energy consumption in thermoforming，即热成型中的比能耗。

SEC 的单位是 kW・h/kg，即所消耗能量（单位：kW・h）与产出制品量（单位 kg）之间的关系。

SEC 值必须是针对具体的生产条件——机器生产率 PR（kg/h），在加工特定片料时给定的。

示例：

针对 ILLIG RV74 c 机器加成型模具（包括成型模具冷却装置），加工 0.4mm APET 的比能耗是 0.32kW・h/kg，此时的生产率是 177kg 制品 / 小时或者 233kg 片材消耗 / 小时。

SEC 值提示信息

根据行业而定，并非所有用于制造制品的能量都在考虑范围内。在压力铸造领域，一般只考虑机器使用的能量，不考虑模具使用的能量。

SEC 值经常导致误解。

示例：

一台运行速度慢的老机器，连接功率、能耗和生产率均较低，SEC 值却可能比出料量和能耗都高的新机器更适宜（更低）。只有当两台机器生产率 PR（单位：kg/h）相同且生产同一种产品时，其 SEC 值才具有可比性。如果不是这种情况，就必须对 SEC 值进行换算。对比可通过能量分类指数 PR/SEC 实现。

如果不注意这一点，就会造成误解。相反，允许在生产中仅出于对比目的，无针对性制动机器。

能量分类指数 PR/SEC

借助能量分类指数 PR/SEC，可在生产率不同的机器之间进行对比。

- PR/SEC= 能量分类指数；

- PR（kg/h）=production rate（生产率，每小时产出的制品重量）；
- SEC（kW·h/kg）= specific energy consumption，比能耗。

全自动辊式成型机示例

表 23.1 给出的数据已经充分考虑了包括模具冷却在内的所有能量消耗

表 23.1　ILLIG 全自动辊式成型机 SEC 和 PR/SEC 示例

机器 （ILLIG，型号）	材料	厚度 /mm	下料件 /（mm×mm）	制品 /g	布局 /腔	模次时间 /s	制品 PR /（kg/h）	SEC /（kW·h/kg）	PR/SEC
RV 74c	APET	0.24	520×470	21	4	60/35	176	0.32	545
RV 74c	APET	0.6	580×525	48	4	60/31	334	0.21	1598
RDK 80	APET	0.4	670×500	13.5	8	60/50.4	326.6	0.36	900
RDM 54k+VHW	PP	1.7	580×235	10.86	10	60/25	163	0.41	398
RDM 75k inline	PP	0.912	775×500	6.16	33	60/26.3	320.7	0.37	869
RDML 70+VHW	PP	0.8	685×277	8.2	12	60/20	118.1	0.36	329

全自动成型机示例

假设：

- 材料：HIPS，4mm；
- 下料件 1500mm×1250mm；
- 制品 1400mm×1150mm；
- 每个模次生产一个制品；
- 常规塑型精度（ILLIG 因数 AF=1）；
- 常规拉伸因数（ILLIG 因数 VF=1）；
- 常规冷却（ILLIG 因数 KS=7，无中央空气冷却）；
- 表 23.2 给出的数据已经充分考虑了包括模具冷却在内的所有能量消耗。

表 23.2　ILLIG 全自动板材成型机 SEC 和 PR/SEC 示例

机器配置	模次时间 /s	PR /（kg/h）	SEC /（kW·h/kg）	PR/SEC
UA155g 手动送料	84.2	289.1	0.222	1303
UA155g + 自动送料站	71.1	342.4	0.180	1906
UA155g + 在自动送料站中预热	61.5	395.8	0.287	1378
UA155g + 在自动送料站支撑框内预热	47.5	512.5	0.223	2030

根据表 23.2中的数据：

- 出料量 PR排序：d、c、b、a（d 出料量最高，a 出料量最少）；
- SEC排序：b、a、d、c（e 值最适宜，c 值最不利）；
- PR/SEC排序：d、b、c、a（e 值最适宜，a 值最不利）。

　a、b、c、d 四种机器配置的一项设置是，它们的出料量相同，从方法上来说这是错误的，SEC 值是不真实值！

能量系数对比结论：

■ 出料量 PR、比能耗 SEC 和能量分类指数 PR/SEC 评估排序不同。

■ 机器配置 d 出料量最高，SEC 排在第 3 位，但是在分类指数 PR/SEC 项目中，配置 d 位列首位。

■ 比能耗 SEC 与机器每小时能实现的利润没有任何关系。

■ 只有分类指数 PR/SEC 才涉及这两方面——高生产率以及与其息息相关的使用机器能获得的最高利润，此外还有能耗，这项参数在机器配置 d 中只是适度增高。

■ 最后，PR/SEC 有利于选择如何投资。

■ 进行能耗测试时，不可出于比较目的，在生产过程中制动机器。为实现该目的，必须使用能量分类指数 PR/SEC。

23.3　能源成本在拉伸件生产成本中所占比例

热成型生产成本由下列几部分构成：

■ 片料成本（板材或片材）；

■ 模具成本；

■ 机器成本；

■ 人力成本；

■ 能源成本。

根据机器、加工片料和模次时间的不同，热成型能源成本平均占到生产成本的 1% ~ 5%，德国和其他所有国家相差不大。可以说，能源成本在生产成本中所占比例较小。

视机器、加工片料和模次时间而定，每个班次每年的能源成本总和为 5000 ~ 50000 欧元。

为了寻找节约方案，往往需要"拔高"估算产出的热成型产品量，比如经常作为大批量产品生产的包装品。例如，在拉伸件生产成本相同的前提条件下，能耗降低 30%，相当于生产率提高 4% ~ 8%（取决于机器型号和设置）。反之，能源价格提高 30%（或者能耗增加 30%），必须将生产率提高 4% ~ 8% 进行平衡，才能使生产成本保持不变。对于在同一机器上加工某种拉伸件来说，缩短循环时间并非一直可行。如果使用能耗高的老款热成型机生产利润低的产品，利润方面就有风险。

与 10 ~ 20 年前的老机器相比，采用新模具技术的新款机器能耗低 20% ~ 25%。

成本结构与上述情况差异较大的国家和地区，是另外一种情形，比如在印度，能源成本几乎与德国一样高，而所有其他类型的成本则仅为德国的十分之一左右，因此能源成本所占比例比平均水平高很多。这个比例最高能达到 25%，某些特殊情况下则会达到拉伸件生产成本的 35%。

电能和压缩空气价格

根据国家和城市以及购买量的不同，电价各有差异：

http://de.statista.com（2015 年标准）网站数据显示，购电量在 20 ~ 70GW · h 范围内

时，下列几个欧洲国家的含税电价（单位：欧分 / 度）如下：德国和意大利 15，英国 12，波兰和西班牙 10，法国 8，瑞典 6；印度（亚洲）7。

1 标准立方米压缩空气的价格如下。

压缩空气的价格始终按照未压缩的空气或压缩机所抽吸的空气的体积来计算：

用于生产和干燥空气的价格为 $0.12 \sim 0.16$kW·h/Nm³；对于新压缩机，数值会更低。

能耗分配

热成型工艺的下列生产过程需要消耗能量：

■ 加热片料；

■ 预成型（电气驱动或气动驱动，压缩空气或真空）；

■ 塑型（压缩空气或真空）；

■ 冷却制品（模具调温，使用空气直接冷却片料）；

■ 脱模（电气驱动或气动驱动，压缩空气）；

■ 移动（模台，运输，堆垛等）。

此外，开始生产前的以下预加工工序也需要消耗能量：

■ 预热机器；

■ 预调温（将模具冷却或加热到生产温度）。

产生的高温废热用于调节生产车间的温度。表 23.3 所示为热成型机总能耗分配。

表 23.3　热成型机总能耗分配　　　　　　　　　单位：%

过程	板材成型机（真空成型）	全自动辊式成型机（气压成型）
加热片料	70 ～ 90	10 ～ 50
电气驱动	2 ～ 10	5 ～ 10
生成压缩空气	2 ～ 10	40 ～ 70
冷却，调温	5 ～ 10	5 ～ 10

根据机器类型的不同——板材成型机一般采用真空成型方式为拉伸件塑型，全自动辊式成型机则一般采用气压成型方式——总能耗比例分配界面显示的图像迥然不同。

图 23.1 是 ILLIG UA155g+BE 板材成型机（板材自动送料，配备伺服电机驱动）以 83.1s 的模次时间加工 4mm 厚 HIPS 板材时的能耗分配图。加热能耗最大。

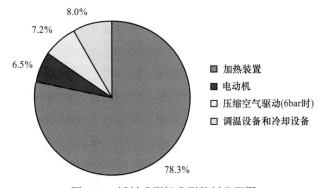

图 23.1　板材成型机典型能耗分配图

图 23.2 是 ILLIG RDKP 72g 全自动辊式成型机（配备伺服电机驱动）以每分钟 38.2 个模次（模次时间 1.6s）的速度对 0.24mm 厚 PET 片材进行热成型加工时的能耗分配图。生成压缩空气（成型空气）能耗最大。加热能耗第二。

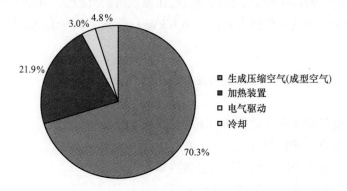

图 23.2　全自动辊式成型机典型能耗分配图

能耗分配结论：从图 23.1、图 23.2 所示数据可看出，板材成型机能耗最大的是加热，远远超过其他用电器。全自动辊式成型机能耗最大的是生成压缩空气用作成型空气。这一结论不受机器装备情况影响。

23.4　比能耗降低方式

降低比能耗的方式参见表 23.4。

表 23.4　热成型中比能耗降低方式

部分工序	确定原状态	节约方式
预热卷材	废热比例非常低	提高使用辊预加热装置升温的比例
板材成型机预热 / 加热	废热比例过高	提高红外线加热的有效度
		根据片料规格调整加热图规格
全自动辊式成型机加热	废热比例过高	提高红外线加热的有效度
开始生产前预热红外线辐射加热装置	降低高峰负荷（使用高峰负荷计数器，记录 15min 时段内不断波动的能耗曲线的高峰数据）	■配备多个加热屏的机器错峰启动加热——比如板材成型机 ■ 不同时预热，而是依次预热多个加热屏 ■ 这样可以在 15 分钟时段内延长预热阶段
预拉伸器预成型移动	气动驱动比电气驱动能耗大	■ 选择电气驱动 ■ 通过选择驱动类型降低比能耗 ■ 通过提高移动速度缩短模次时间
在机器中使用吹风箱预吹塑	使用压缩空气网的压缩空气进行预吹塑	使用真空泵的排气作为预吹塑空气。爪型真空泵可以使用 60℃ 的热空气进行预吹塑（1985 年以前，冰箱制造业普遍使用高温空气进行预吹塑。目的是避免高温泡罩在预吹塑过程中发生冷却。）

部分工序	确定原状态	节约方式
真空塑型	经过油润滑的旋转滑阀真空泵不能在每个模次都关闭和启动 此外维护费用高昂	■爪型真空泵可以借助频率调节装置，针对预吹塑和预真空，以及全真空和空转（多个档位）改变转速 ■爪型真空泵单班制运行10年不需要维护
	可以减小需要抽取的空气体积	板材成型机中安装的可调式底座具有下列优势：成型模具的底座没有必须抽真空的体积 ——与固定式底座一样
成型空气	减小填充体积	■最大程度缩短管道 ■尽量减小需要填充的空间 ■在大幅度减小体积的同时，甚至应该适当为成型空气增压，因为这样就能降低片料的预加热度
模具冷却	当冷却水温度显著低于模具生产温度时，冷却装置的能量需求会过高（比如16℃出水对于80℃模具温度这种不利情况）	■模具温度超过45℃时使用露天冷却器，放弃使用冷却机组和压缩机组合 ■制冷机到模具（适用于温度>50℃）的管路进行绝缘处理
	调温回路管道敷设不合适导致能量损耗	■敷设从设备通向机器的热水软管和冷水软管时，将两者捆扎在一起敷设，这种做法屡见不鲜（造成能量损耗！） ■敷设热水管和冷水管时在两者之间留出一定距离，必要时进行绝缘处理
空气冷却 （板材成型机中）	板材成型机的冷却风扇往往会吸入温热的废气	客户方安装空气导流系统
一般移动	气动/电气驱动	■用电气驱动替换气动驱动 ■使用更经济的电动机 ■能量回收（伺服电机）
调整	很多机器的工作状态远低于最佳状态	■优化机器 ■在客户方优化设备（客户现场培训） ■改善基础设置（Thermoline） ■引进能量控制系统
敷设生产设备	不重视周边环境/生产车间的条件	商讨咨询能耗、能源回收、废热利用、通风和空调等问题

23.4.1 通过电气驱动节能

新一代热成型机，比如 ILLIG 公司第 3 代机器，普遍采用伺服电机驱动用于机器移动。

表 23.5 列举了结构规格相同的 UA 系列板材成型机配备伺服电机驱动和气动驱动加工 HIPS 板材 时的一些不同之处，板材规格 1500mm×1250mm×4mm，成型面 1450mm×1200mm。

气动机器，调温型铝制成型模具，配备优良的空气冷却装置：

■加热时间 32s，冷却时间 24s，模次时间 83s，1 度电 0.12 欧元。

伺服电机驱动机器，调温型铝制成型模具，配备优良的空气冷却装置：

■加热时间 32s，冷却时间 24s，模次时间 71.4s，1 度电 0.12 欧元。

表 23.5 中所列气动驱动与伺服电机驱动对比结果，也适用于全自动辊式成型机。

表 23.5　配备自动送料装置的 UA 155g 型板材成型机，其使用气动和伺服

电机两种驱动方式的能耗对比结果

机器款型	模次时间 /s	PR /（kg/h）	SEC /（kW·h/kg）	PR/SEC
UA155g 配备自动送料装置和气动驱动	83 （每小时 43.37 件制品）	317 （消耗 341.6kg 板材）	0.216，包括模具冷却 （0.186，不考虑用于模具冷却的冷却设备）	1.470
UA155g 配备自动送料装置和伺服电机驱动	71.4 （每小时 50.42 件制品）	368 （消耗 397kg 板材）	0.189，包括模具冷却 （0.160，不考虑用于模具冷却的冷却设备）	1.946
伺服电机驱动的优势	模次时间缩短 14%	出料量增加 16%	每千克能耗降低 12.5%	分类指数升高

使用伺服电机驱动时的能量回收

所谓能量回收，是指利用系统中生成的可供使用的能量（比如一个或多个驱动的制动能等），将其用作其他驱动或其他用电器（比如红外线辐射加热装置等）的驱动能量。能量回收代表着热成型机的当前技术水平。视机器类型和驱动而定，能量回收最多可以节省大约 20% 的驱动能。

伺服电机驱动需要使用配备能量回收装置的供应单元。能量回收范围不限于机器内部，还可在企业电流计下游的整个电网内自动进行。

这有利于降低能量总需求。

由于在实际应用中，企业不会让所有驱动在工作时生成能量，因此不会有能量通过流量计进入供电公司的供电电网中。（此外流量计不具备逆向计数功能。）

示例：

制动一个模台后，制动能会转换成电能馈送到公司电网：如果下模台向上移动，上模台同时向下移动，上模台在下降途中制动，这时会回收上模台的制动能，将其用作下模台的驱动能。视机器类型和驱动而定，最多可以节省 20% 左右的驱动能。

ILLIG-RDK90 成型站测量结果：

■ 能耗，无回收：9.46kW；

■ 能耗，有回收：7.71kW；

■ RDK90 成型站的能量回收系统节约大约 18.5% 能量。

23.4.2　降低气压成型能耗

根据能量观察数据，可以发现如下结论

■ 生成压缩空气比形成真空的成本要高。

■ 成型压力越高，需要的空气量就越大，生成压缩空气所需的能耗成本也就越高。

■ 如需实现相同的塑型精度，可以通过提高片料温度来补偿较低的成型压力。

■ 成型空气低压搭配片料高温，或者高成型压力搭配片料低温——并非所有情况下都能自由地从二选一，而是受限于产线各个同步工作站点的运行时间。

■ 如果成型站使用最长的模次时间，或者模次时间已定，则生产时务必要使用温度

尽量低的片材，即使用较高的成型空气压力。

■ 如果成型站模次时间未定（比如由于堆垛站无法更快运行），则可在下列选项中选择：

- 成型空气低压搭配片料高温；
- 高成型压力搭配片料低温。

■ 哪个能量与成本组合更适宜，只取决于使用压缩空气填充的体积大小。

■ 一般定律：

- 只有需要消耗压缩空气时，才会形成成本；
- 如果"不"消耗空气（确切说是消耗非常少量），可以升高气压，以此降低片料温度。

■ 也就是说，对模具进行优化，使其需要用压缩空气填充的体积达到非常小的状态，这时会获得下列优势：

- 减少空气消耗；
- 可以提高成型压力（因为消耗的空气量非常少）；
- 可以降低片料温度，因为成型压力较高。

市场上的大多数成型模具在设计时都没有充分重视需要填充成型空气的体积。即今天正在使用的大多数模具（2010～2015年制造）没有在减少成型空气用量方面进行优化。这就导致这些模具的空气消耗量相对较大。

为了在不改装模具的前提下降低空气消耗，必须降低成型空气的压力。为此必须升高片料的温度，这样才能对塑型精度进行补偿。但这会导致加热片料的能耗增加。大多数情况下（模具空气消耗量大）能够找到一个总能耗成本较低的设置，因为减少压缩空气消耗量比增加加热片料能耗能够节省更多成本。要想得出确切而可靠的结论，只能通过模拟（计算程序）或在机器上直接测量能源需求（机器选配装备）来实现。

23.4.3 减小压缩空气填充体积，减少成型空气

使用压缩空气填充的体积，由成型模具内的压缩空气压力箱体积本身以及成型空气阀门与模具之间的软管体积两部分构成。填充体积所需的空气，必须由压缩机按周期逐次从环境中抽取，再压缩到指定的成型压力。

如果填充体积减小1L，则机器一分钟运行30个模次，成型压力为6bar时，压缩机吸入的空气体积增加到64800m³。假设抽气价格为0.025欧元，则减小填充体积相当于三班制一年节省1620欧元。

如图23.3所示，具有"减少成型空气"功能的模具，填充体积为20～50L时，平均可以节省40%的成型空气，每年可节省（1620×20×40%=）12960欧元到(1620×50×40%=)32400欧元。由此推算，10年可以节省129600～324000欧元。

23.4.4 压力水平的影响

成型空气压力自身也能降低成型空气消耗，通过降低压力水平来实现目标。为了在

最大程度降低成型空气压力的同时保持拉伸件的塑型精度恒定不变，必须升高辐射器温度（提高加热功率）。关于这种操作对总能耗的影响，是通过测试确定的，比如在下列情况下测试：配备 HTS 辐射器的 ILLIG RDK 80 型全自动辊式成型机以每分钟 38.4 模次的工作速度，将 0.3 mm 的 APET 片材制成碗。所用模具未针对成型空气进行优化。

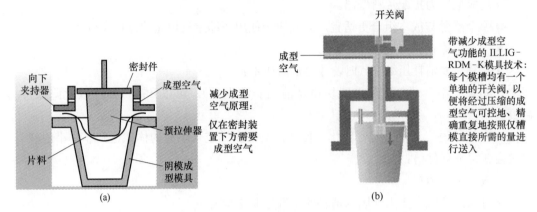

图 23.3　气压成型减少成型空气

模次数和拉伸件塑型精度相同时，逐步降低成型空气压力（参见表 23.6）；模具冷却在所有设置下均保持不变。

表 23.6　气压成型时在全自动辊式成型机上使用四种不同的设置进行能耗测量

设置	成型压力 / bar	压缩空气 [(kW·h)/h]	加热 [(kW·h)/h]	驱动 [(kW·h)/h]	冷却 [(kW·h)/h]	总和 [(kW·h)/h]
1	5.6	77.2	31.8	3.0	2.5	114.5 （±0%）
2	5.0	69.5	32.3	3.0	2.7	107.5 （-6.1%）
3	4.0	55.6	32.5	3.0	2.5	93.6 （-18.3%）
4	2.7	37.6	34.6	3.0	2.6	77.8 （-32.1%）

表 23.6 和图 23.4 中的结果显示总能耗伴随不断下降的成型空气压力而降低。其中贡献度最大的，是随着成型压力下降而明显降低的生成压缩空气的能耗。为此需要多耗费少许能量用于加热来进行多倍补偿，目的是为了使制品的塑型精度保持不变：成型空气压力降低 20%（比如 5bar 降到 4bar），需要增加 4% 的电耗来升高加热温度。成型空气压力降低一半（表 23.6 中的设置 4 对比设置 1），总能耗大约降低 30%。尽管如此，这个例子中的耗能量排序仍然保持不变：压缩空气耗能量最大，之后是加热和电气驱动，模具冷却耗能量最少。

降低成型空气压力时必须进行检查。出于改善塑型精度等目的增加成型空气压力，往往是比较差的选择，因为成本高昂。

如果使用成型空气填充的体积非常小，几乎无需消耗空气，这时上述方案就很有吸引力。在保持塑型精度不变的条件下，可以增大成型空气的压力，以此来降低加热片材的能耗量。片材低温可以通过较高的成型空气压力进行补偿！

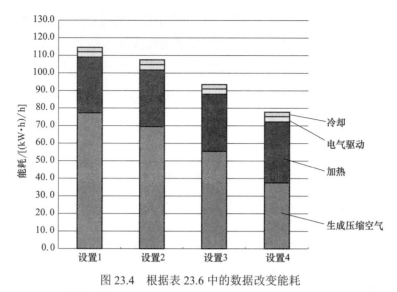

图 23.4　根据表 23.6 中的数据改变能耗

■ 生成压缩空气（成型空气）；■ 加热；▨ 电气驱动；□ 冷却

ILLIG-RDK 80 使用 APET 制作碗，每年通过改变设置数据节省的成本见图 23.5（按照 0.1 欧元 /（kW・h）的电价计算数据）。

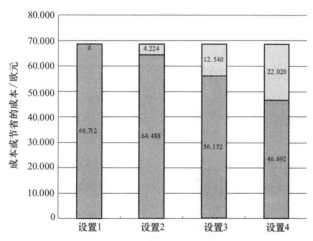

图 23.5　根据表 23.6 中的数据降低能耗，从而改变成本

▨ 6000h/a 的成本，欧元，□ 每年节省的成本

空气消耗结论

■ 早在设计阶段，就应对模具进行优化，尽量减小其填充体积。

■ 可以计算允许使用多少成本，来打造一个可以减少空气消耗量的昂贵的填充体（填充体最高成本＜成型空气节省下来的成本）。

■ 通过计算可以预估哪种方案能够实现最佳节能效果。

·方案 A（模次数保持相同）：针对成型空气填充体积相对较大的模具，必须注意尽量降低成型空气的压力。有时降低空气消耗量并增加片料加热能耗是比较有利的方案，这种方案可以保持塑型精度恒定不变。

• 方案 B：针对填充体积极小的模具，可以使用较高的成型空气压力进行生产，因为这样可以降低用于加热片料的能耗。这种方案既能节省压缩空气，又能节约加热用的电能。

尤其可以确定一点，很多时候成型空气的压力水平无需设置过高——通过逐渐减少压缩空气即可轻松测试出来。

23.4.5　降低加热时的能耗

陶瓷 HTS 辐射器与陶瓷 FSR 辐射器对比

■ HTS= 经过绝缘处理的白釉陶瓷空腔辐射器；

■ FSR= 白釉全陶瓷辐射器；

■ HTS 辐射器（白釉）的电耗平均比 FSR 辐射器低大约 25%。

HTSs 辐射器与 HTS 辐射器对比

■ HTSs= 黑釉 HTS 辐射器（图 23.6 所示为配备 HTSs 的加热装置）；

■ 将釉层的颜色从白色变成黑色，平均可以节能大约 3%；

■ 老机器可以考虑将 FSR 辐射器换成 HTS 或 HTSs 辐射器；

■ HTS 辐射器不值得换成 HTSs 辐射器。

根据相关数据，黑釉 HTSs 平板辐射器可在加热片料时提供最高能效，板材成型机和全自动辊式成型机均是如此。

密封件作用于加热装置初始位置

除了已知的用于阻挡冷却风扇气流的前部屏蔽板，还增加了侧面和后面屏蔽板。在工作循环中前后移动的加热装置，其所装屏蔽板的几何形状，可在初始位置实现有效密封（图 23.7）。

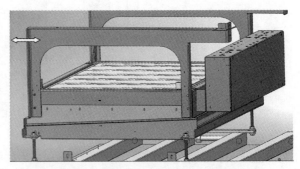

图 23.6　配备 HTSs 辐射器（黑釉）的加热装置　　图 23.7　加热屏初始位置斜面上的密封件

通过上加热装置和反射器之间的这种密封方式，机器总能耗可以降低大约 7.5%。

夹紧框反射（如果在框中加热）

反射能够实现均匀的加热效果，而且范围可一直延续到边缘区域，这可缩短加热时间。

如果夹紧框温度低而且脏污，会导致夹紧框附近的片料较外部区域温度比成型面中心温度低，温差最大可达到40℃。

减少使用中的辐射器行列数

加热宽度可以通过已接通的辐射器行列数体现出来，并且应该根据加工的片材宽度进行调整。辐射范围覆盖片材宽度，直到每个片材边对应一个辐射器行列，是理想和预期的效果。理想状况下（每个行列装备一个主控辐射器），所有其他辐射器行列应该尽量降低温度，就像在关闭辐射器行列后进入温度稳定状态一样。

建议在链条输送型材上安装铝带作为红外线辐射装置的反射镜，这样可以尽量缩小链条输送型材和辐射器层之间的间隙。

全自动辊式成型机加热时优化加热区间

在进料方向，每次只能有一个数字（整数）在加热。（比如4.0个进料长度加热，而不能是4.3或3.8个进料长度！）

建议在不同的链条输送型材之间安装样式隔板，覆盖从片材到辐射器层范围，不但直接安装在成型站和加热装置之间时，还包括第一个加热区间之前（注意是整数）。

模台快速移动导致加热后的片材发生冷却。可以顺利在片材层上方安装一个隔板。片材层下方则必须考虑片材垂料。

这种优化操作不能直接节能，但是正确设置可以减少残次品，进而间接影响能源成本和总成本。

预热对全自动辊式成型机的影响

全自动辊式成型机预热，比如使用ILLIG辊预加热装置进行预热，在一个封闭且绝热的壳体中进行。

由于绝热效果极佳，有效度可以达到90%左右。

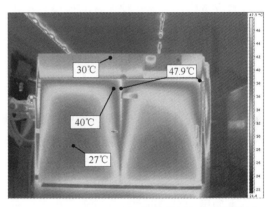

图23.8　ILLIG VHW型预加热装置红外线加热图，外部壳体温度

为此可参看图23.8中的红外线接收图。

在稳定的生产状态下，辊预加热装置在门上缘处的外壁温度介于27～47.9℃，此时环境温度约为23℃，辊温度120℃。这种全绝热式预热具有下列优势。

■ 加热使片材在纵向和横向自由膨胀。

■ 预热片材的初始温度可以在热成型机的红外线加热装置中再现。

■ 可以保证片材在热成型机红外线加热装置中的停留时间较长（温度高于长期使用温度），从而实现良好的热成型性，前提是片材预热后温度足够高。

■ 降低整个设备的比能耗。

在机器外部预热片料

在能调控温度的仓库内存贮片材代表着当前技术水平。有越来越多的热成型企业在温度更高的仓库内存贮板材和片材。这样可以缩短加热时间，而且无需单独对板材进行预干燥处理，热成型设备的比能耗也得以降低。

23.4.6　使用新真空泵节省成本

热成型机大多使用经过油润滑的旋转滑阀真空泵。也可选用免维护、干运行的爪型真空泵。

爪型干式真空泵具有下列优势：

- 额定抽气体积相同时，能耗较低；
- 避免更换过滤器；
- 避免定期换油。

23.4.7　短冷却时间降低能源成本

所有类型的热成型机的成型站在冷却过程中都处于静止状态。但是仍然消耗能量。此时，除冷却过程耗能之外，还有下面几个主要耗能项。

- 加热装置。

　·全自动辊式成型机、成型站中未安装加热装置的板材成型机，以及配备预热装置的板材成型机，上述三种设备的加热装置在冷却过程中均处于激活状态——在冷却过程中加热片料。

　·配备手动送料装置的板材成型机，以及配备自动送料装置且只有成型站中装有加热装置的板材成型机，不需要使用加热装置。

　　—装有光辐射加热器（卤素辐射器）的加热装置可以关闭。但是在此时间内会出现能量损耗——加热装置（箱柜、辐射器、盖板等）冷却。

　　—装有石英和陶瓷辐射加热器的加热装置会保持加热装置的温度，使加热装置不会变冷。这需要消耗能量。

- 真空泵运行。
- 如果伺服电机在冷却过程中处于位置调节状态，就会消耗能量。

缩短冷却时间肯定会缩短循环时间，并使能耗更为合适。

缩短冷却时间的方法如下。

① 降低模具温度（如果技术上可以实现），直至拉伸件的塑型精度和变形度可以接受。

② 如果制品也使用空气冷却——板材成型机就是如此操作，必须尽量降低空气温度并以尽量高的速度到达制品表面。理想设置下，拉伸件表面的空气流速应该达到 14～16m/s，特殊情况下甚至可以更高。（在这种空气高速流动状态下，机器饰板和隔板具有防护作用，可以保护机器操作人员免受气流冲撞。这时同时抽气可以起到正面补充作用。）

③ 如果风扇吹出的空气无法高速到达远处某些位置，可以使用安装在拉伸件附近的空气喷嘴，也可以使用 ILLIG 板材成型机夹紧框中安装的风淋装置等。

④ 冷却空气中的喷嘴可将空气温度降低 10℃ 左右——通过空气射束中的水蒸发实现。空气速度非常高时很难进行调整。此外喷嘴上可能形成水垢，拉伸件上可能

形成污迹。

23.4.8 管路绝热

如果用于输送冷却或加热后介质的管路不做绝热处理，必定会造成能量损耗。因此这类管路有必要进行绝热处理。

此外务必要避免将热软管和冷软管捆扎安装在一起——比如用于冷却模具的冷却水和用于调节片材输送型材或夹紧框温度的热水。否则肯定会导致能量损耗。

23.4.9 露天冷却器取代制冷机和压缩机组合

露天冷却器是一种热交换器。其内置安装的风扇将环境空气吹向热交换器，这也会带动水流动。

当模具温度高出周边环境10℃或更多时，适合使用露天冷却器冷却模具。因此露天冷却器只适合板材成型机使用——因为这种成型机的模具温度经常在60℃以上。

与制冷机和压缩机组合相比，露天冷却器耗能量较少，因为制冷机内没有压缩机。只有循环泵和风扇需要消耗能量。此外露天冷却器的采购成本低于制冷机和压缩机组合。单纯从计算方面来说，如果模具温度较高，那么几乎所有情况下都适合为设备补装一台露天冷却器。

23.4.10 错峰启动加热降低电价

所谓错峰启动加热，就是一台机器的多个加热屏错开加热——目的是降低高峰负荷，进而降低电价（电价受高峰负荷影响）。通过机器操作面板，可将各加热装置的接通时间延迟一段时间。（比如成型站的两个加热装置和送料站的两个加热装置。）

提示：

这种做法不能在生产过程中节能，而是通过降低电价来降低能源成本，因为（在德国）电价受高峰负荷的影响。

背景

（在德国）每家公司都要安装两个电表。其中一个电表持续记录15min时段内的高峰负荷。高峰负荷越小，供电公司提供的最大可用电功率就越低。企业的电价不仅取决于使用的电量，也受高峰负荷的影响。（个人用户不使用这种计价方式，而是按照一度电的电价计算电费。）这意味着，高峰负荷低，电价就低，能源成本也就低。

换言之，错峰启动加热不能节能。但是可以通过降低电价来达到节约能源成本的目的。

23.4.11 长时间停机时使用节能模式

停机时间较长时，某些机器（比如 ILLIG 板材成型机）可以激活节能模式（类似电脑的屏保）。加热装置装备陶瓷辐射器或石英辐射器时建议如此操作，因为这两种辐射器在机器停机时会出于快速启动的目的而进行保温。

23.4.12　使用机器基础设置

使用机器基础设置（如果有），可以计算出机器最理想的短加热时间、冷却时间和模次时间。如果机器工作时的模次时间（模次数较少）明显超过根据基础设置计算出的时间，说明能耗较高。

也有很多时候循环时间无理由延长，造成能源浪费。

23.4.13　定期维护

维护不佳会导致模次时间延长，出现意外停机，进而增加能耗。示例：
■ 压缩空气管道泄漏；
■ 气缸泄漏；
■ 吹风箱泄漏；
■ 真空成型机的真空终值过低（比如不密封导致数值为 0.7～0.8bar）；
■ 夹紧框脏污和低温（板材成型机）。

23.4.14　动态过程优化

所谓动态过程优化，是指优化流程。前提是用计算机计算出的基础设置。由此得出的设置数据和过程时间会借助动态过程优化进行持续优化，直至监控到机器流程能与其重叠在一起。

所得结果，是缩短循环时间，进而自动降低比能耗。

23.4.15　能耗显示

很多机器制造商提供能耗显示功能。根据数据计算情况而定（在机器控制系统中测量或计算），可以对机器能耗进行优化。

23.4.16　在生产中测量能耗

可以在生产现场，使用移动系统测量机器驱动、加热装置、调温系统、冷却系统、压缩空气消耗等的能耗情况并进行评估。借助这种清查操作，之后可对机器和过程参数进行优化，以此来进一步优化热成型生产线与能源有关的生产率。

根据实际应用经验，优化操作可以使每个制品的平均能耗降低 25% 左右。

热成型中的故障

热成型过程中主要存在下列几种故障源：

■ 制品设计；

■ 片料质量；

■ 选择的机器；

■ 放置机器；

■ 热成型模具的规格；

■ 驶入热成型模具；

■ 样品检验；

■ 加热片料；

■ 真空成型和气压成型时的塑型压力。

下面仅介绍经常遇到的故障类型。其他故障可以参考本章末尾的表 24.3 "热成型故障查找"。

24.1 制品设计故障

要想完美设计出一件制品，设计师就必须全方位了解热成型工艺，包括固定、安装、后加工等所有边缘工序在内。

下面介绍几项最重要的设计规则。

热制品设计

■ 大多数铸造件都无法通过热成型制成，反之亦然。

■ 必须检查铸造件的图纸，查看热成型工艺是否可行，之后针对热成型进行重新设计。

■ 标注热成型制品的尺寸时，必须在接触热成型模具的一侧进行。

■ 热成型制品的壁厚是拉伸的结果。

成型比

热成型时可以达到的成型比参见表 24.1。

表 24.1　热成型时可以达到的成型比

成型比 H: D; H: B	阳模模具	阴模模具
0.3:1	没问题	不需要柱塞
0.4:1	没问题	只有底部半径较大时不需要柱塞；其他时候需要使用柱塞
1:1	容易实现	
1.5:1	能够优良再现制品尺寸的极限拉伸；所使用片料的拉伸性是其中最重要的决定因素	
> 1.5:1	制品尺寸的再现性只能通过样品检验来确定	

制品上的侧向阴模拉伸

制品侧壁上的阴模部分无法使用预拉伸柱塞进行加工，因此深度不允许过大。成型比 H ∶ B（图 24.1）不得大于 0.4 ∶ 1。如果侧壁的整体拉深强度很大，那么阴模部分可以达到的塑型精度就比较差。

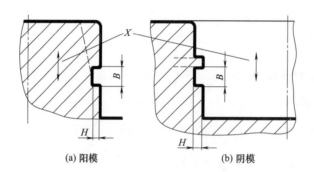

(a) 阳模　　　　　　　　(b) 阴模

图 24.1　侧面阴模部分的拉伸比
X—成型模具的移动方向

塑型精度和半径

热成型制品半径不应该过小（图 24.2）。制品上最后成型的部位，很难形成较小的半径。详细信息请参阅第 21 章 "热成型模具"。

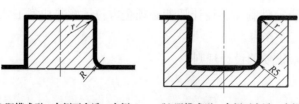

(a)阳模成型：左侧不合适，右侧　　　(b)阴模成型：左侧不合适，右侧
(尽量使用较大的半径)优良　　　　　(尽量使用较大的半径)优良

图 24.2　半径设计
r—此部位小半径易于成型；
R—要求在此部位尽量使用较大的半径

侧壁斜度

侧壁斜度应该尽量大，这样才能快速顺利脱模。侧壁斜度过小会导致脱模时间过长，从而导致模次时间过长。详细信息请参阅第 21 章"热成型模具"。

轮廓设计

图 24.3 和图 24.4 显示在制造热制品时如何通过合适的设计来避免进行不必要的拉伸。

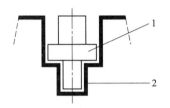 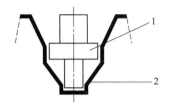

(a) 不合适，因为存在不必要的拉伸，　　(b) 优良，低度拉伸和合适的壁厚分布决
　　　而且壁厚分布糟糕　　　　　　　　　　定了成型效果优良

图 24.3　工件在板材中的固定方式

1—待包装的工件；2—制品的轮廓

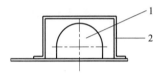 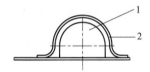

(a) 不合适，因为存在不必要的　　　　(b) 优良，低度拉伸和合适的壁
　　拉伸，而且壁厚分布糟糕　　　　　　厚分布决定了成型效果优良

图 24.4　泡罩轮廓

1—包装物；2—泡罩轮廓

加工余量和拉拔范围

图 24.5 和图 24.6 显示如何选择加工余量才能使制品自身呈现出尽量合适的壁厚分布（最低度拉伸、大半径、尽量低度塑型）。

 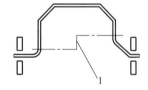

(a) 不合适，因为边角料区拉伸度过高　　　(b) 优良，因为边角料区拉伸度达到最低

图 24.5　三维切割时边角料区内的轮廓（一）

1—切割线

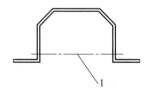 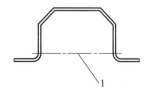

(a) 不合适，因为边角料区丙的塑　　　(b) 优良，因为边角料区内的拉伸度低
　　型度高，而这是没有必要的

图 24.6　三维切割时边角料区内的轮廓（二）

1—切割线

图 24.7 显示拉伸区对壁厚分布的影响。如需使切割层中的制品等呈现出尽量均匀的壁厚分布效果，就必须在设计模具塑型时注意不切入斜角内。建议扩大拉伸区 [图 24.7（c）]。这样可以在切割区内实现理想的壁厚分布效果，但是会导致废料量较大。

(a) 使用切割层1和2切割   (b) 切口2和夹持边之间距离过小   (c) 切口2和夹持边之间距离较大
时纵向切穿制品   时纵向切穿制品

图 24.7　切割后的制品

高度过渡，阶梯

高度过渡和阶梯部位成型时必须要有斜度或半径（图 24.8 和图 24.9）。

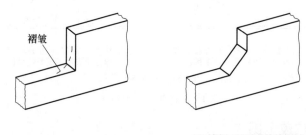

(a) 不合适的高度过渡会导致形成褶皱   (b) 斜度可以避免形成褶皱

图 24.8　高度过渡

肋片和褶皱

如果无法避免由于几何形状比例不合适而导致的褶皱，可以改变成型模具的轮廓，有针对性地将褶皱变形成肋片，如图 24.10 所示。

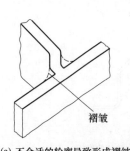 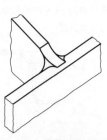 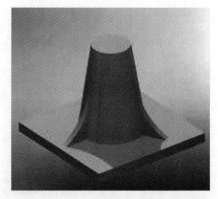

(a) 不合适的轮廓导致形成褶皱   (b) 合适的过渡部位

图 24.9　接头区设计方式

图 24.10　在成型模具上设置肋条比形成褶皱效果更好

24.2 片料出现故障

用于进行样品检验的片料，其塑料质量必须与生产所用的片料质量相同。尤其在为复杂的拉伸件制作样品时，必须对不同供应商提供的片料进行测试。注意受片料厚度、塑料、制作工艺和制作条件影响的厚度公差。厚度小于 1mm 的片料，厚度公差为 ±10%；厚度为 2 ～ 6mm 的片料，厚度公差为 ±4% ～ ±5%；浇铸成型的片料，厚度公差最大可以达到 ±20%。对于要求严苛的制品来说，这些厚度公差太大了。HIPS（DIN 16 955）和 ABS（DIN 16 956）的厚度公差示例参见表 24.2。

表 24.2　HIPS（DIN 16 955）和 ABS（DIN 16 956）片料厚度公差

片料厚度 /mm	1	2	3	4	5	6	10
厚度公差 /%	±8	±5.5	±4.7	±4.2	±4	±3.8	±3.5
厚度公差 /mm	±0.08	±0.11	±0.14	±0.17	±0.2	±0.23	±0.35

在现代化设备中加工厚度达约 0.5mm 的挤出成型或压延成型片材时，可以实现 ±0.005mm 的厚度公差。如果订单量较大，或者企业需要长时间自动挤出同一种片料，则片料厚度为 4 ～ 5mm 时，可以 ±0.5% 的厚度公差制作板材。

如果卷筒上的片材在切出的两个边处厚度不同，会发现卷材的外径不同。在这种情况下加热会形成褶皱，甚至片材很可能会从链条导向装置中脱出。

如果在片料生产过程中使用不同的机器设置（出料速度、物料温度、喷嘴温度等）加工粒料，会影响相应制成的不同片料的热成型效果。要想保持相同的片料质量，原材料的波动必须要小，此外应该尽量使用相同的挤出机或压延机并再现加工参数。

具有吸湿性的塑料片料必须隔绝空气密封包装，输送到热成型机之前再打开包装。视类型、厚度和空气湿度而定，这种片料放置约半小时就会吸收湿气。因此切勿拆开片料的包装。如果片料露天放置两小时就会吸入大量湿气，导致难以加工，那么，拆开包装的片料数量就不允许超过两小时内能够加工完的数量。

不均匀的片料在加热时就会形成裂隙和孔洞，或者出现表面不平整等现象，也可能拉伸时才出现上述症状。

尤其对于包含部分回收材料的片料来说，可能会由于纸张、木头颗粒或者高度熔化的塑料颗粒而导致脏污，进而出现故障。

如果复合片料中相互层合在一起的层未正确附着在一起，加工时片料就会分层。

如果制造后没有立刻（"联机"）加工片料，而是进行了过渡仓储，且仓储时间过短，则板材垛或片材卷中内核与表面之间会出现温差。在加热时，这会导致片料上的加热效果不断发生变化——如果机器不能自动进行平衡的话。经过低温仓储且在即将开始生产时才运入生产车间的片料也会出现类似的问题，因为不能平衡板材垛或片材卷表面与内核的温度。

24.3　正确选择热成型机

机器和机器装备的正确选择取决于：

- 制品规格（长度 L，宽度 B，高度 H）；
- 片料形状（板材或卷材）；
- 片料类型（ABS、PP、CPET 及其他）；
- 制品设计；
- 要求的塑型精度；
- 待加工件数。

根据生产成本、可实现的售价和每小时生产的零件数量选择正确的机器和合适的模具规格。少量生产时模具成本在生产成本中占最大比例，批量生产时片料成本在生产成本中占最大比例。

采购新机器时必须考量维护和检修成本，以及服务和咨询成本。

24.4　放置热成型机时出现故障

热成型机的放置地点对于在生产制品时高精度再现轮廓和壁厚分布非常重要。热成型机不适于放置在入口和开放式通风口附近或者类似地点。如果只能放置在不恰当的位置，则务必要使用防护隔墙保护机器免于受到通风气流的影响。

必须留出足够的空间来搬运模具、片料和制品。此外还应该考虑到现有地面运输装备所需的空间。

维护热成型机以及更换大型真空泵等重型零件时，必须与防护隔墙之间留出足够的距离。

制备压缩空气、真空和冷却水时，必须遵守机器和设备制造商关于压力大小、消耗量和防腐蚀的相关规定。输送到机器上的压缩空气必须干燥且不含油。所准备管道的横截面不得小于机器接口。供应压力在生产过程中不得低于机器减压器上设置的压力。如果有多台机器接入同一网络中，则每次接入新机器时都必须检查环形管道的容量。

24.5　热成型模具出现故障

材料选择

为热成型机选择材料时，需要考虑待生产件数和要求的制品质量。从木头到树脂，再到铝和调温型铝，模具生产成本依次增高。"低成本"模具并非在所有情况下都能实现较低的热制品生产成本。如果生产件数较多，则使用调温型铝模具的生产成本会较低。计算热成型制品的生产成本，是选择合适模具材料的正确决定因素。订购热成型模具时，应该明确指出模具调试是否包含在价格当中。

模具调温

树脂制成的热成型模具很少能调温，因为树脂的热传导性差，无法实现理想的调温效果。只有经过调温处理的模具才能实现快速冷却，最好是使用铝等热传导性极佳的金属制成的模具。如果直接调温的大型热成型模具中的调温通道长，但横截面过小，会导致形成较大的压力损失。调温介质流量剧烈减少会对调温效果产生负面影响，或者无法调温，模具温度会失控升高。模具调温系统可以通过足够精确的计算进行设计，参见"热成型模具调温"章节。间接冷却成型模具时，需要注意确保与调温板有尽可能大的接触面和热传导面。热成型模具应该尽量少分层，这样传向调温板的热流就不会减少。

监控和调节模具温度

对于保持相同的制品质量来说，成型模具表面的温度和温度分布至关重要。如果只能在温度控制装置上调节水温，就务必要监控模具温度。应该争取使用模具内的温度传感器调节水流和／或水温，从而尽量使模具温度保持恒定不变。对于成型冲裁复合模来说这代表着当前技术水平。正确定位温度传感器很重要。这时需要根据加工人员和模具制造人员的经验进行判断。

热成型模具的机械稳定性

热成型模具必须能够承受住塑型压力，显现出足够的机械稳定性。

热成型模具的表面

如果制品表面出现小凸起（夹杂空气），一般说明模具内缺少排气。无法排出封在制品和成型模具之间的空气。因此热成型模具表面应该尽量进行喷砂处理或粗糙处理。抛光模具属于例外情况。一般只抛光阳模模具的角或者用于制作透明制品的模具。

排气孔

如果多穴模具的一个成型面上设计有多个相同的单穴热成型模具（成型模具部件），必须注意不仅各成型模具部件的排气孔和排气槽要相同，而且通向机器模台真空接口的真空通道也应该大致一样，切勿过小，也就是说，所有区域的抽气规模应该相同。

热成型模具表面的排气孔不只用于在塑型时排出空气，还用于吹入脱模空气。尤其在使用较高的阳模模具时，要想顺利脱模，就必须有足够大的横截面来吹入脱模空气。这时应该使用缝隙式喷嘴或者阀门。排气孔设计参考值参见"热成型模具"章节。

24.6　驶入新的热成型模具时出现故障

在将成型模具装入机器之前发现故障，可以有效节省成本，至少是安装和拆卸成本。

真空成型时检查成型模具上的排气孔和横截面至关重要。装入模具后先检查抽气装置。无片料自由抽气时，标有 0 至 1 刻度的真空计应在使用大型模具时显示大约 0.2，使用小型模具时显示大约 0.3；这条规律仅适用于四周封闭的底座。对片料进行热成型时会监测真空终值。机器在不超过海拔 500m 的高度工作时，真空终值不应低于 0.9。如果显示的真空终值小于此值，必须检查机器和模具的密封性，因为真空终值会影响塑型精度、加热时间、冷却时间和模次时间。

检查加热是否均匀时，必须始终以创建均匀加热图作为开始。在采用先进技术的机器、板材成型机和全自动辊式成型机中，机器控制系统会计算这种加热图。

在样品检验过程中使用的设置数据以及各设置的结果，必须进行记录或保存，这样能够更好地对影响和效果进行评估。

24.7 样品检验时出现故障

进行样品检验的所有条件都必须与批量生产完全相同。所有参与者，包括模具制造人员、机器操作人员和后期加工人员等，都必须知道待生产热成型制品的尺寸和允许公差。

如果热成型机操作人员知道制品的分割线在哪里，他就能自行决定边角料区域中的塑型精度，这样可能会避免残次品并节省成本。所用片料的塑料质量、颜色、磨砂面和收缩率必须与指定用于生产的片料完全相同，这样才能避免在量产中出问题。切割和放入下料件时必须注意片料的运行方向（挤出方向）。褶皱形成和拉伸效果受挤出方向影响。为了最佳利用片料，应该正确确定模具结构和夹紧框规格。设计热成型模具时，应该尽量缩小分割线与夹持边或夹持层之间的距离，这样可以避免产出废料。拉伸面的尺寸必须与生产模具的尺寸完全相同。如果可能，在同一型号的机器上进行样品检验和生产。

如果出于成本方面的考量，在进行样品检验时使用一个阳模模具，但是批量生产时使用阴模模具，这种情况下得出的样品检验结果仅用于评估一般设计。不能用于推断量产中制品的稳定性、壁厚分布效果和塑型精度。

如果必须使用未调温的成型模具和夹紧框，以较高的拉伸比和 / 或较高的塑型精度生产制品，务必要在开始生产之前，将模具和夹紧框加热到生产温度。

24.8 使用红外线辐射器加热时出现故障

使用板材成型机加工片料时，调试新模具时始终都以能够均匀加热片料表面的加热图为出发点。某些机器制造商采用自动计算基本加热图的处理方式。片料越厚，单工位机器上辐射器在开始加热和结束加热时间段内的温度降低程度就越高，这样才能尽量缩短加热时间。如果机器通过主控辐射器调节辐射器温度，手动改变温度降低情况，则必须在第一个生产循环过程中监测主控辐射器的调节器功能。如果比如在一个短暂的模次时间内错误选择了一个过大的温度降低值，这可能会导致加热装置在静止阶段不能达到指定温度，因而片料不能实现再现性加热。如果对片料成型温度的再现性要求很高，在这种情况下，就不但要再现表面温度，还必须依次再现片料的内核温度。相关信息可参阅第 4 章 "热成型中的加热技术"，4.2.2 "平衡" 一节。

在全自动辊式成型机中设置加热装置和成型站之间的距离以及激活的加热装置长度时，必须使成型站中片材的各个点温度相同，以求实现均匀加热。

如果均匀加热片料至最外围边缘处，就必须将板材成型机的框架反射或者全自动辊式成型机的链条输送反射指定为辐射加热器的辐射装置。必要时必须通过反射改善加热效果，参见第 4 章。

24.9 空气和真空管道截面

塑型压力对于制品精确的轮廓几何形状来说很重要。

下列情况下会出现塑型压力过低的情况：

- 模具和夹紧框密封性差；
- 单工位机器的模具底座过高；
- 模台中的固定钻孔未封口；
- 成型站中的夹紧框张紧度过低或过高，之后成型；
- 底座不平；
- 下模板的木层渗透空气；
- 管道连接装置不密封；
- 放置机器时出现故障，比如管道横截面过小导致压缩空气供应不良。

如果多台机器接入一个环形管道，而且所有机器同时满负荷运行，则当供应不足时，真空或成型压力就会中断。

如果模次时间超过 20s，就不足以确定每个模次的空气消耗量。对于配备气动驱动，运行缓慢的机器来说，上下模台移动和预吹塑会导致在短时间内进入过大的空气气流。为了设计管道的横截面，必须要知道这种最大短时空气消耗。

24.10 避免褶皱

热成型过程中形成的褶皱，可以分为下面几类。

（1）受片料影响而形成褶皱

- 加热时片料垂料程度过大导致表面形成褶皱。
- 挤出片料时取向压力过强导致形成取向褶皱。

（2）受成型影响而形成褶皱

- 阳模模具角上形成褶皱。
- 半径或斜度过小时，角区域内由于高度过渡而形成褶皱。
- 多穴阳模模具各模具部件之间距离过小导致形成褶皱。

■ 成型比大于 1 ： 0.4 时以及长度 *L* 和宽度 *B* 的比例值极大时，较深的阴模模具中形成褶皱。

（3）受工艺影响而形成褶皱的原因

■ 片料温度错误；

■ 预成型时预吹塑过高；

■ 用于抽气的真空横截面过大，塑型速度过快导致形成褶皱；

■ 薄片材在开始塑型前已过度冷却，塑型速度过慢导致形成褶皱。

片料延展时不形成褶皱，而是只在压缩且温度过低和 / 或压缩速度过快时形成。

（4）避免形成褶皱的方法

■ 片料垂料程度高时减少加热。

■ 未进行预吹塑或者预吹塑相对较低，而且片料垂料程度并未过高，这时加大片料的加热程度；升高成型模具的温度。

■ 如果进行预吹塑，则降低预吹塑程度，或者降低加热程度，减慢抽气速度，升高成型模具的温度。

■ 缩小拉伸面。

■ 使用柱塞，用柱塞按压小型褶皱，或在预成型过程中使用轮廓精确的柱塞向褶皱区域施加下压力。在塑料预成型过程中，使用一个柱塞在褶皱区域内进行预拉伸。

■ 通过扩大半径或斜度来形成附加面，或者通过加大褶皱下方的模具轮廓体积，来改变成型模具的轮廓。

24.11　热成型故障查找

请根据表 24.3 进行故障查找。

表 24.3　热成型故障查找（真空成型和气压成型）

	故障 / 原因	片料抗冲击性过差	熔体强度低（垂料程度高）	片料潮湿，必须进行干燥处理	加热时排气	加热时线膨胀过强	片料纵向收缩率过大	片料横向收缩率过大	片料在褶皱方向的收缩率过大	片料厚度公差过大	片料加热后韧性过高	多层片料表面过于黏稠
1	加热时出现故障											
2	片材在松卷时断开	x										
3	片料（显现出）受热不均匀									x		
4	片料边缘区域温度过低									x		
5	片料严重垂料		x									
6	片料单侧严重垂料									x		
7	片料表面形成小气泡			x	x							
8	加热时片料形成褶皱						x					
9	片料剧烈蒸发											
10	运输时出现故障											
11	片料在从齿链中运出时断裂							x				
12	片料在运输方向剧烈收缩						x					
13	片料从夹紧框中断裂						x	x				
14	片料垂料过于严重		x			x						
15	预成型时出现故障											
16	单侧吹塑（预吹塑）									x		
17	泡罩过小（虽然使用最大的预吹塑设置）										x	
18	片料在接触模具时断裂											
19	切入模具时片料发生黏附											x
20	塑型时出现故障											
21	塑型不精确										x	
22	边缘区或者边缘区域内的零部件不精确											
23	表面形成褶皱（"表面褶皱"）		x			x						
24	角上形成褶皱（"角褶皱"）											
25	达不到最终真空（真空成型）											
26	成型空气溢出（气压成型）											
27	预拉伸柱塞形成印痕											

加热

序号	故障	无辊预加热装置（全自动辊式成型机）	辊预加热装置温度过低	加热图差	单个辐射器制品功率差异过大	边缘区域内反射差	边缘区域内辐射器温度过低	加热时无空气支撑（板材成型机）	辐射器温度过高（辐射强度过高）	片料未充分热透	成型温度过低	加热时间过长	加热时间过短	片料温度过高	片料温度过低	片料与成型模具的接触侧温度过高	片料与成型模具的接触侧温度过低	片料与预拉伸柱塞的接触侧温度过高	片料运输方向压延过低	加热长度与进给长度不匹配
1	加热时出现故障																			
2	片材在松卷时断开	x	x																	
3	片料（显现出）受热不均匀			x	x	x	x													x
4	片料边缘区域温度过低				x	x	x												x	
5	片料严重垂料	x	x	x	x				x			x		x						
6	片料单侧严重垂料			x	x				x			x		x						
7	片料表面形成小气泡								x					x						
8	加热时片料形成褶皱		x																	
9	片料剧烈蒸发								x			x		x						
10	运输时出现故障																			
11	片料在从齿链中运出时断裂																			
12	片料在运输方向剧烈收缩																			
13	片料从夹紧框中断裂																			
14	片料垂料过于严重	x	x	x	x				x			x							x	
15	预成型时出现故障																			
16	单侧吹塑（预吹塑）			x	x															x
17	泡罩过小（虽然使用最大的预吹塑设置）														x		x			
18	片料在接触模具时断裂										x						x			
19	切入模具时片料发生黏附															x		x		
20	塑型时出现故障																			
21	塑型不精确	x	x		x	x	x			x	x						x			
22	边缘区或者边缘区域内的零部件不精确			x		x	x													
23	表面形成褶皱（"表面褶皱"）							x												
24	角上形成褶皱（"角褶皱"）																			
25	达不到最终真空（真空成型）													x		x				
26	成型空气溢出（气压成型）													x		x				
27	预拉伸柱塞形成印痕																			

续表

故障 ＼ 原因（模具/设置）	夹紧框未夹紧	与夹紧框的间距过大	夹持边过小	对于此片料来说拉伸过大	成型模具温度过低	成型模具温度过高	用于冷却的废气量过大(OPS,APET)	模具表面过于光滑	废气不足(孔,槽)	模具温度不均匀	缺少向下夹持器/向上夹持器	成型模具部件载体板刚度不够	成型模具结构或者温度过低	预拉伸柱塞材料不合适或密封件不密封	成型模具部件过于扁平(必须升高)	成型模具需要防附着涂层	侧壁斜度过小	预拉伸柱塞过小	预拉伸柱塞过大	预拉伸柱塞未居中	半径过小	凹槽过大(无活动件)	未确定此过程的收缩情况
1　加热时出现故障																							
2　片材在松卷时断开																							
3　片料（显现出）受热不均匀																							
4　片料边缘区域温度过低																							
5　片料严重垂料											x												
6　片料单侧严重垂料																							
7　片料表面形成小气泡																							
8　加热时片料形成褶皱											x												
9　片料剧烈蒸发																							
10　运输时出现故障																							
11　片料在从齿链中运出时断裂			x																				
12　片料在运方向剧烈收缩																							
13　片料从夹紧框中断裂	x		x																				
14　片料垂料过于严重											x												
15　预成型时出现故障																							
16　单侧吹塑（预吹塑）																							
17　泡罩过小（虽然使用最大的预吹塑设置）													x										
18　片料在接触模具时断裂				x	x																		
19　切入模具时片料发生黏附							x		x						x								
20　塑型时出现故障																							
21　塑型不精确	x			x	x		x		x		x		x								x		
22　边缘区或者边缘区域内的零部件不精确									x		x												
23　表面形成褶皱（"表面褶皱"）																x							
24　角上形成褶皱（"角褶皱"）			x														x						
25　达不到最终真空（真空成型）	x												x	x									
26　成型空气溢出（气压成型）													x										
27　预拉伸柱塞形成印痕															x								

续表

序号	故障 \ 原因（成型程序/设置）	预拉伸柱塞进入终端位置过早	预拉伸柱塞进入终端位置过晚	预拉伸柱塞与底部距离过大	带成型模具的模台过慢	带成型模具的模台过快	预吹塑程度过低(仅具有吹风箱的机器)	预吹塑程度过高(仅具有吹风箱的机器)	真空形成或气压形成过快	真空形成或气压形成过慢	成型最终压力(真空或气压)过小	降低成型最终压力(成型空气)	用于按压(小)型褶皱的柱塞移动距离过大	脱模空气时间过长或过短	改变脱模速度	进行第二次预拉伸柱塞下移(板材成型机)	片材运输压延过低(全自动辊式成型机)	降低切边的切入深度	制品脱模温度过低	制品脱模温度过高	空气冷却强度过低(板材成型机)	空气冷却强度过高(板材成型机)	冷却时间过短
1	加热时出现故障																						
2	片材在松卷时断开																						
3	片料（显现出）受热不均匀																						
4	片料边缘区域温度过低																						
5	片料严重垂料																						
6	片料单侧严重垂料																						
7	片料表面形成小气泡																						
8	加热时片料形成褶皱																x						
9	片料剧烈蒸发																						
10	运输时出现故障																						
11	片料在从齿链中运出时断裂																						
12	片料在运输方向剧烈收缩																						
13	片料从夹紧框中断裂																						
14	片料垂料过于严重																x						
15	预成型时出现故障																						
16	单侧吹塑（预吹塑）																						
17	泡罩过小（虽然使用最大的预吹塑设置）																						
18	片料在接触模具时断裂				x																		
19	切入模具时片料发生黏附					x																	
20	塑型时出现故障																						
21	塑型不精确				x				x	x													
22	边缘区或者边缘区域内的零部件不精确								x														
23	表面形成褶皱（"表面褶皱"）							x															
24	角上形成褶皱（"角褶皱"）								x														
25	达不到最终真空（真空成型）																						
26	成型空气溢出（气压成型）										x							x					
27	预拉伸柱塞形成印痕																						

续表

序号	故障＼原因	加热装置未屏蔽冷却空气	运输型材未对称校准	齿链的切入深度过小	齿链的齿尖磨损	支承板按压力(运)输过小	松卷时半径过小	卷筒支架与机器入口的间距过小	维护真空泵	吹风箱不密封(机器配备吹风箱)	补充冷却到冷却形状(仅针对技术零部件)	堆垛装置过窄	生产车间内有气流	冷却风扇的抽气套管堵塞	零部件存放错误	包装制品时制品温度较高
					机器								安放位置		零部件存放	
1	加热时出现故障															
2	片材在松卷时断开						x	x								
3	片料（显现出）受热不均匀															
4	片料边缘区域温度过低															
5	片料严重垂料															
6	片料单侧严重垂料	x											x			
7	片料表面形成小气泡															
8	加热时片料形成褶皱															
9	片料剧烈蒸发															
10	运输时出现故障															
11	片料在从齿链中运出时断裂		x	x	x	x										
12	片料在运输方向剧烈收缩															
13	片料从夹紧框中断裂															
14	片料垂料过于严重															
15	预成型时出现故障															
16	单侧吹塑（预吹塑）	x											x			
17	泡罩过小（虽然使用最大的预吹塑设置）									x						
18	片料在接触模具时断裂															
19	切入模具时片料发生黏附															
20	塑型时出现故障															
21	塑型不精确	x											x			
22	边缘区或者边缘区域内的零部件不精确	x														
23	表面形成褶皱（"表面褶皱"）															
24	角上形成褶皱（"角褶皱"）															
25	达不到最终真空（真空成型）								x							
26	成型空气溢出（气压成型）															
27	预拉伸柱塞形成印痕															

	原因 / 故障	片料抗冲击性过差	熔体强度低（垂程度高）	片料潮湿，必须进行干燥处理	加热时排气	加热时线膨胀过强	片料纵向收缩率过大	片料横向收缩率过大	片料在褶皱方向的收缩率过大	片料厚度公差过大	片料加热后韧性过高	多层片料表面过于黏稠
28	脱模时出现故障											
29	脱模时零部件严重变形											
30	脱模时零部件断裂	x										
31	零部件无法脱模（粘在模具上）											x
32	零部件（多穴设计）无法脱模											x
33	脱模后拉伸件上有明显缺陷											
34	零部件明显变形（一般）						x	x		x		
35	平面形成拱形											
36	不对称变形（比如椭圆形部件）						x	x		x		
37	制品部分变形											
38	阳模成型时形成褶皱								x			
39	阴模成型时形成褶皱								x			
40	不同成型模具部件之间形成褶皱（多穴设计）								x			
41	角上方形成冷却痕迹											
42	角下方形成冷却痕迹											
43	薄侧壁，厚底部，阳模成型		x									
44	厚侧壁，薄底部，阳模成型											
45	边缘区域薄角，阳模成型		x									
46	薄侧壁，厚底部，阴模成型											
47	厚侧壁，薄底部，阴模成型											
48	壁厚分布不均匀不对称									x		
49	环形痕迹，模具接触侧											
50	部分位置出现白色裂纹											
51	部分位置弯曲											
52	24h后拉伸件出现故障											
53	零部件明显变形（一般）						x	x		x		
54	平面形成拱形											
55	不对称变形（比如椭圆形部件）						x	x		x		
56	机械负载时制品上出现裂纹	x										
57	在长期使用温度下加热后变形											
58	制品尺寸过小/过大（收缩）											

原因 \ 故障 — 加热（原因分类）

序号	故障	无辊预加热装置（全自动辊式成型机）	辊预加热装置温度过低	加热图差	单个辐射器制品功率差异过大	边缘区域内辐射器温度过低	加热时无空气支撑（板材成型机）	辐射器温度过高（辐射强度过高）	片料未充分热透	成型温度过低	加热时间过长	加热时间过短	片料温度过高	片料温度过低	片料与成型模具的接触侧温度过高	片料与成型模具的接触侧温度过低	片料与预拉伸柱塞的接触侧温度过高	片材运输方向压延长度过低	加热长度与进给长度不匹配
28	脱模时出现故障																		
29	脱模时零部件严重变形									x	x								
30	脱模时零部件断裂																		
31	零部件无法脱模（粘在模具上）																		
32	零部件（多穴设计）无法脱模																		
33	脱模后拉伸件上有明显缺陷																		
34	零部件明显变形（一般）									x	x	x						x	
35	平面形成拱形														x	x			
36	不对称变形（比如椭圆形部件）				x					x	x								
37	制品部分变形									x	x								
38	阳模成型时形成褶皱																		
39	阴模成型时形成褶皱														x				
40	不同成型模具部件之间形成褶皱（多穴设计）																		
41	角上方形成冷却痕迹																		
42	角下方形成冷却痕迹																		
43	薄侧壁，厚底部，阳模成型							x		x			x		x				
44	厚侧壁，薄底部，阳模成型								x	x		x		x		x			
45	边缘区域薄角，阳模成型														x				
46	薄侧壁，厚底部，阴模成型																x		
47	厚侧壁，薄底部，阴模成型																		
48	壁厚分布不均匀不对称	x		x	x	x	x											x	x
49	环形痕迹，模具接触侧																		
50	部分位置出现白色裂纹																		
51	部分位置弯曲																		
52	24 h 后拉伸件出现故障																		
53	零部件明显变形（一般）								x	x		x			x	x	x	x	
54	平面形成拱形														x	x			
55	不对称变形（比如椭圆形部件）				x					x	x								
56	机械负载时制品上出现裂纹																		
57	在长期使用温度下加热后变形								x	x		x			x	x	x		
58	制品尺寸过小/过大（收缩）																		

续表

故障 / 原因	夹紧框未夹紧	与夹紧框的间距过大	对于此片料来说拉伸过大	夹持边过小	成型模具温度过低	成型模具温度过高	用于冷却的废气量过大(OPS,APET)	模具表面过于光滑	废气不足(孔、槽)	模具温度不均匀	缺少向下夹持器/向上夹持器	模具结构或密封件不密封	成型模具部件载体板刚度不够	预拉伸柱塞材料不合适或者温度过低	成型模具部件过于扁平(必须升高)	侧壁斜度过小	成型模具需要防附着涂层	预拉伸柱塞过小	预拉伸柱塞过大	预拉伸柱塞未居中	半径过小	凹槽过大(无活动件)	未确定此过程的收缩情况
28 脱模时出现故障																							
29 脱模时零部件严重变形											x				x							x	
30 脱模时零部件断裂			x								x				x	x						x	
31 零部件无法脱模（粘在模具上）	x				x			x			x				x	x						x	
32 零部件（多穴设计）无法脱模	x				x						x				x							x	
33 脱模后拉伸件上有明显缺陷																							
34 零部件明显变形（一般）					x	x			x	x												x	
35 平面形成拱形					x	x																x	
36 不对称变形（比如椭圆形部件）											x												
37 制品部分变形									x													x	
38 阳模成型时形成褶皱	x															x							
39 阴模成型时形成褶皱																		x					
40 不同成型模具部件之间形成褶皱（多穴设计）																							
41 角上方形成冷却痕迹			x																		x		
42 角下方形成冷却痕迹			x																		x		
43 薄侧壁，厚底部，阳模成型											x		x		x								
44 厚侧壁，薄底部，阳模成型													x			x							
45 边缘区域薄角，阳模成型	x																				x		
46 薄侧壁，厚底部，阴模成型													x					x	x				
47 厚侧壁，薄底部，阴模成型													x						x				
48 壁厚分布不均匀不对称			x	x							x		x								x		
49 环形痕迹，模具接触侧								x	x														
50 部分位置出现白色裂纹											x											x	
51 部分位置弯曲											x											x	
52 24 h 后拉伸件出现故障																							
53 零部件明显变形（一般）					x				x	x								x	x	x			
54 平面形成拱形					x	x			x														
55 不对称变形（比如椭圆形部件）											x	x										x	
56 机械负载时制品上出现裂纹			x																				
57 在长期使用温度下加热后变形					x		x		x		x											x	
58 制品尺寸过小/过大（收缩）																							x

故障 ＼ 原因（成型程序／设置）	预拉伸柱塞进入终端位置过早	预拉伸柱塞进入终端位置过晚	预拉伸柱塞与底部距离过大	带成型模具的模台过快	带成型模具的模台距离过大	预吹塑程度过低（仅具有吹风箱的机器）	预吹塑程度过高（仅具有吹风箱的机器）	真空形成或气压形成过快	成型最终压力（真空或气压）过小	降低成型最终压力空气	用于按压（小）型褶皱的柱塞移动距离过大	脱模空气量过大或过小	脱模空气时间过长或过短	改变脱模速度	进行第二次预拉伸柱塞下移（全自动辊式成型机）	片材运输压延过低（全自动辊式成型机）	降低切边的切入深度	制品脱模温度过高	制品脱模温度过低	空气冷却强度过低（板材成型机）	空气冷却强度过高（板材成型机）	冷却时间过短
28 脱模时出现故障																						
29 脱模时零部件严重变形	x	x	x									x	x	x					x		x	x
30 脱模时零部件断裂												x	x	x					x			
31 零部件无法脱模（粘在模具上）																		x				
32 零部件（多穴设计）无法脱模																		x				
33 脱模后拉伸件上有明显缺陷																						
34 零部件明显变形（一般）	x	x	x									x	x	x	x		x		x		x	x
35 平面形成拱形												x	x	x	x		x				x	x
36 不对称变形（比如椭圆形部件）																						
37 制品部分变形																				x	x	x
38 阳模成型时形成褶皱								x	x		x											
39 阴模成型时形成褶皱		x						x			x											
40 不同成型模具部件之间形成褶皱（多穴设计）								x	x													
41 角上方形成冷却痕迹				x		x																
42 角下方形成冷却痕迹				x	x	x																
43 薄侧壁，厚底部，阳模成型				x	x	x																
44 厚侧壁，薄底部，阳模成型				x	x																	
45 边缘区域薄角，阳模成型																						
46 薄侧壁，厚底部，阴模成型	x																					
47 厚侧壁，薄底部，阴模成型	x	x																				
48 壁厚分布不均匀不对称								x														
49 环形痕迹，模具接触侧								x		x												
50 部分位置出现白色裂纹												x	x	x	x						x	
51 部分位置弯曲												x	x	x								
52 24 h 后拉伸件出现故障																						
53 零部件明显变形（一般）									x										x		x	x
54 平面形成拱形									x											x	x	x
55 不对称变形（比如椭圆形部件）																						
56 机械负载时制品上出现裂纹																						
57 在长期使用温度下加热后变形									x													
58 制品尺寸过小／过大（收缩）	x	x	x						x													

续表

	原因 / 故障	机器											安放位置		零部件存放	
		加热装置未屏蔽冷却空气	运输型材未对称校准	齿链的切入深度过小	齿链的齿尖磨损	支承板按压力（运）输过小	松卷时半径过小	卷筒支架与机器入口的间距过小	维护真空泵	吹风箱不密封(机器配备吹风箱)	补充冷却到冷却形状(仅针对技术零部件)	堆垛装置过窄	生产车间内有气流	冷却风扇的抽气套管堵塞	零部件存放错误	包装制品时制品温度较高
28	脱模时出现故障															
29	脱模时零部件严重变形													x		
30	脱模时零部件断裂															
31	零部件无法脱模（粘在模具上）													x		
32	零部件（多穴设计）无法脱模													x		
33	脱模后拉伸件上有明显缺陷															
34	零部件明显变形（一般）										x	x		x		
35	平面形成拱形										x			x		
36	不对称变形（比如椭圆形部件）										x					
37	制品部分变形															
38	阳模成型时形成褶皱															
39	阴模成型时形成褶皱															
40	不同成型模具部件之间形成褶皱（多穴设计）															
41	角上方形成冷却痕迹															
42	角下方形成冷却痕迹															
43	薄侧壁，厚底部，阳模成型															
44	厚侧壁，薄底部，阳模成型															
45	边缘区域薄角，阳模成型															
46	薄侧壁，厚底部，阴模成型															
47	厚侧壁，薄底部，阴模成型															
48	壁厚分布不均匀不对称															
49	环形痕迹，模具接触侧															
50	部分位置出现白色裂纹															
51	部分位置弯曲															
52	24 h 后拉伸件出现故障															
53	零部件明显变形（一般）										x	x		x	x	x
54	平面形成拱形										x			x	x	x
55	不对称变形（比如椭圆形部件）										x	x			x	x
56	机械负载时制品上出现裂纹															
57	在长期使用温度下加热后变形										x					
58	制品尺寸过小 / 过大（收缩）										x			x		

25

参考文献

与本书之前的两个版本一样，该版本亦根据 ILLIG Maschinenbau GmbH & Co. KG 公司内部资料编写而成。本书主要用作公司内外部的客户培训教材以及学术研讨会资料。

■ Peter Schwarzmann，《热成型实用指南》第 2 版。出版商 Illig Maschinenbau GmbH & Co. KG，Carl Hanser 出版社，慕尼黑，2008 年。

■ Peter Schwarzmann，使用 UA 机器进行热成型。ILLIG Maschinenbau 客户培训。

■ Peter Schwarzmann，使用 RDM 机器进行热成型。ILLIG Maschinenbau 客户培训。

■ Peter Schwarzmann，使用 RV-RD-RDKP-RDK 进行热成型。ILLIG Maschinenbau 客户培训。

■ Peter Schwarzmann，泡罩包装机使用手册。ILLIG Maschinenbau 客户培训。

■ Peter Schwarzmann，热成型机调温。Technische Akademie Heilbronn（海尔布隆技术协会）研讨会资料。

■ Peter Schwarzmann，热成型机中的冲裁。ILLIG Maschinenbau 客户培训。

■ Prospekt Keramikstrahler（陶瓷加热器使用手册）/Elstein 公司。

■ Fraunhofer-Institut für Angewandte Polymerforschung（弗劳恩霍夫应用聚合物研究所）——PBS 相关资料。

其他专业文献

■ Hellerich/Harsch/Baur.Werkstoff-Führer Kunststoffe（塑料材料引领者）。Carl Hanser 出版社，慕尼黑、维也纳，2010 年。

■ Hans Domininghaus.Die Kunststoffe und ihre Eigenschaften（塑料及其特性）。VDI Verlag GmbH，1992 年。